最近の化学工学 70

進化するファインバブル技術と応用展開

化学工学会 関東支部編
ファインバブル学会連合著

化学工学会

出版にあたって

　2013 年に国際標準化機構（ISO）において「ファインバブル」の国際標準化作業が開始されました。ファインバブルに関する技術は日本で誕生したのち今もなお発展し続け、世界に普及が進んでいます。当初は牡蠣の養殖や湖水浄化で大きな成果を導き、その後は機能性材料製造、臨床医療への応用、水耕栽培への応用、環境親和性の高い洗浄技術に活用されています。また最近では家庭での入浴設備など民生用途への適用も目覚ましく進んでいます。

　ファインバブルに関係する科学は化学工学に留まらず、流体力学、農学、医学、生理科学、コロイド科学、超音波工学など多岐にわたるため、多くの学問を横断した議論をすすめるため 2015 年にファインバブル学会連合が設立されました。この学会連合設立には、化学工学会の粒子・流体プロセス部会の気泡・液滴・微粒子分散工学分科会と、反応工学部会の「反応場の工学」分科会が中核を担いました。両部会では 2018 年の化学工学会第 50 回秋季大会における部会横断型シンポジウムとして、「化学工学からファインバブルテクノロジーへのアプローチ」と題したシンポジウムを開催し、ファインバブルの物性測定や効果のメカニズム解析等の基礎研究からファインバブルを活用した応用研究まで幅広いテーマについて活発な議論を行いました。

　以上のように、化学工学会はファインバブル学会連合と密接な協力関係を築きつつファインバブルサイエンスの発展に寄与しています。さらに今後はファインバブルに関する学生、研究者およびエンジニアの育成が重要となってきます。ファインバブルに関する入門書としては「ファインバブル入門，日刊工業新聞社(2016)」がありますが、2017 年度以降に進展した科学技術や応用事例をまとめた書籍の出版が待ち望まれていました。

　本書は、化学工学会関東支部主催、ファインバブル学会連合共催の「最近の化学工学講習会 70　進化するファインバブル技術と応用展開」のテキストとして編集されました。年々著しく発展が続いているファインバブル技術を理解するためにはつねに更新された情報を収集する必要があります。本書が講習会のテキストとして使用されるだけでなく、化学工学分野にとどまらずファインバブル分野にご関心をお持ちの学生、研究者、技術者に広く役立てていただければ幸甚です。

　最後に、本書の刊行に際して、ご多忙にもかかわらず快くご協力いただいた執筆者の方々に心から御礼申し上げます。

2022 年 2 月

公益社団法人化学工学会　関東支部　　　　　　　　支部長　　庄野　厚

ファインバブル学会連合　　　　　　　　　　　　　理事長　　寺坂　宏一

進化するファインバブル技術と応用展開

目次

執筆者一覧

第1章　　　寺坂　宏一・田中　俊也（慶應義塾大学）
第2章　　　五島　崇（鹿児島大学）
第3章　　　須山　徹（株式会社ニクニ）
第4章　　　秦　隆志（高知工業高等専門学校）
第5章　　　上田　義勝（京都大学生存圏研究所）
第6章　　　渡部　慎一（ライオンハイジーン株式会社）
第7章　　　安井　久一（産業技術総合研究所）
第8章　　　酒井　俊郎（信州大学工学部物質化学科）
第9章　　　藤岡　沙都子（慶應義塾大学）
第10章　　　中武　靖仁（久留米高専）
第11章　　　鈴木　亮（帝京大学）
第12章　　　間瀬　暢之（静岡大学）
第13章　　　松本　真和（日本大学）
第14章　　　山口　庸子（共立女子短期大学）
第15章　　　篠原　尚也・加藤　克紀・青木　克己（大生工業株式会社）
第16章　　　小林　史幸（日本獣医生命科学大学）
第17章　　　尾上　薫（千葉工業大学）
第18章　　　矢沢　勇樹（千葉工業大学）
第19章　　　小林　大祐（東京電機大学）
第20章　　　安田　啓司（名古屋大学）

第1章　総説　ファインバブルの普及およびハンドリングの進展

寺坂宏一・田中俊也

（慶應義塾大学）

1．はじめに

　近年、ファインバブルの各種産業応用や民生利用が急速に拡大している[1][2]。このような社会的な普及に対応するため、ファインバブルに関する国際規格が国際標準化機構（ISO）から毎年発行されている。ISO ではこれらの気泡の中で直径が 1 μm 未満の気泡を、「ナノバブル」や「バルクナノバブル」ではなく、「ウルトラファインバブル」と呼ぶことを推奨している。そこで本章では用語の混乱を避けるため、ISO に準拠し、サブミクロンサイズの気泡をウルトラファインバブル（UFB）と統一して呼ぶことにする[3]。また、不純物を含まない純水に UFB を懸濁させたものを "ウルトラファインバブル水　（または UFB 水）"と呼ぶことにする。

　UFB 水が社会に広く普及する中で、化学物質の水溶液のように扱えるかどうかを確認することは極めて重要であることは明らかである。もっとも基本的なハンドリングとしては、保存、輸送、濃縮、希釈、除去がある。本章では UFB 水のハンドリング法の進展について解説する。

2．ファインバブルの国際標準規格化の歴史と進捗

　2012 年 7 月にファインバブル産業会（略称：FBIA）が発足し、科学的な検討に基づくファインバブル技術の国際標準化、認証および利用技術開発などを総合的に行うプラットフォーム、産学官連携によるファインバブル産業の健全な市場形成と発展のための活動を開始した。2013 年に国際標準化機構 (ISO)で日本を国際幹事国として「ファインバブル技術に関する専門委員会(TC 281(Fine Bubble Technology))」が設立された。**表 1** のように第 1 回会議が 2013 年 12 月に京都で開催された。議長は英国、日本は事務局を務めた。その後世界に開催国を変え、1 年に 2 回程度のペースで会議が行われた。2020 年から 2021 年にかけては新型コロナウイルスの世界的蔓延のため第 11~14 回はウェブ会議となった。

　TC218 設立当初は、日本、英国、韓国、中国およびロシアの 5 か国が正式参加国(Participating Member)であったが、その後ファインバブル技術への関心の高まりによって、**表 2** のように 2021 年度現在、正式参加国は 10 か国、オブザーバー国(Observer Member)は 11 か国に増加している。

　TC281 ではファインバブル技術の健全な発展のために必要な国際規格を発行している。TC281 内には 3 つのワーキンググループ(WG)が設置されている。WG1 ではファインバブルに関する基本規格、WG2 ではファインバブルに関する計測規格、WG3 ではファインバブル応用規格が議論されている。毎回多くの規格案が検討され、2021 年 9 月現在、**表 3** に示すように 16 件の国際規格が発行されている。そのうちの 13 件は日本発である。このように ISO では日本を中心に活発にファインバブルに関する規格が発行されておりファインバブル技術の発展ならびに国際市場やユーザーへ貢献している。

表1 ISO/TC281(ファインバブル技術)会議の歴史(2013-2021年)

No.	Date	City	Country
1	11 to 12 December, 2013	Kyoto	Japan
2	17 to 20 September, 2014	Manchester	UK
3	19 to 20 October, 2015	Jeju	Korea
4	25 to 26 July, 2016	Sydney	Australia
5	24 to 25 November, 2016	London	UK
6	26 to 27 July, 2017	Singapore	Singapore
7	7 to 8 December, 2017	Tokyo	Japan
8	25 to 26 July, 2018	Moscow	Russia
9	19 to 20 February, 2019	Hanoi	Viet Nam
10	25 to 26 September, 2019	Hangzhou	China
11	21 to 23 April, 2020	ZOOM	—
12	14 to 16 September, 2020	ZOOM	—
13	8 to 10 March, 2021	ZOOM	—
14	28to 30 September, 2021	ZOOM	—

表2 ISO/TC281 会議のメンバー国(2021年現在)

Participating member	Observer member
UK (Chair)	Argentina
Japan(Secretariat)	Czech
Australia	Finland
China	France
Germany	India
Indonesia	Iran
Korea	Israel
Russia	Netherlands
Singapore	NewZealand
USA	Polad
	Viet Nam

表3 ISO/TC281 発行規格一覧(2017-2021年)

WG	ISO 規格番号	名 称	発行年月	提案国
1	ISO20480-1	一般原則−パート1 用語	2017/6/22	日本
1	ISO20480-2	一般原則−パート2 ファインバブルの属性の分類	2018/11/15	日本
1	ISO20480-4	一般原則−パート4 マイクロバブルベッド(DAF)に関する用語	2021/1/19	韓国
1	ISO/TR2417-2	導かれる利益のガイドライン ファインバブル応用技術 SDGs	2021/4/13	日本
2	ISO21255	ウルトラファインバブル分散液の保存及び輸送	2018/10/12	日本
2	ISO20298-1	サンプリング及び試料調製パート1 ~ウルトラファインバブル~	2018/11/13	日本
2	ISO/TR 23015	ファインバブル評価のための測定技術マトリックス	2020/8/10	英国
2	ISO21910-1	マイクロバブルの特性−パート1 ~サイズインデックスのオフライン評価~	2020/1/30	日本
2	ISO 24261-1	サンプルの特性評価のための除去方法-パート1 ~評価手順~	2020/11/13	日本
2	ISO 24261-2	サンプルの特性評価のための除去方法- パート2 ~ファインバブル除去技術~	2021/9/20	日本
3	ISO/TS21256-1	洗浄応用−パート1 ~塩分(塩化ナトリウム)付着表面の洗浄試験方法~	2020/3/12	日本
3	ISO21256-2	洗浄応用−パート2 ~機械の金属部位の機械油付着表面の洗浄試験方法~	2020/1/16	日本
3	ISO 21256-3	洗浄応用-パート3 硬質床表面 の洗浄試験方法	2021/7/30	米国
3	ISO/FDIS20304-1	水処理パート1 ~メチレンブルーを用いたオゾンFB発生システムの脱色性能評価~	2020/12/4	日本
3	ISOTS 23016-	農業応用−パート1 ~水耕生育レタスの成長促進評価の試験方法~	2019/5/20	日本
3	ISO23016-2	農応用−パート2 ~オオムギ発芽の成長促進性能評価業の試験方法~	2019/7/16	日本

3. ウルトラファインバブル水のハンドリング技術の進歩

　UFB の特徴のなかで最も有用とされる性質は水中での長期安定性である。Epstein-Plesset の古典理論では、1 µm 未満の気泡の水中での寿命は 1 秒以下と予測されている[17]。それにもかかわらず多くの実験的研究で UFB が数週間から数か月にわたって安定に存在していると報告してい

2

る[7]。この矛盾については現在も UFB の研究者間で議論されている[8][9][10]。しかしながら UFB 水の性質が合理的な時間内に変質しないことが保証されていれば、一般的な薬液、肥料液、飲料と同様に扱うことができる。薬剤水溶液と見なすことができるならば、既存の濃度調製法やハンドリング法も同様に適用できるかを検証しておくことが必須である。本章では空気と水のみからなる UFB 水について検討を行い、その他の成分（添加成分やコンタミネーション）を含む UFB 水溶液および UFB 汚濁液については取り扱わないことにする。

３．１　ウルトラファインバブル水の調製

　UFB 水の原水となる超純水製造装置（KE0119、小松電子株式会社）を用いて水道水から超純水を製造した。超純水製造装置は、脱イオン処理、複数回のフィルター処理を行い、処理後の水を装置内の密閉タンクに貯蔵する。貯留タンク内の超純水に含まれる微量の有機物は、光触媒と紫外線ランプによって常時分解されている。生成された超純水の全有機炭素（TOC）濃度は 50 $\mu g/dm^3$ 以下、電気伝導度は 0.1 mS/m 以下に保たれている。

　UFB 水の生成には，市販の UFB 生成器である Ultrafine GaLF (FZ1N-02, IDEC Co., Japan)[4]を使用した。溶解ガスを含む過飽和液体からマイクロバブル（$1\ \mu m \leq d < 100\ \mu m$）を発生させる方法[4]と同様に，本発生装置による UFB 発生方法は加圧溶解法と呼ばれている[18]。

　粒子追跡解析（PTA）システム「NanoSight」（Malvern Ltd., UK）を用いて、UFB の数濃度 N と気泡径 d を測定した。解析ソフトウェアは NTA3.2（Dev Build 3.2.16, Malvern Ltd., UK）を使用し、測定パラメータは Camera Level: 12, Detection Threshold: 5 に統一した[5]。

３．２　ウルトラファインバブル水の保存 [11]

　UFB 水を 30 mL のガラス製バイアル(SV-30, 日電理科学ガラス株式会社，日本）に充填し、ブチルゴム製ガスケット付きポリプロピレン製スクリューキャップでしっかりと密閉し、ガスの透過を防いだ。バイアルは冷蔵庫(4℃)、空調室(25℃)、実験用インキュベーター(55℃)内に静置され、74 日間一定温度で保存された。UFB の保存に関する ISO 規格[12]では、UFB は疎水性の表面に付着することが報告されている[13]ため、保存容器の材質が UFB の安定性に影響を与える可能性がある。そこで、UFB の安定性への影響を調べるために、UFB の数濃度と大きさを

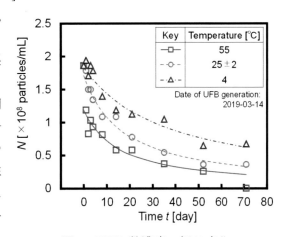

図1　UFB 数濃度の経日変化

長期間モニタリングした。その結果、保存容器の材質や大きさによる影響はほとんど見られなかった。

　一方、図1に示すように保存温度は UFB の安定性に大きな影響を与える。UFB の数濃度 N は静置時でも徐々に減少する。しかし減少率は時間の経過とともに緩やかになり、2 ヶ月以上経

過しても数濃度 N はゼロにはならなかった。この結果は、図中に線で示した Smoluchowski によるブラウン凝集の推定値とよく一致しており、UFB の数の減少は凝集によるものであることが示唆された[24]。また水温が低いほど数濃度の減少率は抑えられた。したがって UFB の保存は凍結させない程度に低温で行うことが適している。

3．3　ウルトラファインバブル水の輸送

　UFB 水の長期保存が可能になれば、当然ながら UFB 水製造・保管場所から別の場所への移動を考えることになる。UFB 水の用途が化学薬品、液体洗剤、飲料などの場合、容器や水筒に入れて輸送される。人が持ち運ぶだけでなく、梱包されて陸上輸送や航空輸送も行われる。このような作業では温度変化、圧力変化、振動・衝撃などに晒されることが一般的である。さらに農水産業の工場やその他の工場では、パイプライン輸送が一般的である。。そこで実際に UFB 水サンプルを国際空輸およびパイプライン通過させた際の UFB 水の安定性を実験的に調べた。

3．3．1　国際航空輸送 [1]

　ガラスバイアルに 30 mL の UFB 水を完全に充填または半分充填した。バイアル内外のガス透過や圧力変化を極力防ぐため、ポリプロピレン製のスクリューキャップの内側にブチルゴム製のシールを貼り付けた。バイアルと加速度測定装置（G-MEN DR100, SRIC 社）

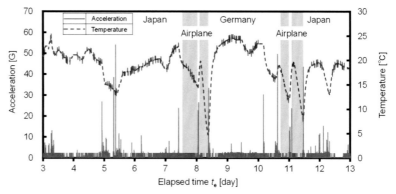

図 2　日本-ドイツ輸送中の加速度と温度

をキャリングケースに入れ、ドイツ-日本間の航空輸送中の衝撃加速度と温度を測定した。飛行中の機内圧力は約 75 kPa である [13]。なお今回の往復空輸はドバイ国際空港を経由した合計 4 回のフライトで行い、国内輸送の一部を運送業者（ヤマト運輸）に依頼した。

　図 2 は，ハンブルク工科大学（TUHH）と慶應義塾大学間の往復輸送における加速度と温度である。経過時間 $t_e = 4.9〜7.4$ 日、$t_e = 11.5$ 〜12.3 日のデータは，輸送業者による輸送、積み込み、保管によるものである。それ以外の輸送はすべて筆者らが行った。輸送中の平

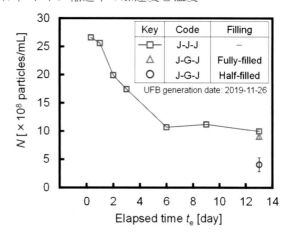

図 3　日本-ドイツ間国際輸送中の UFB 数濃度減少への充填条件の影響

4

均気温は 19.0℃であった。今回の往復空輸ではドバイ国際空港を経由して合計 4 回のフライトを行った。往路のハンブルク空港での積み込み時に最低気温 4.7 ℃を記録した（t_e = 8.4 日）。輸送中の平均温度は室温に近かったが、サンプルは実験室内よりも激しい温度変化にさらされた。

　図 3 に UFB 数濃度 N に及ぼす国際輸送とサンプル充填条件の影響を示した。輸送履歴コード「J-G-J」は日本からドイツを経由して日本への輸送、「J-J-J」は慶應義塾大学での静置保存（輸送なし）を示す。輸送せずに静置した UFB 水（J-J-J）の数濃度は、時間の経過とともに自然減少し、13 日目には生成後 8 時間に比べて 62.5%減少した。完全充填状態での国際輸送（J-G-J）では静置保存(J-J-J) 13 日目の数濃度はほぼ変わらなかったが、半充填状態では数濃度は半減した。これより容器に完全充填すれば内部液の流動を抑制し、UFB 数濃度の減少を抑制できることがわかった。

３．３．２　パイプライン輸送[19]

　貯蔵された UFB 水を農地や工場の隅々まで届けるためには、ポンプで加圧した UFB 水を長いパイプラインで液送する必要がある。しかし場合によっては数百 m を超える距離の輸送によりパイプラインの末端では貯蔵時の UFB の品質を維持できない可能性がある。そこで条件によってどの程度の性質の変化があるのかを実験的に調べた。

　5 L の UFB 水をギアポンプで長さ 90 m （内径 5.64 mm）のウレタンチューブに圧送した際の UFB の残存率 Φ を測定し

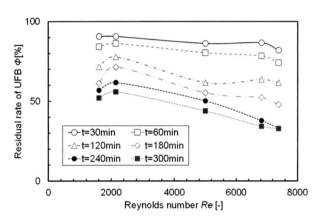

図 4　90m のパイプに 5L の UFB 水通過時の UFB 残存率 Φ とレイノルズ数との関係

た。図 4 に示すように、Φ は通過時間 t とともに減少した。またレイノルズ数 Re（管内径，液体密度，液体粘度が一定であるため，水の流速が大きくなることに対応）と管長 L の増加に対しても Φ は減少した。

３．４　ウルトラファインバブルの濃縮[14]

　UFB 水はすでに洗浄、農業、水産業、臨床医療など多岐にわたって利用が始まっているが、もっと高濃度の UFB 水が入手できればより性能の向上が期待できる。また UFB 水を輸送したり貯蔵したりする際に、体積を縮小できれば保管コストや輸送コストの低減が図れる。

　さらに UFB 水を濃縮することで、粒子追跡解析（PTA）や動的光散乱法（DLS）を用いた UFB 水の数濃度測定の精度が向上する。それぞれの UFB 数濃度分析では適正濃度範囲のサンプルを調製する必要がある。原水サンプルの濃度が小さい場合には濃縮操作によって分析精度や信頼性を上げることができる。

　UFB 水の濃縮法について、現時点で「膜分離法」、「加熱・減圧蒸発法」および「界面緩慢前

進部分凍結法」の３種類が提案されている。

３．４．１　膜分離による濃縮[20]

図5は小林ら[20]により発明された膜分離による濃縮法の原理である。原水として IDEC 社の Ultrafine GaLF を用いて数億個/mL の数濃度を持つ UFB 水（UFB 直径は 60～1000 nm までの分布をもつ）を使用する。この UFB 水を 500 nm、200 nm、60 nm と分級サイズがことなる濾過フィルターを連続して透過させる。直径が 500 nm より小さい UFB と水は濾過フィルター①を透過するが、直径が 500 nm より大きい UFB は濾過フィルター①を通過できずに排出されるので、UFB の濃縮が起こる。濾過フィルター②および③でも同様に直径 200 nm 未満、60 nm 未満の UFB が濃縮される。

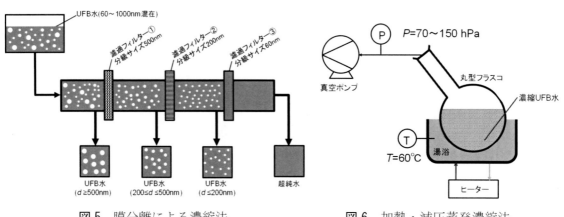

図5　膜分離による濃縮法　　　　　　図6　加熱・減圧蒸発濃縮法

３．４．２　加熱・減圧蒸発による濃縮[20]

図6に加熱・減圧蒸発法による UFB 水の濃縮法の特許に掲載されているシステムを紹介した[18]。UFB 水（Ultrafine GaLF で製造：$N \approx$ 数億個/mL）をフラスコに仕込み、湯浴（約 60℃）で加熱しながら真空ポンプ（70～150 hPa）で減圧することによって、UFB 水を蒸発させる。このときメカニズムは不明としながらも結果としてフラスコ内

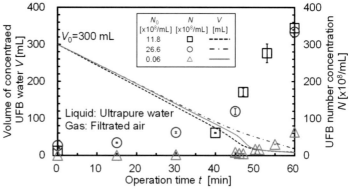

図7　加熱・減圧蒸発による UFB の濃縮

の缶残液中で UFB の濃縮に成功し、数濃度が約 100 億個/mL を超える濃縮 UFB 水を取得している。

筆者らも同様な UFB 濃縮システムを用い、UFB 水の濃縮に成功した[14]。図 7 に示すように、予めフラスコ内に仕込んだ UFB 水(体積 $V_0 = 300$ mL、数濃度 $N_0 = 11.8 \sim 26.6$ 億個/mL)は蒸発によって体積 V は減少した。それに伴って UFB 数濃度 N は増加し、本実験では 344 億個/mL（濃縮倍率 29 倍）を超えた。一方、UFB を殆ど含まない水(体積 $V_0 = 300$ mL、数濃度 $N_0 < 0.06$ 億個/mL)では同様の操作を行ってもほとんど濃縮 UFB 水を得ることができなかった。

　図 8 に UFB 分散液の数濃度の濃縮比 N / N_0 と体積濃縮比 V_0 / V との関係を示した。初濃度 N_0 の異なる UFB 原水で濃縮操作を行ったところ結果は対角線上にプロットされた。これは UFB 原水中に存在するほぼ全ての UFB が缶残液中に残存したことを表している。

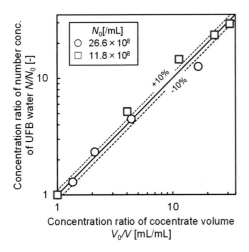

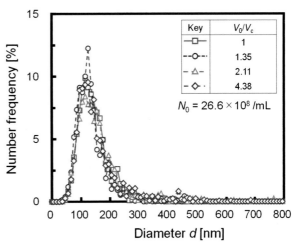

図 8　加熱・減圧蒸発 UFB 濃縮法での UFB 物質収支

図 9　加熱・減圧蒸発 UFB 濃縮操作中の UFB 粒径分布

　図 9 は加熱・減圧蒸発操作中にサンプリングした UFB 粒径の推移である。濃縮操作を経ても粒径分布にほとんど影響がないことが示された。

３．４．３　界面緩慢前進部分凍結による濃縮

　寺坂は界面緩慢前進部分凍結による濃縮法を発明した[21]。図 10 は実験装置を示している。中性の水中で UFB のゼータ電位はマイナスに帯電している[23]。一方氷の表面のゼータ電位もマイナス[22]であるため、氷表面と UFB との静電反発によって UFB は未凍結水中に偏る。そこで UFB 水を冷却して氷相を一方向にゆっくりと成長させ、未凍結水を回収すると濃縮 UFB 水を得ることができる。

　図 11 は実験結果である。凍結操作時間とともに UFB 原水（体積 $V_0 = 80$ mL、$N_0 = 5 \sim 10$ 億個/mL）は徐々に凍結し未凍結 UFB 水の体積 V は減少する。一方で UFB 数濃度 N は増加し、初濃度の 3.5 倍に濃縮されて 37 億個/mL に達した。このとき生成した氷相を融解した水中には UFB がわずかに（$1.5 \sim 4.9$ 億個/mL）含まれていた。

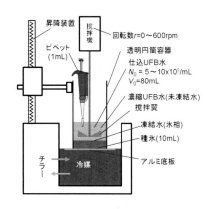

図10 界面緩慢前進部分凍結
によるUFB濃縮装置

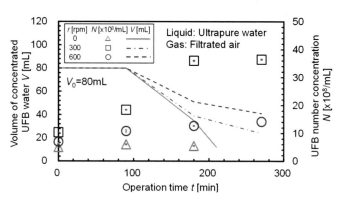

図11 界面緩慢前進部分凍結によるUFB濃
縮の推移

図12は界面緩慢前進部分凍結中にサンプリングしたUFB粒径分布の推移である。濃縮操作
を経ても粒径分布にほとんど影響は見られない。図13は未凍結水の体積濃縮率V_0/Vと数濃度の
濃縮比N/N_0との関係である。撹拌回転数rが0の場合を除き、実験結果は対角線とよく一致し
ており、ほとんど全てのUFBは未凍結水中に存在することがわかる。一方未凍結水を撹拌しな
い場合(r = 0)では未凍結水中でのUFBの濃縮が起こらなかった。これは未凍結水を撹拌しない
と氷相は急激な成長が起こりその過程で氷相中にUFBが取り込まれたためと推察される。

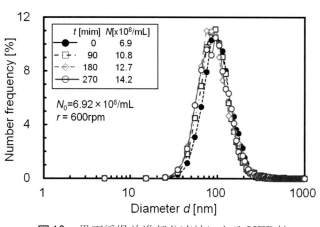

図12 界面緩慢前進部分凍結によるUFB粒
径分布の推移

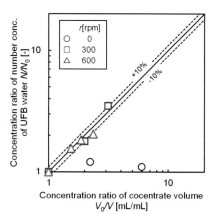

図13 界面緩慢前進部分凍結で
のUFBの物質収支

３．５　ウルトラファインバブルの希釈[14]

UFB水の濃縮の有用性については先に述べたが、濃縮操作によって高濃度化されたUFB水は
輸送先あるいは貯蔵後の使用時において、品質を劣化させずに最適な濃度に希釈する必要がある。

またUFBに関係する分析機器には適切な濃度範囲が設定されておりその範囲を逸脱すると、再現性のないデータや、誤った結論を導くデータが得られる可能性がある。例えば、DLSのデータ品質は，コロイド粒子の数濃度に影響されることが報告されている[15]。UFB水の希釈や濃縮については、Jadhav and Barigou[10]やTuziuchiら[6]によってわずかに研究されている程度である。

　図14に体積V_0 [mL]のUFB水を超純水で希釈してV [mL]としたときの体積希釈率$f (= V/V_0)$とUFB数濃度Nとの関係を示した。体積希釈率$f (= V/V_0)$の逆数である濃縮率$1/f$とNとの関係はほぼ原点をとおる傾き1の直線となった。これはUFB分散液に超純水を注いでも、UFBの安定性は損なわずに希釈できることを示す。図15はUFB原水（初濃度$N_0 = 8.3$億個/mL）を超純水で徐々に希釈したUFB水中のUFB粒径分布である。これより希釈によって粒径分布にほとんど影響が無いことが示された。

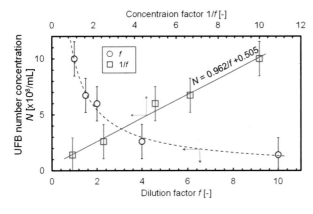

図14　UFBの数濃度に対する希釈の影響

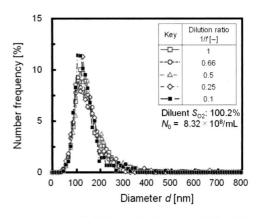

図15　超純水で希釈中のUFB粒径分布

３．６　ウルトラファインバブルの除去 [16]

　図16に水中のUFBを除去するための実験装置を示す。UFB水はねじ蓋付きの30 mLガラスバイアルに15 mLを仕込んだ。バイアルはほぼ空気飽和した純水で満たしたアクリル水槽付超音波洗浄機（QUAVA mini，株式会社カイジョー）に浸された。照射条件を一定にするため、バイアル底面と水槽底面に設置された振動板との距離は40 mmに固定した。照射した超音波の周波数は1.6 MHz、指示負荷電力は100 Wとした。

　図17に超音波照射によるUFB数濃度（初濃度$N_0 = 7$億個/mL）への影響を示した。UFB数濃度は照射時間とともに徐々に減少し、1億個/mL以下に達した。

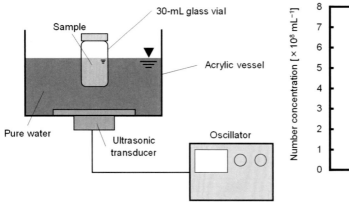

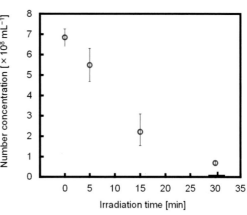

図16　間接超音波照射による UFB 除去装置

図17　UFB 数濃度に対する超音波照射
(1.6 MHz) の影響

4．結論

UFB 水は身近に使用されている多くの化学物質、医薬品、飲料、溶質成分に比べて不安定であるが、本書で示したように、貯蔵、輸送、濃縮、希釈、除去などの基本的な処理やハンドリングについて合理的な時間内で可能である。有用な機能や性質をもつ UFB 水のハンドリング法を理解すれば、UFB 水の社会的な普及や多くの応用技術の開発がよりいっそう加速される。今後の UFB 水の新しい用途開発や低コスト化が実現することを期待する。

謝辞

本研究の一部は日本学術振興会科研費科研費 JP20H02508 の支援を受けて行われました。

参考文献

[1] S. Tanaka, Y. Naruse, K. Terasaka, S. Fujioka, Y. Yamamoto, Y. Noguchi, K. Yamazaki, T. Shomura, and S. Harada, "International Transportation of Ultrafine Bubble Dispersions," *Japanese Journal of Multiphase Flow,* vol. 35, no.1, pp.185-196, 2021.

[2] K. Terasaka, S. Himuro, K. Ando, T. Hata, "Introduction to Fine Bubble Science and Technology," Nikkan Kogyo Shimbun, Ltd., Tokyo, 2016.

[3] ISO 20480-1:2017. "Fine Bubble Technology-General Principles for Usage and Measurement of Fine Bubbles-Part," 2017.

[4] Y. Maeda, S. Hosokawa, Y. Baba, A. Tomiyama, Y. Ito, "Generation Mechanism of Micro-bubbles in a Pressurized Dissolution Method," *Experimental Thermal and Fluid Science*, vol. 60, pp. 201–207, 2015.

[5] J. Gross, S. Sayle, A.R. Karow, U. Bakowsky and P. Garidel, "Nanoparticle Tracking Analysis of Particle Size and Concentration Detection in Suspensions of Polymer and Protein Samples: Influence

of Experimental and Data Evaluation Parameters," *European Journal of Pharmaceutics and Biopharmaceutics*, vol. 104, pp. 30-41, 2016.

[6] T. Tuziuti, K. Yasui, W. Kanematsu, "Influence of Addition of Degassed Water on Bulk Nanobubbles," *Ultrasonic Sonochemistry.*, vol. 43, pp. 272–274, 2018.

[7] A. Azevedo, H. Oliveira, J. Rubio, "Bulk Nanobubbles in the Mineral and Environmental Areas: Updating Research and Applications," *Advances in Colloid and Interface Science,* vol. 271, 101992, 2019.

[8] M. Alheshibri, V. S. J. Craig, "Differentiating between Nanoparticles and Nanobubbles by Evaluation of the Compressibility and Density of Nanoparticle," *The Journal of Physical Chemistry C*, vol. 122, pp. 21998–22007, 2018.

[9] M. Alheshibri, V. S. J. Craig, "Generation of Nanoparticles upon Mixing Ethanol and Water; Nanobubbles or Not?," *Journal of Colloid and Interface Science*, vol. 542, pp. 136–143, 2019.

[10] A. J. Jadhav, M. Barigou, "Bulk Nanobubbles or Not Nanobubbles: That is the Question," *Langmuir*, vol. 36, pp. 1699–1708, 2020.

[11] S. Tanaka, K. Terasaka, and S. Fujioka, "Generation and Long-term Stability of Ultrafine Bubbles in Water," *Chemie Ingenieur Technik*, vol. 93, issue 1-2, pp.168-179, 2021.

[12] ISO 21255:2018, Fine Bubble Technology – Storage and Transportation of Ultrafine Bubble Dispersion in Water, International Organization for Standardization, Geneva, 2018.

[13] S. P. Singh, J. Singh, J. Stallings, G. Burgess and K. Saha, "Measurement and Analysis of Temperature and Pressure in High Altitude Air Shipments," *Packaging Technology and Science*, vol. 23(1), pp. 35-46, 2010.

[14] S. Tanaka, Y. Naruse, K. Terasaka, and S. Fujioka, "Concentration and Dilution of Ultrafine Bubbles in Water," *Colloids Interfaces*, vol. 4, issue. 4, 2020.

[15] R. Tantra, P. Schulze, P. Quincey, "Effect of Nanoparticle Concentration on Zeta-potential Measurement Results and Reproducibility," *Particuology*, vol. 8, pp. 279–285, 2010.

[16] S. Tanaka, H. Kobayashi, S. Ohuchi, K. Terasaka, and S. Fujioka, "Destabilization of Ultrafine Bubbles in Water using Indirect Ultrasonic Irradiation," *Ultrasonics - Sonochemistry*, vol. 71, 105366, 2021.

[17] S. P. Epstein and M. S. Plesset; "On the Stability of Gas Bubbles in Liquid-Gas Solutions," *The Journal of Chemical Physics*, vol. 18, 1505-1509 (1950)

[18] 小林秀彰,柏雅一,高密度微細気泡液生成方法および高密度微細気泡液生成装置,特許第 5901088 号,2016.

[19] S. Harada, A. Donaldson, A. M. Al Taweel, K. Terasaka, Ultrafine Bubble Stability During Aquaculture Nutrient Distribution, Proc. 69th Canadian Chemical Engineering Conference, 2019.

[20] 小林秀彰,柏雅一,高密度微細気泡液生成方法および高密度微細気泡液生成装置,特許第 5715272 号, 2015.

[21] 寺坂宏一, ウルトラファインバブル濃縮液の製造方法, 特願 2021-103279, 2021.

[22] J. Drzymala, Z. Sadowski, L. Holysz, E. Chibowski, Ice/Water Interface: Zeta Potential, Point of Zero Charge, and Hydrophobicity, *Journal of Colloid and Interface Science*, vol. 220, pp.229-234, 1999.

[23] M. Takahashi, The ζ Potential of Microbubbles in Aqueous Solutions -Electrical property of the gas-water interface-," *The Journal of Physical Chemistry*, 109, pp.21858-21864, 2005.

[24] J. Gregory, Monitoring Particle Aggregation Processes, *Advances in Colloid and Interface Science*, vol. 147-148, pp.109-123, 2009.

第2章　ファインバブルの発生技術と発生法

五島　崇

（鹿児島大学）

1．はじめに

　近年、微細な気泡であるファインバブル（Fine bubble, FB）に関心が集まっている。2012 年にファインバブルの発生器、計測器および応用をビジネスとする業界団体である（一社）ファインバブル産業会が設立され、経済産業省と協力して国際標準規格（ISO）の提案を行い、現在日本が主導してファインバブル技術が世界に普及しつつある。

　ファインバブルはサイズにより 1~100μm のマイクロバブル（Micro bubble, MB）と 1μm 未満のウルトラファインバブル（Ultrafine bubble, UFB）に分類される。マイクロバブルは気体の高速溶解、水質浄化、吸着浮上分離などの効果を発揮しており、またウルトラファインバブルは除菌、殺菌など洗浄においてすでに実用化が進んでいる。

　ファインバブルが液中に存在することで様々な効果をもたらすが、その効果を最大限に引き出すにはファインバブル発生器の開発が必要不可欠である。そこで本章では、ファインバブル発生器から生成する気泡の気泡径、気泡径分布、個数密度、溶存気体濃度やゼータ電位といった観点からファインバブルの発生技術と発生法の概要について実験的、理論的に説明する。また、最新のファインバブル発生器の開発状況を紹介する。

　本章は以下の構成とした。2 節において、代表的な各種マイクロバブル発生法について、その発生原理をまとめる。3 節では、代表的な各種ウルトラファインバブル発生技術について、その発生器の概要をまとめる。とくに、ウルトラファインバブルの生成メカニズムはまだ十分に解明されていないため、著者が行った仮説・検証に基づく説明となることを了承ください。

2．マイクロバブルの発生技術と発生法

　液中に気泡を発生する方法は、静止した液中に気体を吹き込む静的方法と液を流動化させてその機械的作用（せん断、引張・圧縮、曲げ、ねじり）を用いた動的方法に大別される。マイクロバブルの発生法については、寺坂による分類[1]を参考に**表1**とした。

2．1　旋回液流式

　図1に、代表的な旋回液流式マイクロバブル発生器を示す。円筒状の容器に液体を高速で流入することで容器内に高速旋回流を発生させる。その中央部に生じる負圧を利用して気体が吸引され、容器中央部には気体柱が形成される。下流の出口にて生じる激しい液せん断流れにより気体柱は粉砕されてマイクロバブルが発生する。本方式は装置構造がシンプルで、かつ流路径も比較的大きいため、装置コストも低く排水処理や農業、水産業など幅広い分野にて利用実績がある。

表1 マイクロバブル発生法の分類

使用原理	マイクロバブル発生器の種類
液流せん断による気相分散	旋回液流式
	スタティックミキサー式
	機械的せん断式
	微細孔式
	流体振動式
液中ガス溶解度変化	加圧溶解式
	加温析出式
キャビテーション	エゼクター式
	ベンチュリー式
	超音波式
分散相の相変化	混合蒸気凝縮式
液相の化学変化	電気分解式

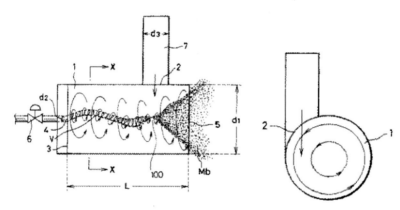

図1 旋回流式マイクロバブル発生器[2]

2.2 加圧溶解式

　本方法は古くから排水処理法として利用されており、ガスの液体への溶解度の圧力依存性を利用したマイクロバブル発生法である。マイクロバブルの気泡生成メカニズムは、古典的核形成論が成り立つとする場合、液滴や微粒子の生成過程とアナロジーであると考えられる。マイクロバブルは気泡核の発生と核成長によって形成される。理解を簡単にするため、粒子生成過程を示す概念図として広く知られている LaMer ダイアグラムを図2に示す。気泡の核発生は系内の圧力低下に伴い溶存ガス飽和濃度以上の過飽和になる。この段階では気泡核の生成は通常生じることはなく、臨界飽和度を超えると気泡の核形成が開始する。

　過飽和水溶液中の溶存気体の化学ポテンシャルは、気泡核の発生に伴い熱力学的に安定となる。これを定式化すると、気泡核の単位体積あたりの自由エネルギーと溶存気体の自由エネルギー差

$\triangle G$[J]は式(2)で表される。

$$\Delta G = \frac{16\pi\sigma^3 v^2}{3(RTlnS)^2} \tag{2}$$

ここで、σ[J・m^{-2}]は気泡－溶液間の単位面積あたりの界面エネルギー、v[m^3・mol^{-1}]は気泡核のモル体積、S[-]は飽和溶解ガス濃度に対する溶解ガス濃度の比(飽和の場合、$S = 1$)である。

これにより、アレニウスタイプの気泡核発生速度Jは式(3)と表せる。

$$J \propto exp\left(-\frac{\Delta G}{RT}\right) \propto exp\left(-\frac{16\pi\sigma^3 v^2}{3(RT)^2(lnS)^3}\right) \tag{3}$$

気液界面エネルギーが大きいほど気泡核の発生は起こりやすく、過飽和度が増加すると気泡核発生速度が増加する。気泡核を瞬時に発生させるには、過飽和度を大きくすることが重要となる。

気泡核の形成後、気泡核はさらに成長することでナノサイズの気泡に変化するため、気泡核の形成から気泡の発生は水中で気泡核生成と気泡成長が競争的に進行すると考えられる。この際、溶存ガスは気泡の発生に伴い消費されるので、最初に生成した気泡核と気泡核生成期後半に生成した気泡核の大きさは異なる。気泡核形成が瞬時に終わり気泡の成長が支配的に起こると気泡径は均一となるが、気泡核形成が継続的に生じると気泡径分布が大きくなる。ただし、LaMerモデルは単分散な粒子生成のメカニズムとして提案されたものであり、気泡の成長過程で生じうる気泡間の凝集合一、溶解収縮および浮上分離は考慮していない。

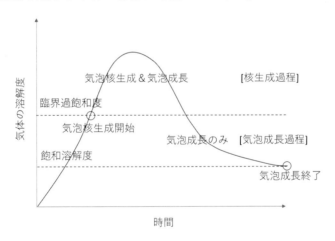

図2　LaMer ダイアグラム

本気泡核形成理論に基づき設計・操作をする場合、気泡径がそろった気泡をより高い個数密度で発生させるには、過飽和度を大きくする条件、つまり初期の溶存ガス飽和濃度を高めてかつ系内の圧力低下速度を増加させることで、気泡核形成がより短時間で起こり気泡の成長を抑制することが重要となると言える。

図3に、代表的な加圧溶解式マイクロバブル発生器を示す。加圧ポンプを用いて容器内の水を吸引する。この際、ポンプ吸引口が負圧になるため、系外からガスを吸引させる。吸引されたガスはポンプ内にて回転翼によるせん断と昇圧の作用により、ガスの破砕と溶解が進行する。ポン

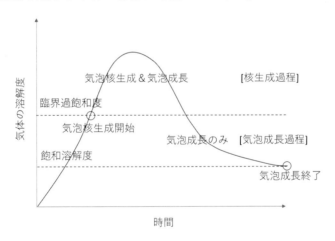

プ内にて完全に溶解しないガスの一部は余剰ガス分離機を用いてベントから排出される。過飽和水となった液のノズル通過時に伴う急激な圧力低下によって気泡核の発生が誘発されてマイクロバブルが発生する。

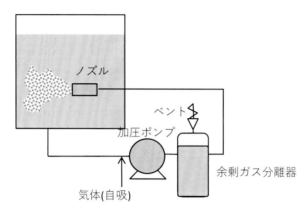

図3　加圧溶解式マイクロバブル発生器

２．３　加温析出式

　マイクロバブルの気泡生成メカニズムは、加圧溶解式マイクロバブル発生器と同様であり、ガスの液体への溶解度の温度依存性を利用した物理化学的な発生法である。入浴用など温水を利用する用途での普及が進んでいる。

２．４　エゼクター式

　キャビテーションは、系内の急激な圧力低下に伴い、圧力が水の蒸気圧よりもさがるために沸騰して気泡が発生する現象である。気泡の発生には気泡核や溶存ガスが大きく影響し、水だけでなく溶解ガスが放出され気泡が成長する。多くの場合、圧力低下の後で圧力の急激な増大が起こり、気泡が圧壊することで、マイクロバブルが発生する。この圧壊時には、液体の圧力が非常に高くなり、周囲の金属などを破壊するキャビテーションエロージョンが生じる。ただし、純水の場合、キャビテーション閾値は200気圧程度だという結果が得られているため、気泡核となりうるのは液中に溶けている不純物やナノサイズの気泡、また流路壁面の微細な凹凸や割れ目に存在する空隙などであると考えられる。

　図4に、代表的なエゼクター式マイクロバブル発生器の構造を示す。流路の急縮小による液流速の増大から、ベルヌーイの定理に基づき生じる負圧を利用して外部から気体を吸引する。下流における流路の急拡大により生じるキャビテーションによって吸入したガスが破砕され微細化する。本方法は市販の水流ポンプを改造して簡便に製作できるなど、装置の構造がシンプルで装置コストを低減でき、スケールアップへの適用性が比較的高い。また、縮流部の直径が大きいために流体に混在する固形物による閉塞が生じにくく、排水処理や農業、水産業などを幅広く用途での産業利用が進められている。

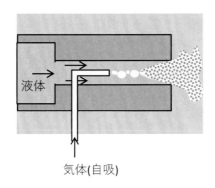

気体(自吸)

図4　エゼクター式マイクロバブル発生器

２．５　ベンチュリー式

　図5に、代表的なベンチュリー式マイクロバブル発生器の構造を示す。流路の急縮小と急拡大を用いて流路内の急激な減圧と加圧を行い気泡の微細化を図っている点はエゼクター式と同様であるが、負圧を利用した気体の自吸を行っていない点が異なる。日本国内の研究者を中心に流体力学的解析が積極的に進められてきた[3]。拡大部にて気液二相流における衝撃波が生じ、その衝撃波由来の圧力回復が気泡の微細化を引き起こし、マイクロバブルを発生する。衝撃波により生成した隣接気泡の衝突による合一が起こりやすく、一般に気泡径分布が広いと言われている。ただし、供給ガス流量を低減させてキャビテーション気泡の発生が支配的な条件で操作したり、供給ガスの気泡径や気泡径分布および流路サイズを変更したりすることで、気泡径分布が変化することに留意されたい。

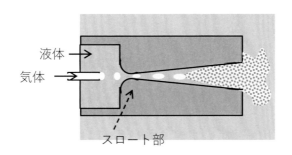

液体

気体

スロート部

図5　ベンチュリー式マイクロバブル発生器

２．６　微細孔式

　液中に沈められた装置表面の微細な孔から気泡が生成する微細孔式は、液体ポンプが不要のためコンタミレスのうえ、低エネルギーで任意の気体や液体に対応可能でスケールアップが比較的容易な発生器であり、化学産業において幅広く利用されてきた。図6に、内径1mmのテフロン製ノズルを用いて親水化処理の有無による気泡生成挙動の比較を示す。親水化処理の有無によらず、まず半球状の気泡が生成するが、親水化処理しない場合では気泡下端とノズル先端との間の接触線がノズル外縁まで移動して膨張を続ける。一方で、親水化処理した場合では接触線の移動

は小さくノズル内縁近傍に留まるため、より短時間で気泡本体とノズル先端をつなぐ首の形成が始まり、首が切れて一個の気泡として生成する。親水化処理した場合の離脱気泡径は親水化処理しない場合に比べて気泡が微細化する。

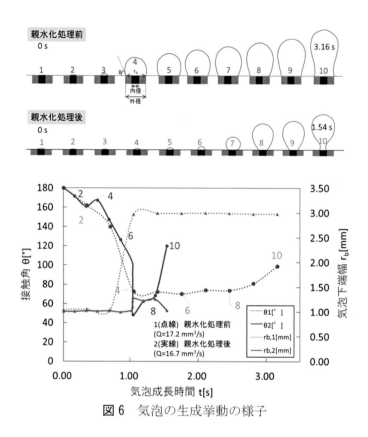

図6 気泡の生成挙動の様子

単一孔から生成する気泡の大きさを理論的に求める簡便な気泡生成モデルは、式(4)と定義される。

$$\rho_l V_b g = \pi D_o \sigma \tag{4}$$

ノズル先端に生成した球形気泡に働く浮力と表面張力が釣り合うとするもので、気泡下端の直径D_o[m]、表面張力σ[N・m^{-1}]に比例し、液密度ρ_l[kg・m^{-3}]、重力加速度g[m・s^{-2}]に反比例する。したがって、液物性が一定の場合、より親水性の高い孔径の小さなノズルを用いることで接触線の外縁への移動を抑制し、また気泡の首の形成と変形を促進することが気泡の微細化につながる。

図7に、親水化処理した内径0.007mmのジルコニア製ノズルを用いてノズル角度による気泡生成挙動への影響を示す。ノズル角度の影響は、鉛直上向きからの回転角θを用いたcosθで表す。回転角θの増加に伴い、気泡を球状に保つ表面張力の作用に対し浮力の作用が大きくなり短時間で成長気泡下部が変形して首が形成されるため、気泡容積は減少した。親水化処理前の鉛直上向きの場合における気泡径は2.4mmであるのに対し、親水化処理(3回目)後の横向き(重力と直角)では280μmまで微細化した。ただし、100μm以下まで減少しないため、マイクロバブルの形成には液流れなど首の形成と変形を促進する因子が必要となる。

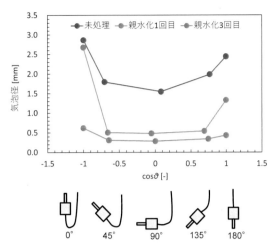

図7　ノズル角度による気泡生成挙動への影響

　図8に、代表的な微細孔式マイクロバブル発生器として、液流のせん断応力を利用する構造を有する発生器の概略図を示す。液流量の増加による気泡の微細化は促進されるが下流の出口絞り部でキャビテーション気泡が発生して多孔膜由来の気泡と識別が困難となるため、留意されたい。

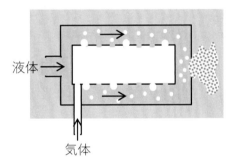

図8　微細孔式マイクロバブル発生器

その他の微細孔式マイクロバブル発生器として、多孔質膜の材質や構造を工夫したもの[4]、圧電振動子によりノズルや多孔膜自体を振動させるもの[5]、弾性膜と音波を併用したもの[6]、が報告されている。最近、著者は極低周波10Hzを用いてマイクロバブルの単分散生成に成功している。

２．７　流体振動式

　流体振動式マイクロバブル発生器は液体ポンプを用いないバッチ式であるのだが、蓄気室と呼ばれるガス容器内の圧力を能動的に増減させることで流路内に振動流が生じ、流路側面に設置した微細なノズルや多孔質膜から気泡を生成させる方法である。図9に、著者により開発された流体振動式マイクロバブル発生器の概略図を示した。気泡生成ノズルは親水化処理したジルコニア素材の内径7μmの単孔ノズルを使用した。流体振動ノズルと気泡生成ノズル側の2つの電磁弁を制御して各ノズルの蓄気室内圧力を制御してイオン交換水中に気泡を発生させた。前者と後

者の電磁弁を独立して制御することで、気泡生成ノズル先端では流体による加速せん断が支配的な時間範囲のみ気泡を生成させる。10Hzという極低周波の流体振動条件の下でSauter径84μm、CV値が10%未満と高い単分散性を持つマイクロバブルの生成が可能となっており、多孔膜を用いて制御法の構築が進められている。

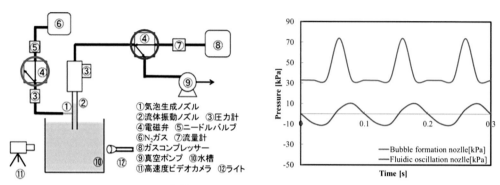

図9　流体振動式マイクロバブル発生器[7]

２．８　機械的せん断式

　プロペラやローターなど翼を高速回転させることで翼周りが負圧になりガスと液を吸引し、気泡をせん断してマイクロバブルを発生させ、マイクロバブル水をバルク液中に吐出する方法である。本方式は液ポンプを必要としないため、幅広い用途での利用ができるメリットがある。ただし、ガス流量が増加すると気泡径分布が大きくなりやすい傾向がある。

２．９　スタティックミキサー式

　流体が管路内部に固定されたエレメントを通過する際にガスを吸引し、エレメントにより気泡を破砕して、マイクロバブルを発生させる方法である。

２．１０　超音波式

　幕田は、内部にガス流路を有する中空超音波ホーンを液体中に挿入し振動させることで、液体中の気液界面が激しく乱されマイクロバブルが発生する技術を開発した。本マイクロバブル発生技術を利用して溶融金属に気体を吹き込むという操作のみで安全にポーラス金属を精製することに成功している[8]。

２．１１　混合蒸気凝縮式

　気体と水蒸気の混合蒸気を水中にノズルから吹き込むと、水蒸気が凝縮し、凝縮しない気体のマイクロバブルが得られる[9]。気体として窒素を用いた場合、平均気泡径は22μmである。気泡径はノズル内径、蒸気噴出速度や気体組成により変化する。例えば、化学工場にて排出される高圧スチームを用いると、ポンプやヒーターを必要とせずに非凝縮性気体のマイクロバブルを作ることができる。

3．ウルトラファインバブルの発生技術と発生法

ウルトラファインバブルの発生技術と発生法については、その生成メカニズムについて統一的見解が得られていないが、著者が行った仮説検証と寺坂による分類[1]に基づき**表2**とした。

表2　ウルトラファインバブル発生法の分類

使用原理	ウルトラファインバブル発生器の種類
キャビテーション	エゼクター式
	ベンチュリー式
	超音波式
	噴霧式
	回転式
液中ガス溶解度変化	加圧溶解式
	貧溶媒析出式
液せん断流による気相分散と混合	旋回液流式
	振とう攪拌式
	溶解収縮式
	微細孔式
	スタティックミキサー式
	機械的せん断式
	流体振動式
分散相の相変化	混合蒸気凝縮式

ウルトラファインバブルは水中において1カ月以上にわたって安定に存在する。また、その平均気泡径は数10nm～200nm程度になる。気体の拡散に関するEpstein-Plesset理論に基づくと直径100nmのバブルが溶解消滅するまでの時間は、わずか20μs程度となる。溶解消滅せずに安定なウルトラファインバブルが存在するメカニズムとして、以下に示す9つの仮説が提唱されている。

・スキン説
・鎧兜説
・粒子割れ目説
・静電反発力説
・水溶液中のイオンによる静電反発力説
・多体説
・相転移説
・気体不溶説
・動的平衡説

スキン説とは、主に液体状の有機物、もしくは界面活性剤が、バブル表面に吸着してバブル表面を完全に覆うことで気体の拡散を抑制して安定化する、という説であるが、通常精製水を用いてウルトラファインバブルを発生させるため、液体中にバブルを完全に被覆する有機物や界面活性剤が存在すると考えるのは難しい。一方で安井らは、ウルトラファインバブルの表面の一部に疎水性物質が付着して、疎水性物質表面で濃縮された気体がウルトラファインバブル内へ流入し、その他の部分から流出する量と釣り合うという、動的平衡説[10]を提案した。著者は、動的平衡説、多体説および静電反発力説の3つの仮説が成立し、それらが補間しあうことでウルトラファインバブルが安定化すると現段階では推察している。以下にその検証概要を述べる。

　実際の系にて想定される不純物は、微粒子、界面活性剤、油および塩である。これら不純物の発生源として、微粒子は、大気中のPM2.5、またポンプの軸シール部や回転翼の摩耗・ポンプや配管のサビに加えて、超音波発生装置を用いる場合には振動子もしくは振動子に接するプレート、さらに回転翼や気泡発生部におけるキャビテーションによるエロージョン粒子である。界面活性剤は海水や水道水、油はポンプの軸シール部、また塩は海水、水道水に含まれている金属イオンである。図10に、著者が開発した加圧溶解式ウルトラファインバブル発生器を用いた繰り返し運転がウルトラファインバブルの個数密度に及ぼす影響を示す。操作条件として、3Lの脱イオン水をポンプ吐出圧0.7MPaにて10分間循環運転を行った。マイクロバブルが高い個数密度で発生するため運転回数によらず白濁が観察されたが、ウルトラファインバブルの個数密度は運転回数の増加に伴い24億個/mLから2〜4億個/mLへと減少した。

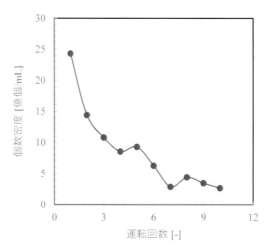

図10　ウルトラファインバブルの個数密度と運転回数との関係
(加圧溶解式ウルトラファインバブル発生器[11],[12])

　また、図11に、著者が開発した流体せん断式の一つである流体振動式ウルトラファインバブル発生器を用いた実験において得られた、ウルトラファインバブルの個数密度と運転時間との関係を示した。マイクロバブルは高い個数密度で発生するため外観は白濁しているが、ウルトラファインバブルの個数密度は運転時間とともに単調に増加するものの、90分間運転しても1億個/mL

未満となった。

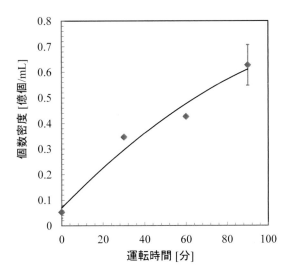

図 11　ウルトラファインバブルの個数密度と運転時間との関係
(流体振動式ウルトラファインバブル発生器 [7])

一方で、図 12 に、著者が開発したキャビテーションを利用した回転式ウルトラファインバブル発生器を用いた実験において得られた、ウルトラファインバブルの個数密度と運転時間との関係を示す。ウルトラファインバブルの個数密度は運転時間の増加とともに単調に増加し運転開始後 60 分後には 100 億個/mL を上回った。また、本装置は年間 200 日以上運転しているが、繰り返し運転による個数密度の減少は生じないことが確認されている。

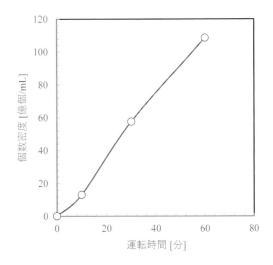

図 12　ウルトラファインバブルの個数密度と運転時間との関係
(回転式ウルトラファインバブル発生器 [13])

まずウルトラファインバブルを同定するため、ウルトラファインバブルと不純物を識別する方法を提案した。ウルトラファインバブルと不純物の識別法の概略を以下に示す。パーティクルトラッキング式粒度分布測定装置(ナノサイト LM-10, マルバーン社)の計測により得られる光散乱強度分布について、モード径近傍(±20nm)のプロットを抽出し、光散乱強度を規格化した。ナノサイトの個数密度と規格化した光散乱強度分布を総合的に評価してウルトラファインバブルと不純物を識別した。図13に、100nm ポリスチレン標準粒子分散液、および発明した加圧溶解式ウルトラファインバブル発生器に蒸留水、アニオン性界面活性剤含有液、炭酸カルシウム懸濁液を通じて調製したウルトラファインバブル水について、本識別法により得られたナノサイトの光散乱強度分布を示す。A は粒子がリッチ、B はウルトラファインバブルがリッチの場合に見られる分布特性である。

これまでに提案されてきたウルトラファインバブルの安定化機構と本実験結果を比較して、ウルトラファインバブルの生成挙動と安定化機構を以下のように推定した(図14)。まず、キャビテーションの作用により流路壁面の微細な凹凸や割れ目から、もしくはエロージョン粒子を含む液中の不純物を気泡核としてファインバブル（ウルトラファインバブルとマイクロバブルを含む)が生成する。あるいは、気泡発生部から液中にファインバブルと100nm より十分小さい不純物(粒子)が放出され、不純物の一部がファインバブルに吸着する。その後、気泡径が増大したファインバブル(マイクロバブル)は浮上分離し、自己加圧効果により気泡径が縮小したファインバブル(ウルトラファインバブル)は溶解消滅する。液中に残存しているウルトラファインバブルは、安井らが提唱する動的平衡説に基づき不純物の吸着にともなう気液界面での正味の物質移動抑制効果により 100nm 程度で安定化する。未吸着の不純物粒子では凝集が進行して 100nm 程度まで成長する。結果的に、ウルトラファインバブルと不純物は共に 100nm 程度で安定化する。

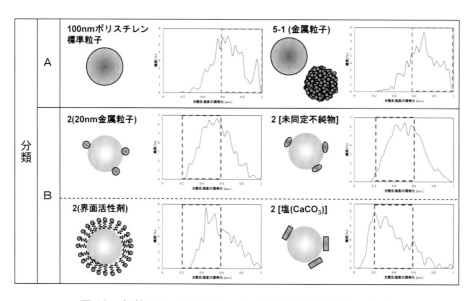

図13　規格化したナノサイトの光散乱強度分布の比較

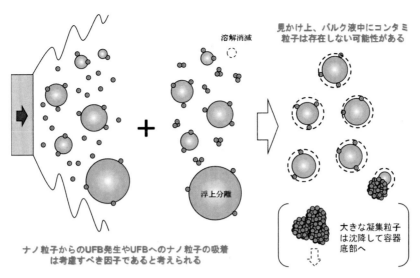

溶解消滅

見かけ上、バルク液中にコンタミ
粒子は存在しない可能性がある

浮上分離

大きな凝集粒子
は沈降して容器
底部へ

ナノ粒子からのUFB発生やUFBへのナノ粒子の吸着
は考慮すべき因子であると考えられる

図 14　ウルトラファインバブルの発生機構の推定

　複数のウルトラファインバブル発生器を操作する中で、ウルトラファインバブルの個数密度が液温度や圧力などバルク液の物性の操作因子や溶存気体濃度に必ずしも依存しないうえに、必要量の疎水性物質が液中に存在するのかが懸念される。したがって、動的平衡説に加えて他の仮説が成立するのではないかと考えた。気泡の微細化に伴う高い溶解性から、ウルトラファインバブル周囲の気体の溶解状態を評価する必要があると想定される。そこで、ウルトラファインバブルに含まれる気体の全量を分析する手法として、①一方向凍結法[14]と②吸光度法を提案した。それぞれの実験方法の概略を示す。

① 　透明な円筒溶液に1~3日静置した所定量のウルトラファインバブル水を入れ、容器底部をマイナス25度に設定したチラー液に浸して一方向凍結を行った。ウルトラファインバブル水を所定の高さまで凍結させた後、凍結体を容器から取り出して凍結体内部の空隙容積を求めた。飽和溶解度に相当する気体容積に対する空隙容積の比率を過飽和度として定義した。

② 　紫外可視分光光度計を用いて酸素ガスの吸光度スペクトルを測定した。測定波長は190-300nmとした。リファレンス側には空気飽和水を用いた。サンプル側には酸素ガスの飽和水を用いて測定を行い、酸素ガスの吸収波長域および吸収ピーク波長を調べた。その後、サンプル側に空気ウルトラファインバブル(Air-UFB)水もしくは酸素ウルトラファインバブル(O_2-UFB)水を入れて測定を行い、吸収ピーク波長における飽和水とウルトラファインバブル水の吸光度の値から、過飽和度を求めた。Air-UFB水の場合、大気組成が成立すると仮定して酸素ガスの吸光度の値より溶存空気濃度を求めた。また、隔膜式溶存酸素計を用いて、飽和水とウルトラファインバブル水の溶存酸素濃度を測定した。

　図 15 に、過飽和度とウルトラファインバブルの個数密度の関係を示す。O_2-UFB 水の過飽和度はウルトラファインバブルの個数密度に応じて単調に増加し、Air-UFB 水と良好な一致が見られた。また、吸光度法について、個数密度と過飽和度との間の相関関係に一方向凍結法同様の傾向が見られた。したがって、両手法がウルトラファインバブル水の気体含有量測定法として有用

であることが示された。ウルトラファインバブルの発生前後で液容積の変化は観察されないこと、また O₂-UFB 水については実験条件によらず溶存酸素濃度計での測定値が大気雰囲気下での飽和溶存ガス濃度で一定であることから、ウルトラファインバブル水が保有する気体の大部分は周囲の液中に過飽和状態で存在すると考える。さらに、Air-UFB 水と O₂-UFB 水の過飽和度は近い値を示すことから、同程度の空間容積を持つ過飽和領域が存在すると想定される。

　ウルトラファインバブルの安定化機構の一つとして、気泡が密に多数個存在することで気泡周囲の液体中では気体の過飽和状態となり気泡が安定化するという多体説 [15]がある。ただし、多体説のみでは個数密度が小さい時のウルトラファインバブルの存在が説明できないが、例えば動的平衡説に基づき微量の疎水性不純物に吸着してウルトラファインバブルが発生した後、その周囲に形成される過飽和領域において多体説に基づきウルトラファインバブルが安定化することも想定される。つまり、ウルトラファインバブル周囲の液中に過飽和状態が存在し、動的平衡説に加えて多体説が成立すると考えられる。

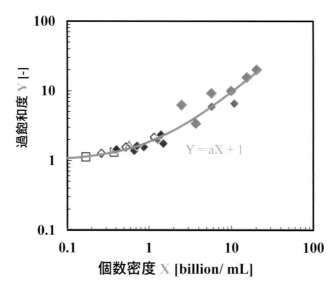

図15　ウルトラファインバブルの過飽和度と個数密度との関係
(中抜き：一方向凍結法、塗りつぶし：吸光度法)

　ウルトラファインバブルのゼータ電位測定を実施した。図 16 に、加圧溶解式とキャビテーション式のウルトラファインバブル発生器について、ゼータ電位と pH の関係を示す。pH の減少に伴いゼータ電位の絶対値は低下し、pH3~4 付近において等電点に達している。図 17 に、pH4.3 におけるウルトラファインバブル水の気泡径分布の経時変化を示す。時間とともにウルトラファインバブルは粗大化した。これは、ウルトラファインバブル周囲の静電反発力が低下したことにより、ブラウン運動により隣接するウルトラファインバブル同士が衝突して凝集体を形成したと推察する。一方で、pH が 6~12 の範囲において発生器間に有意な差が観察された。微粒子のゼータ電位について、ウルトラファインバブルの微粒子への吸着に伴い電気二重層の電荷の偏りが緩

和されることが報告されている [16]。また、ウルトラファインバブルの数値解析においてもナノ粒子の吸着がゼータ電位の絶対値を低下させることが報告されている [17]。ウルトラファインバブルの表面に吸着している微粒子の大きさや組成の違いが発生器間でのゼータ電位の相違を生じた要因の一つと推察される。

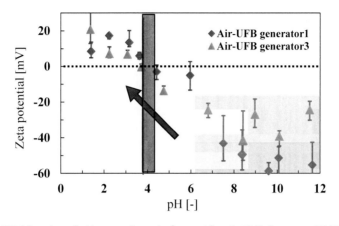

図16　ウルトラファインバブルのゼータ電位とpHの関係
(generator1：加圧溶解式、generator3：回転式ウルトラファインバブル発生器)

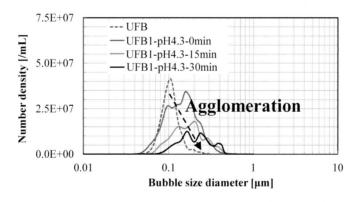

図17　pH4.3におけるウルトラファインバブル水の気泡径分布の経時変化

以上から、ウルトラファインバブルの主な安定化機構として、動的平衡説、多体説および静電反発力説が成立すると現状では考えている。

　ここで、「ウルトラファインバブルの個数密度を増加させるにはどの発生器を選ぶとよいか？」について考えてみる。ウルトラファインバブルの安定化機構に関する上記の推定が妥当であるとした場合、気泡発生部を通じて生成する気泡の単位時間当たりの発生量が浮上分離や溶解消滅による単位時間当たりの消費量に比べて大きいことが重要と言える。例えば、加圧溶解式ウルトラファインバブル発生器の場合、図10に示したように、ウルトラファインバブルの個数密度は使用頻度の増加とともに減少した。これは、発生器の使用初期では装置内に不純物が至る所に沈着

しているため、発生器の稼働に伴いそれら物質が気泡核の生成を促進させる。気泡発生部より生じるウルトラファインバブルの個数密度が循環操作により加圧溶解して消滅するウルトラファインバブルの個数密度を上回り、液中に残存するウルトラファインバブルの個数密度が高まる。一方で、使用頻度の増加とともに発生器内は洗浄され不純物が減少するため、気泡発生部より生じるウルトラファインバブルの個数密度が循環操作により加圧溶解して消滅するウルトラファインバブルの個数密度と釣り合うようになり、結果液中に残存するウルトラファインバブルの個数密度が減少すると考える。

　キャビテーションを利用した回転式ウルトラファインバブル発生器の操作は、大気圧下での閉鎖系バッチ操作である。加圧溶解式と異なり加圧溶解操作がないため、回転体の壁面から発生するウルトラファインバブルはそのまま残存する。また、浮上分離して上部の空間に移動した気体は再び液中に取り込まれるため、液中に溶解する気体を直接的にウルトラファインバブルの生成に利用できる。また、キャビテーションエロージョンはキャビテーション核となるナノサイズの気泡の存在によりクラウドキャビテーションの形成が誘発されて、キャビテーションエロージョンの発生が促進されることが報告されている [18]。したがって、ウルトラファインバブルの個数密度は運転時間とともに単調に増加すると考える。ただし、ウルトラファインバブルの主な安定化機構として、ウルトラファインバブル周囲の液中に過飽和領域が存在すると推定したため、その領域の大きさに応じて液中に存在できるウルトラファインバブルの個数密度の最大値が決定されると推察される。

　安田らにより超音波ウルトラファインバブル発生器を用いて、周波数と運転時間を変えた実験が行われている [19]。ウルトラファインバブルの個数密度は周波数によらず運転時間とともに増加するが、その増加速度は単調に減少して、最終的にウルトラファインバブルの個数密度はある一定値に収束すると報告されている。超音波の特性として圧壊や脱気があり、それぞれウルトラファインバブル水の反応促進法や気泡分離法の開発として研究が進められている。したがって、回転式ウルトラファインバブル発生器と比較すると浮上分離や溶解消滅によるウルトラファインバブルの消費量が大きく、溶存気体濃度は時間とともに減少してウルトラファインバブルの生成量と釣り合うことで、ウルトラファインバブルの個数密度はある一定値に収束すると考える。

　それでは、「ウルトラファインバブルの個数密度は厳密に制御できるのか？」について考えてみる。所要動力に応じて気泡核となる不純物の発生量を意図して増加させることができれば、気泡密度を制御できるだろう。ただし、化学産業において今後ウルトラファインバブルの利用拡充を図ることを想定すると、界面活性剤などの機能性物質を添加する手法が好ましいと考える。これにより、所望の機能を付与しつつ同一の所要動力に対して、気泡密度が高められる。また、医療医薬の分野など不純物によるコンタミに対して特段の注意が必要な場合には、キャビテーションによるエロージョン粒子の発生を抑制するためにより低い所要動力で運転しても、ウルトラファインバブルの発生が促進されるため、幅広い方式のウルトラファインバブル発生器に対して適用できると考える。

　最後に、「ウルトラファインバブルの気泡径を変化させるにはどの発生器を選ぶとよいか？」について考える。一つの解として著者が開発した溶解収縮式ウルトラファインバブル発生器を提

案する。本方式は、一旦発生させたマイクロバブルを流体せん断場において高速溶解させることでウルトラファインバブルを発生させる。図 18 に、ウルトラファインバブルの個数密度と Mode 径へ及ぼすバルク液のパス回数の影響を示した。パス回数の増加とともにウルトラファインバブルの個数密度は減少し、Mode 径は 185nm から 371nm へ増加した。これは、マイクロバブルの溶解速度が気泡周囲に形成される過飽和域内での気体の溶解濃度と物質移動抵抗とのバランスにより制御されたと考える。

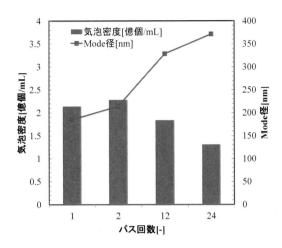

図 18　ウルトラファインバブルの個数密度と Mode 径に及ぼすバス回数の影響
(溶解収縮式ウルトラファインバブル発生器 [20])

　最近、有機溶媒を精製水に添加して混合するだけで、簡便にウルトラファインバブル水溶液を調製する貧溶媒析出式ウルトラファインバブル発生法が報告されている [21]。ウルトラファインバブルの個数密度は有機溶媒のあるモル分率(<0.1)で極大値を持ち、特にエタノール、プロパノールやジメチルスルホキシド(DMSO)を用いると、その個数密度は 10 億個/mL 以上に達する。また、有機溶媒の分離前後でウルトラファインバブルの個数密度と平均気泡径は変化しない。

４．おわりに
　本章では、代表的なマイクロバブル発生法とウルトラファインバブル発生法について、それらの発生原理をまとめた。特に、ウルトラファインバブルの生成メカニズムはまだ十分に解明されていないため、著者が行った仮説・検証に基づきその発生メカニズムに言及し、最近の研究報告を含めウルトラファインバブル発生技術と発生法を整理した。ファインバブル技術を核とする革新的な商品が創出されるまでには至っておらず本格的な市場がいまだ形成されていない状況であるが、ここ十年で測定技術の開発が進み研究開発が活発に行われている。今後サイエンスにもとづきファインバブル現象が明らかとなり、ファインバブルの効果を最大限に引き出すファインバブル発生器の開発や設計が可能となると期待される。

参考文献

1)　寺坂宏一, ファインバブル入門 第 6 章 (2016)

2)　大成博文, WO00/69550 (2000)

3)　金子焼子, 阿部豊, *混相流*, 32(2), 231-238 (2018)

4)　有限会社中島工業, 特開 2003-102325 (2013)

5)　伊藤司, 天谷賢児, 循環型社会形成推進科学研究費補助金研究事業(平成 21 年度～平成 22 年度)

6)　Abe, K., Sanada, T., *Chem. Eng. Sci.*, 128, 28-35 (2015)

7)　五島崇, 特許第 6755035 号 (2020)

8)　幕田寿典, 科学研究費助成事業研究成果報告書, 17K06041 (2020)

9)　寺坂宏一, 特許第 4046294 号 (2007)

10)　Yasui, K. Tsziuti, T., Kanematsu, W., Kato, K., *Langmuir*, 32, 11101-11110 (2016)

11)　五島崇, 特許第 6863609 号 (2021)

12)　Goshima, T., US11110414 (2021)

13)　五島崇, 三国勇大, WO2020/235519 (2020)

14)　五島崇, 特許第 6985719 号 (2022)

15)　Weijs, J. H., Seddon, J. R. T., Lohse, D., *Chem. Phys. Chem.*, 13, 2197-2204 (2012)

16)　Zhou., W., et al., *Ultrason. Sonochem.*, 67, 105167 (2020)

17)　Yasui, K., *Jpn. J. Multiph. Flow.*, 30, 19-26 (2016)

18)　Soyama, H., *Int. J. Peening Sci. Tehcnol.*, 1, 3-60 (2017)

19)　Yasuda, K., Matsushima, H., Asakura, Y., *Chem. Eng. Sci*, 195, 455-461 (2019)

20)　五島崇, 高倉蓮, 深谷天, WO2018/225510 (2018)

21)　Ananda, J. J., Mostafa, B., *Soft Matter*, 16, 4502-4511 (2020)

第3章　加圧溶解法を用いた発生法と評価方法

須山　徹

（株式会社　ニクニ）

1．はじめに

　ファインバブルを発生させる方法には様々な方法があるが、当社では加圧溶解法を中心に様々な製品を販売しておりその歴史は古い。

　ニクニのファインバブル技術は装置の不具合解決から始まった。1980 年代のことだが、純水送水装置を運転中に何も入っていないはずの純水が白く濁る現象が起きた。詳細に調べたところポンプの吸込側の配管からエアを吸っていることが確認され、白濁の原因が細かい気泡だと分かった。このころポンプの吸込側から空気を入れることはキャビテーションやエアロックの問題から業界ではタブーとされていた。この固定観念をやぶり、どうやって微細な気泡を作れるかという課題に取組むことで弊社のファインバブル技術は始まった。

　その後は研究を進めることにより、渦流ポンプを応用した渦流ターボミキサー「KTM」（図 1）、装置化することで効率的に加圧溶解処理を行うマイクロバブルジェネレーター「MBG」（図 2）、温浴設備に特化したホワイトイオンバス「WIB」、他にもオゾン水製造装置や加圧溶解を利用した脱酸装置等の様々な製品を世に送り出してきた。

　この章では、当社のこのような豊富な経験に基づき、ファインバブルを発生させる前処理としての加圧溶解法について解説する。

図 1　渦流ターボミキサー「KTM」　　　**図 2　マイクロバブルジェネレーター「MBG」**

２．ヘンリーの法則と気体の溶解

２．１　ヘンリーの法則

　日常生活の中で加圧溶解法を一番目にするのはやはり炭酸飲料だろう（**図3**）。ビールやコーラなどの炭酸飲料は他の飲料と比較して容器を持つと膨らんでいるように感じる。これは容器の内部の圧力が大気圧より高い状態になっているからである。缶の蓋を開けると容器の内側に働いていた圧力は大気圧に開放される。この時圧力により溶解していた炭酸は液中に発泡して出てくる。こうして毎日おいしくビールをいただくことが出来る。この現象は一般的にヘンリーの法則で説明することが出来る。

図3　加圧溶解を利用した炭酸飲料

　ヘンリーの法則は、温度が一定の時、一定量の液体に溶解する気体の質量はその気体の圧力に比例するという法則、つまり、

　　　　圧力を上げる（加圧）　⇒　溶け込める気体（溶存気体）が多くなる。
　　　　圧力を下げる（減圧）　⇒　溶け込める気体が少なくなる。

となる。すなわち、圧力を上げれば上げるほど圧力に比例して多くの気体が液体に溶け込むことが出来る。加圧により気体が液体に溶け込んだ後、圧力を大気圧に減圧することで溶け込むことが出来なくなった気体は液から出てくる（図4）。また、温度によっても溶ける気体の量が変化する。一般的に温度が上昇するほど溶解できる気体の量は減少する。

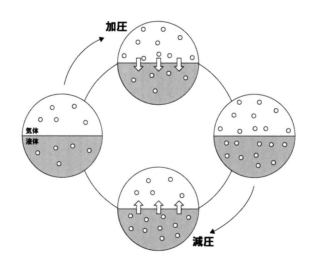

図4　圧力と気体の溶解

２．２　気体の飽和溶解量

　前項で気体が液体に溶け込む質量は温度と圧力により変化することを説明した。そのため、溶解できる気体の最大量は気体の種類により決まっており、ある温度と圧力において気体が液体に溶け込むことが出来る最大量を気体の飽和溶解量という。

　図5は水温と飽和溶解量（空気）の関係を示したものである。図中の線は、大気圧での飽和溶解量とその倍の圧力での飽和溶解量を示している。図からもわかる通り、ある温度において圧力が2倍になると飽和溶解量も2倍となっている。例えば、温度20℃において大気圧下（P = 0.1 MPa [abs]）の飽和溶解量は V = 18 mL/L に対して、大気圧の2倍（P' = 0.2 MPa [abs]）のときの飽和溶解量は式(1)より V' = 36 mL/L となる。なお、P および P' は絶対圧力を使用する。

$$V' = P' \div P \times V = 0.2 \div 0.1 \times 18 = 36 \quad (\text{mL/L}) \tag{1}$$

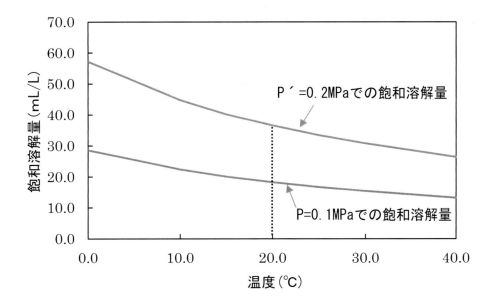

図5　水温と飽和溶解量（空気）の関係

３．加圧溶解法

３．１　加圧溶解法と発泡

　密閉タンクの中に空気と飽和水を入れる。タンク内を倍の圧力に加圧するとヘンリーの法則によって次第に気液界面から空気が水の中に溶け込んでいく。しばらくたつと加圧した圧力に比例して倍の溶解量となる。加圧していた圧力を開放すると、水に溶け込める溶解量が元に戻り溶け込めなくなった空気が水の中に細かい泡として発生する（図6）。

　加圧することでより気体を液に溶解させた後、圧力を開放させることによりバブルを発生させる方法を加圧溶解法と呼んでいる。

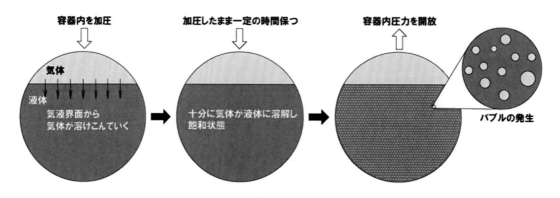

図6　加圧溶解法

３．２　気液混合を利用し加圧溶解させる機器

　圧力に比例して気体は液体に溶け込むことは前項で説明した。一定の時間圧力を加えると徐々に気液界面から気体は溶解を始めるが、飽和に近い状態にするには時間がかかる。課題はどうやって圧力を発生させ、より速く液体に気体を溶けこませるかである。図7は渦流ポンプに気体の吸入機構と混合機能を合わせた渦流ターボミキサー（KTM）である。KTM の特徴は加圧溶解に必要な工程を全て一つの機器で行えることにある。渦巻ポンプ、コンプレッサーとスタティックミキサーを利用する他の方法と比較して効率が良い。KTM では、吸込口から液体が吸引される時に発生する負圧を利用し気体も同時に吸引される。この時点では気体と液体は十分に混合されていない。吸引された気液はインペラーが作り出す渦により加圧と混合を連続的に行うことで気体を効率的に溶解させることが出来る。これは、混合されることで気液界面の面積をより大きくすることが出来るためである。

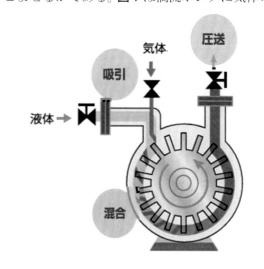

図7　KTM の機構

３．３　加圧溶解タンクの役割

　前述の方法で気体を加圧溶解させたミ水を加圧水と呼ぶ。加圧水をそのまま使用し、マイクロバブルの発生や機能水として使用することは十分に可能であるが、より多くのマイクロバブルを発生させるために後段に加圧溶解タンクを設置するのが一般的である。加圧溶解タンクはまだ溶けこんでいない気体をさらに溶解させる働きをする。

　タンクで気体を溶解させる方法はいくつかある。例えば、大きな容積のタンクにすることで流速を落とし気体と液体の接触時間を増やして気体を溶解させる方法、タンクの内部構造を工夫し積極的に気体の溶解を促進する方法、それらを組み合わせた方法などがある。また、余剰な気体を分離する機構や液面を制御するセンサー等が取り付けられているものも存在する。当社では液の流れを利用して気液をさらに攪拌し溶解を促進させる溶解促進タンク（図8）と余剰な気体を分離する気液分離タンクを後段に配置し装置化、マイクロバブルジェネレーター（図9）として製品化している。

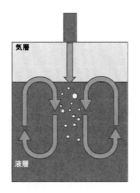

図8　溶解促進タンクイメージ

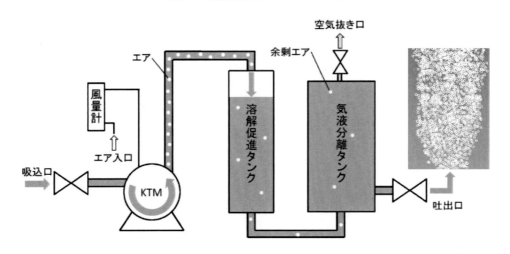

図9　マイクロバブルジェネレーターの構成

３．４加圧溶解の特徴と注意点

　加圧溶解法ではポンプやミキサーを利用して連続的に処理が行える上、大量の気体を溶解させることでマイクロバブルを安定的に高濃度で発生させることが出来る。特に大量のマイクロバブル水を利用する場所に多く使用される。

３．５　吸込空気量の増加に対する性能低下（気液混合低減グラフ）

　ポンプの吸込側から気体を吸引する際に、その量を間違えるとエアロックを起こし揚水しなくなる。KTM はエアロックに強い構造となっており、最大流量の 8〜10%まで空気を吸込むことが出来るが、それ以上になると通常のポンプと同様エアロックを起こしてしまう。これはポンプや KTM 内部の液体がなくなり、ポンプとして作用しなくなるからである。

　KTM を運転する際に空気を入れるが、空気の注入量を増やすほど圧力と流量は低下する。KTM を効率よく運転するためには、必要以上の空気を入れるのではなく、加圧圧力、流量、飽和溶解量から適切な空気量を選定することが重要となる。**図 10** は空気の注入量による KTM の性能変化を表した図で、気液混合低減グラフと呼んでいる。空気注入量を増やすほど性能が低下していることがわかる。KTM に入れる空気の量は圧力にも依存するが、流量に対する空気の注入量は 5%前後にしている。

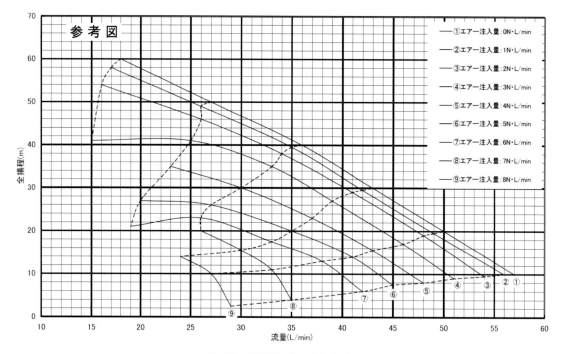

図 10　気液混合低減グラフ

４．加圧溶解の評価方法

４．１　溶解した気体量の評価

　加圧水中に溶解する気体の量は２．２節で説明したが、流れている状態の加圧水中にどのくらいの気体が溶解しているかを測定する機器は、当社での研究を始めた段階では存在しなかった。注入した気体の量と排出した気体の量を比較することで、溶解した気体量を算出する方式を過去に試みたが、バラツキや誤差も多く、データの信頼性に欠けていた。そこで当社は、圧力開放後に発生する気体量と液量を測定する独自の評価方法を採用した測定器を使用している。ここでは加圧水中に溶解している気体（空気）量の測定方法に関して説明する。

４．２　測定原理（溶解比率）

　水への空気の溶解量は、温度と圧力により決まる。ヘンリーの法則により気体の溶解度は、圧力に比例するため、水を加圧した場合、溶解する飽和空気量は圧力に比例して増加する。

　加圧された空気を多量に溶解した水は、大気圧に開放した際、飽和空気量が低下し溶け込めなくなった空気が放出される。加圧下で飽和溶解量まで空気が溶け込んだ水を大気圧まで開放する。このとき大気圧下で溶け込めなくなった空気量を100%とし、測定した空気量を比較することで、どれだけの空気を溶け込ませることができたかを指標とした。これを「溶解比率（**図 11**）」とよび、次式で計算する。

溶解比率（%）
　= 溶解空気量(mL/L) / {飽和溶解量(mL/L) × 加圧圧力(MPa) / 大気圧(MPa) } × 100　　(2)

当社では、上記の測定方法を評価する際に、この概念で気体の溶解量を評価している。また、研究開発や製品の評価についても、この概念を利用している。

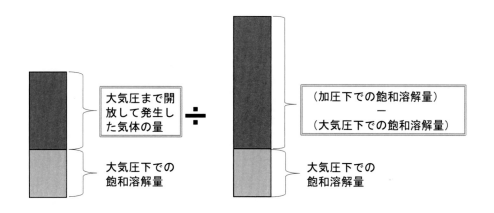

図 11　溶解比率

４．３　測定装置概要

　測定装置は，**図 12** に示す構成とし、余剰空気分離タンク、圧力開放バルブ、空気貯筒、測定バルブ、貯水筒、排水バルブ、各種配管、各種バルブなどから成る。**図 13** に空気貯筒計測目盛詳細、**図 14** に貯水筒計測目盛詳細を例示する。また、以下に測定装置の各機器について、それぞれ説明する。

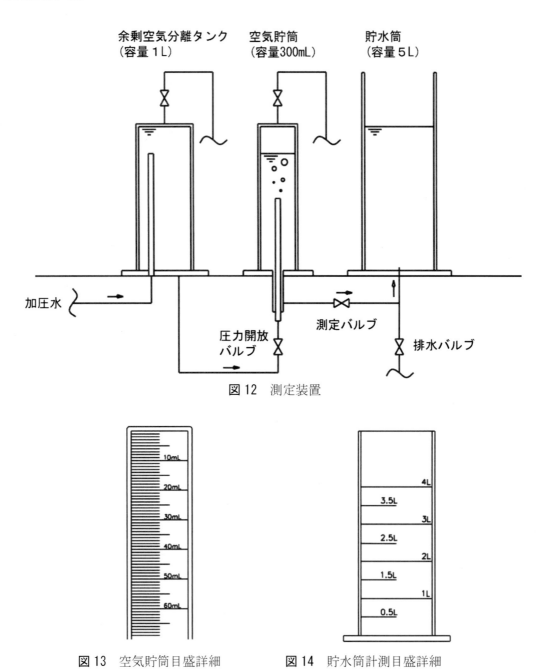

図 12　測定装置

図 13　空気貯筒目盛詳細　　　　図 14　貯水筒計測目盛詳細

38

・余剰空気分離タンク（容量　1L）
　余剰空気分離タンクは、加圧水中に含まれる溶解しきれなかった気泡、空気を取り除く。タンク上部についたバルブは空気が溜まった場合や運転準備時に空気を抜くのに使用する。

・圧力開放バルブ
　圧力開放バルブは、前段までの圧力を維持、バルブを通して圧力を大気圧に開放することで気泡を発生させる。また、微調整を行う為ニードルバルブを使用する。

・空気貯筒（容量　300mL）
　圧力開放バルブで解放した加圧水から発生したバブルを、上部に気体として貯める。表面に刻まれた目盛を読むことで空気量を計測する。気体と同時に水も空気貯筒に流れ込むが、その水は下部の配管を通って貯水筒に流れ込む。空気貯筒上部のバルブは計測前に空気貯筒の気体を抜くために使用される。気体を抜く際は、測定バルブを閉め空気貯筒のバルブを開ける。測定の際は測定バルブを開け空気貯筒上のバルブを閉める。

・測定バルブ
　測定バルブは、測定時貯水筒に水をためるのに使用し、通常のボールバルブを用いる。

・貯水筒（容量　5L）
　貯水筒は、測定時測定バルブから流れ込む水の量を計測するのに使用し上部は開放されている。貯水筒には計測用の目盛があり、その水量を測ることができる。

・排水バルブ
　排水バルブは、貯水筒にたまった水を排水する時に使用し、通常のボールバルブを用いる。

・配管
　配管は外形 8 mm、内径 6 mm のチューブ配管を用いる。

４．４　測定の手順
　測定の手順は，次による。
a)　測定前に気温、水温、気圧を測定する。
b)　気液加圧溶解装置の加圧水をサンプリングするためのサンプリング口を設ける。
c)　気液加圧溶解装置を試験条件で運転しておき機器を安定させ、水は飽和状態にする。
d)　加圧水圧力を測定する。
e)　加圧水を測定装置に流入させる。この時余剰空気分離タンクと空気貯筒バルブを開け測定バルブと排水バルブを閉じておく。圧力開放バルブは少量開けておく。

f) 余剰分離タンクが満水になったところで上部のバルブを閉じ空気だまりがない状態にする。

g) 空気貯筒の空気だまりがない状態に保った後、上部のバルブを閉め測定バルブを開ける。

h) 圧力開放バルブを調整し、貯水筒内に発生した気泡が流れていかない流速にする。

i) 測定バルブを閉じ空気貯筒の上部バルブを開け再度上部の空気層を排出する。

j) 空気貯筒上部バルブを閉めると同時に測定バルブを開け測定を開始する。

k) 貯水筒のメモリで1L増加した時の空気貯筒の空気量を計測目盛により計測する。

4．5 測定方法および注意点

1) 空気を溶解した加圧水1L中に溶解している空気量を測定する。

　　気液加圧溶解装置により空気を溶解した加圧水を、余剰空気分離タンクにて未溶解の気泡を完全に分離除去した後、圧力開放バルブで大気圧力に減圧し、測定器の空気貯筒内に放出する。放出した加圧水は、空気が微細気泡状となり浮遊して空気貯筒の上部に溜まり、水は配管で連結されている貯水筒に入って溜まる。なお、圧力開放バルブから放出される加圧水の放出量（速度）は、空気貯筒に浮遊する空気が貯水筒内に浸入しない速さに圧力開放バルブで調整する。

2) 測定時における水槽内のDO値（溶存酸素量濃度）は、測定値を安定させるため液中の酸素量が飽和量（DO値＝100%）以上の過飽和状態で測定を行う。

3) 測定時における水温、室温を測定する。

4) 貯水筒内に水1Lが溜まるのを筒の外面に表示してある目盛りにより測定する。
　同時に、この水1Lが溜まる間に空気貯筒内に溜まる空気量を筒外面の目盛りで測定する。
　この両方の測定値が、水1Lから放出された空気量(mL)とする。

5) 測定毎に放出された空気量を測定するが、溶解空気量は水温、圧力により変動するためテスト結果の比較は空気の飽和溶解量（水温、圧力）に対する測定した溶解空気量（溶解比率）に換算する。

6) 測定は3回以上行い溶解比率の平均を算出する。

４．６　溶解比率の算出方法

溶解比率の算出方法は次の計算例による。

a）テスト条件

加圧圧力：0.4MPa［G］　　　水温：25℃　室温：27℃

b）測定結果

測定空気量：21.2mL/L（加圧水1L中から空気が21.2mL析出）

c）溶解空気量の計算

測定空気量を飽和溶解量から算出する理論値と比較するための値（溶解空気量）に換算する。

溶解空気量V′（mL/L）＝ 測定値空気量V（mL/L）× 273 / （273 + t）　　　　(3)

t ＝ 室温（℃）　　　PV / T ＝ 一定 より

$21.2 × 273 / (273 + 27) = 19.7$mL/L

d）飽和溶解量

水温：25℃の水に対する空気の飽和溶解量（付属書B(参考)より）は16.7mL/L

e）最大溶解空気量の計算

最大溶解空気量ΔV（mL/L）

　　　＝ 加圧下での飽和溶解量V_1（mL/L）－ 大気圧下での飽和溶解量V_0（mL/L）

加圧下での飽和溶解量V_1は、ヘンリーの法則により$V_1 = (P_1/P_0) V_0$

　　　　　　P_1：加圧圧力（絶対圧）MPa［abs］

　　　　　　P：加圧圧力（ゲージ圧）MPa［G］

　　　　　　P_0：大気圧（絶対圧）MPa［abs］

加圧圧力P_1（絶対圧）　＝ 加圧圧力P（ゲージ圧）＋ 大気圧P_0（絶対圧）　　　(4)

最大溶解空気量ΔV（mL/L）

　　＝ ｛（加圧圧力P（ゲージ圧）＋ 大気圧P_0）/大気圧P_0｝×大気圧下での飽和溶解量V_0

　　　　　　　　　　　　　－ 大気圧下での飽和溶解量V_0　　　(5)

　　＝ ｛ 加圧圧力P（ゲージ圧）/ 大気圧P_0 ｝ × 大気圧下での飽和溶解量V_0

　　＝ 0.4（MPa）/ 0.1013（MPa［abs］）×16.7mL/L ＝ 65.94 mL/L

f）溶解比率の計算

飽和溶解量から算出する理論値（最大溶解空気量）に対する溶解空気量（溶解比率）の計算

溶解比率（％）＝ 溶解空気量V′（mL/L）/最大溶解空気量ΔV（mL/L）× 100　　　(6)

　　　　　　＝ 19.7（mL/L）/ 65.9（mL/L）× 100 ＝ 29.9 ％

したがって、このテストでは、飽和溶解量に対する空気溶解量（19.7mL/L）は、溶解比率で表すと 29.9 ％となる。

４．７　溶解比率の比較

　例として当社の製品におけるおおよその溶解比率を紹介する。

渦流ターボミキサー「KTM」・・・30%前後

マイクロバブルジェネレーター「MBG」・・・70%前後

　組合せによっては90%まで溶解比率を高めることが出来る。また、いくら溶解比率が高くても流量が少なければ発生する泡の総量も少なくなるため、溶解比率だけなく流量にも着目する必要がある。

５．おわりに

　ファインバブルの発生方式の１つである「加圧溶解法」を原理から発生装置、溶解気体量の評価方法までを説明した。特に評価方法について独自の方法ではあるが加圧溶解の状態を表すのに非常に有効な手段と考えている。ファインバブルの大きさや個数だけでなく加圧水の状態を把握することで新しい発見が期待できる。

参考文献

(1) 国立天文台編　理科年表 2021

第4章　マイクロバブルの測定技術・測定手法

秦　隆志

（高知工業高等専門学校）

1．はじめに

　ファインバブルの内、1～100 μm 未満の範囲のバブルをマイクロバブルと呼び、1 μm 未満の
ウルトラファインバブルと区別されている。このようにファインバブルの中でも比較的大きな
バブルであり、また上市されているファインバブル発生器では単一なバブルとしてマイクロバ
ブルを発生することはほとんどなく、多くの場合において群として発生するため、多量のマイク
ロバブル群は白濁した状態で目視できる。そのため、マイクロバブルの発生自体は目視で確認す
ることができ、さらにその大きさから光学顕微鏡等で観測することができる。

　その一方、1 μm 未満のウルトラファインバブルはその微細さからブラウン運動が支配的で比
較的安定であるが、マイクロバブルは緩やかではあるものの浮上し、さらに周囲の環境によって
も収縮や膨張挙動を示す。つまり、動的な挙動を起こしているバブルの測定となる。そのため、
マイクロバブルの測定にはいくつかのポイントやノウハウといったものが存在しており、本章
で紹介する。

　なお、構成としては、本節でのマイクロバブル計測の紹介後、2節において一般的にもっとも用
いられるマイクロスコープによる観察および測定、3節においてより正確に測定するための手法
（装置）や測定の工夫と注意点、4節において簡易な測定法を紹介し、5節で本章をまとめる。

2．一般的にもっとも用いられるマイクロスコープによる観察および測定

　マイクロバブルの観察、また直径や分布測定は**図 1** で示すようなマイクロスコープを用いた
写真撮影法がもっとも一般的である。構成上は透明な容器にマイクロバブル群を導入し、ゆっく

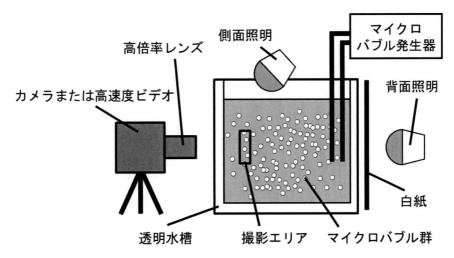

図 1　マイクロスコープを用いた写真撮影の一例（背面照明では必要に応じて白紙などで照明光
を散乱させ視野全体を明るくする）

りと自由表面に浮上して行く様子を壁面外から撮影する。ただ、簡易な構成のため、容器内壁からやや内側を浮遊するマイクロバブル群、さらに焦点の合ったマイクロバブルしか撮影できず、ファインバブル発生器から発生した全てのマイクロバブルの測定は困難であり、測定点が系全体を代表しているかどうかといった見極めは難しい。しかしながら、写真撮影法の場合、マイクロバブル群の撮影された位置や範囲と時刻を正確に特定することができるため、位置や時刻を変えて撮影を繰り返す、あるいは動画撮影から各フレームを静止画として解析することで統計的にデータ数を増やし真値に近づけることができる。なお、マイクロスコープでは容器内壁近傍しか観察できないため、水中に浸漬できる内視鏡型動画撮影によるマイクロバブル測定装置も開発されている。

　図2に図1の構成で観察されたマイクロバブルの様子を示す。図2のように焦点の合ったマイクロバブルを確認することができる。さらにスケールの同時撮影あるいはマイクロスコープ付属の解析ソフトからバブルの直径を求めることができ、観測される頻度から分布測定も可能である。

　また、引き続きマイクロバブルの挙動を確認すると浮上して行く挙動が観測される。動画撮影をおこない各フレームの静止画を切り出し、図3に経時的に並べた（1/3 秒ずつの時間変化）。静止画の並びからもマイクロバブルが浮上して行く挙動が分かる。

　マイクロバブルを含めて単一バブルの浮上速度v_Bについては多くの研究がなされている。マイクロバブルより大きいバブル（バブル直径 $d_B \geq 100$ μm）はその形状が楕円状あるいはキノ

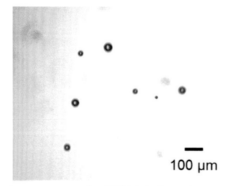

100 μm

図2　マイクロスコープで観測されたマイクロバブルの様子

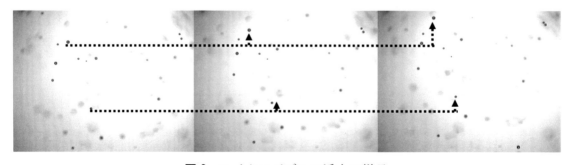

図3　マイクロバブルの浮上の様子

コ笠状となる一方、マイクロバブル（1 μm ≦ d_B ＜ 100 μm）の形は球状で維持される。マイクロバブルはその微小性から浮上速度v_Bが極めて遅いため、マイクロバブルと周囲の液との相対速度が小さくマランゴニー対流による気泡表面に沿う流線の剥離も起こりづらい。結果、水中での剛体球の運動とほぼ同様になる。マイクロバブルが水中を浮上するときの Reynolds 数 Re は

$$Re = \frac{d_B v_B \rho_L}{\mu_L} = 5 \times 10^{-6} \sim 5 \tag{1}$$

となる。ここで、ρ_Lは液体密度、μ_Lは液体の粘性係数を示す。この Re 範囲においては、$Re < 2$ で静止液中を沈降または浮上するときの運動に対して成立する Stokes の式がほぼ適用できる。

$$v_B = \frac{d_B{}^2 (\rho_L - \rho_G) g}{18 \mu_L} \tag{2}$$

なお、ρ_Gは内包気体密度、gは重量加速度である。実際に図3のマイクロバブルの浮上速度を算出し、マイクロバブルの直径 d_B に対しプロットし、合わせて（2）式の線を図4に記載した。実測値は、ほぼ（2）式に近似していることが分かる。従って、マイクロバブルの直径 d_B が分かっていれば浮上速度v_Bは Stokes の式で推算が可能である [1]。

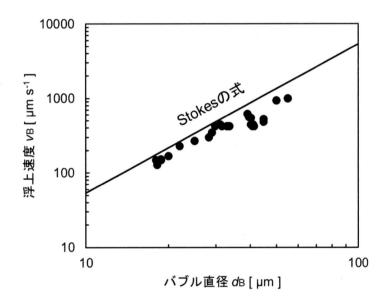

図4 純水中のマイクロバブルの浮上速度とバブル径の関係（25℃、大気圧下）

ところで、マイクロバブルを含むファインバブルはゼータ電位を持つことが知られており、上記の測定場において左右に電極を設置し、電極の正負の極性を交互に切り替えるとマイクロバブルはジグザグ状に浮上して行く。マイクロバブルの浮上（上昇）速度は Stokes の式に近似するため、電場印可下でのマイクロバブルのジグザグ状の浮上挙動から浮上（垂直）成分を除去して水平方向成分のみを見積もることができる。この水平方向の移動速度からマイクロバブルのゼータ電位が見積もられており、約 4.5 の pH に等電点を持ち、それよりも酸性領域で正電荷、

図5　マイクロバブルの収縮挙動

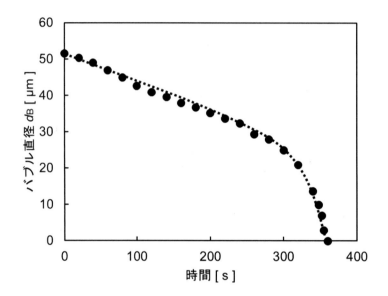
図6　マイクロバブルの直径で評価した収縮挙動

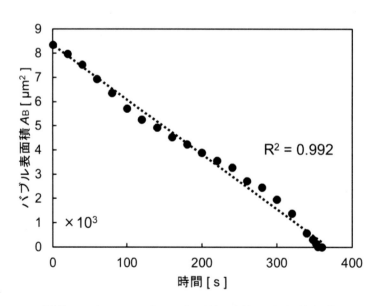
図7　マイクロバブルの表面積で評価した収縮挙動

アルカリ性領域で負電荷を有することが確認されている[2)]。

　先にマイクロバブルの直径 d_B が分かっていれば浮上速度 v_B は Stokes の式で推算が可能であると説明したが、逆に考えると v_B を測定することによってマイクロバブルの d_B を見積もることも可能である。しかしながら、気液間の物質移動速度が速い場合にはマイクロバブルは浮上しつつ収縮（あるいは膨張）して直径 d_B は変化する。あるいは気液間での化学反応や相変化、吸着が起こった場合も同様に直径 d_B は時間と共に変化する。そのため、その変化挙動の観測は重要である。ただし、浮上して行くマイクロバブルにマイクロスコープの焦点を合わせながら追跡する測定システムの構築は難しく、一般的にはガラス板等にマイクロバブルを含んだ水溶液を滴下し、その中でのマイクロバブルの挙動を観測することが多い（マイクロバブル外周の液バルクの蒸発の影響を受けないように、充分に液滴を作るなどの注意点がある）。そのような実験系で観察したマイクロバブルの収縮挙動を**図5**に、時間に対する直径 d_B 変化を**図6**に示す。両図から直径 d_B が経過時間に伴い収縮していることが分かり、またマイクロバブルの収縮は時間の進行と共に加速するように見られる。他方、マイクロバブルの収縮は内包気体の周囲液バルク中への溶解を意味しており、それは気液界面の表面積に依存する。そのため、**図6**の直径 d_B 変化からマイクロバブルの表面積変化（A_B）を算出し、時間に対してプロットしたものを**図7**に示す。表面積に関しては、時間に対して一様に減少して行くことが分かる。

　さらに、マイクロバブルの変化は周囲液バルク中の溶存ガス濃度（空気-マイクロバブルでは溶存酸素を指標とすることが多い）に依存して一様ではない。**図 8**に溶存酸素濃度を替えた空気-マイクロバブルの収縮挙動を示す。空気-マイクロバブルでは溶存酸素濃度の増加に従い、収縮挙動が抑制され、比較的長い時間存在することが分かる。マイクロバブルの観察や測定を比較的長くおこなう場合はマイクロバブルに内包する気体で事前にバブルリングし、飽和値まで上げておくなどのポイントがある。

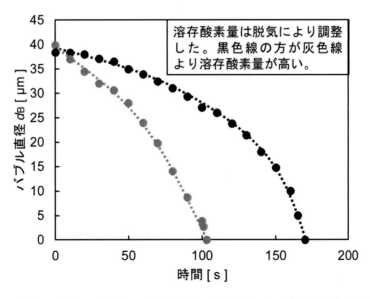

図8　空気-マイクロバブルの収縮挙動（直径）に与える溶存酸素の影響

3．より正確に測定するために：レーザー回折・散乱法および画像処理による測定

　先のマイクロスコープによるマイクロバブルの観察および測定は比較的簡易な構成であり、また個々のバブルを目視しながら確認することができるため、例えば固体粒子等が含まれた場合でもバブルとの識別が可能である。その一方、ファインバブル発生器から発生した全てのマイクロバブルの測定は困難であり、容器内壁近傍で、かつ焦点の合った一部のマイクロバブルを捉えている。そのため、マイクロバブル群とした全体の把握に、その群を測定試料セルに導入してレーザー回折・散乱法、あるいは画像処理を用いた測定がおこなわれる。

　他方、前節で説明したが、マイクロバブルは周辺環境や時間によって容易に変化する。そのため、マイクロバブル発生箇所から測定試料セルまでの迅速でありながら、マイクロバブルの形状に影響を与えない導入が必要である。まず、この点について説明し、レーザー回折・散乱法および画像処理による測定、さらに数密度が少ない場合のマイクロバブルの測定や注意点といった実際に測定する際のポイントやノウハウに続ける。

3．1　測定試料セルへのマイクロバブルの導入について

　図 9 に測定試料セルへのマイクロバブルの導入例について示す。基本構成としてはマイクロバブル発生槽、測定機器、測定機器の測定試料セルまでマイクロバブルを導入するチューブ、および導入のためのポンプで構成される。ここでの注意点は、まず、マイクロバブルの形状や数密度を変化させないことが重要である。例えば、ポンプによるミキシングを避けるため（ポンプの）設置は測定機器の後段であること、バブルの形状が変わらない流速であること、チューブ孔径が測定するマイクロバブル径に比べて充分に大きいこと、導入までのチューブ長が短いことなどがポイントとなる。また、前節にてマイクロバブルはゼータ電位を持つこと、さらに中性領域では負電荷を持つことを説明した。そのため、中性領域下での測定では表面がマイクロバブルと同じ負電荷で帯電しているフッ素系樹脂やシリコンなどのチューブを用いることで、マイクロバブルのチューブへの付着を防止するといった pH の影響も考慮しなければならない。

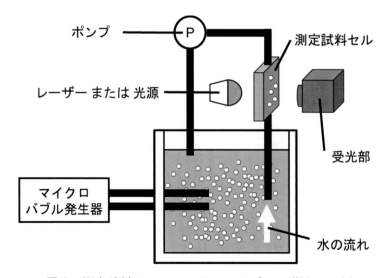

図 9　測定試料セルへのマイクロバブルの導入の一例

３．２　レーザー回折・散乱法による測定

　レーザー回折・散乱法では、散乱光強度分布パターンがファインバブル径に依存することを利用する。解析理論からは Fraunhofer 回折理論および Mie 散乱理論が用いられるが、数 10 μm 以上のマイクロバブルに関しては回折が支配的なため、Fraunhofer 回折理論による回折パターン解析でマイクロバブルの分布を計測する[1]。ただし、この手法を持つ測定装置は Fraunhofer 回折理論および、サブミクロンサイズのウルトラファインバブルの測定に利用する Mie 散乱理論[3]の両方を解析コンピュータ上に搭載していることが一般的で、ウルトラファインバブルからマイクロバブルといったファインバブル一連の広い測定範囲が確保できるといった利点を持つ。その一方、この手法ではマイクロバブル（あるいはファインバブルとした）群といった全体の測定をおこなうため、ある特定サイズのマイクロバブルが何％あるかを求めることはできるが、溶液量あたりのマイクロバブルの数密度の測定には不向きである。ただし、最近の技術では信号強度から数密度を解析できるような改良が進んでいる。

　また具体的な注意としては、本手法では屈折率の設定があり、適切な値の選定（ただし、マイクロバブルといった大きさではあまり問題にはならない）が必要なこと、試料に液滴や固体粒子が含まれた場合はそれらも合わせた結果となってしまうため、不純物の混在は可能な限り避けることなどが挙げられる。

３．３　画像処理による測定

　画像処理による測定は、測定試料セルへ導入されたマイクロバブルを CCD カメラ等で直接撮影し、画像解析からおこなう。この画像を**図 10** に示す。３．１節で説明したような測定に適した条件下ではマイクロバブルはほぼ真球として捉えられることが分かる。あとは画像解析からマイクロバブルの直径や分布を求めるが、1 mL 中あたりの数密度分布といった変換には多少の過程が必要となる。一般的にこの測定方法では、CCD カメラで捉えられた時間あたりのマイクロバブルの数密度が表示される。そのため、時間単位から 1 mL といった溶液量単位への変換をおこなう。具体的には測定されたマイクロバブルと同径程度で、さらに密度が対象溶液の密度に近い標準粒子を、例えば $1 \times 10^2 \sim 1 \times 10^4$ 個 mL^{-1} 程度の数密度で種々調整し、マイクロバブルの測定と同じように測定する。測定された標準粒子の時間単位の数密度を縦軸に、またその際に調整した標準粒子の数密度を横軸にプロットすると時間単位から溶液量単位へ変換する検量線が得られる。その一例として粒子径 30 μm のポリエチレン粒子を用いた検量線を**図 11** に示す。このようなファインバブル発生器から発生するマイクロバブルの直径に対応した検量線を（マイ

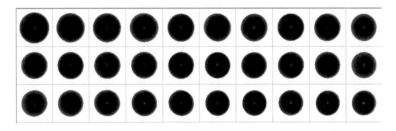

図 10　画像処理によって観測されたマイクロバブル群

クロバブルの）直径ごとに作成し、時間単位から溶液量単位への変換に用いる。**図 10** の画像から得られる時間単位あたりのマイクロバブルの粒度分布、および**図 11** の検量線から変換したマイクロバブルの粒度分布を**図 12** にそれぞれ示す。この一連の流れをおこなうことでマイクロバブル群とした全体の把握が可能となる。

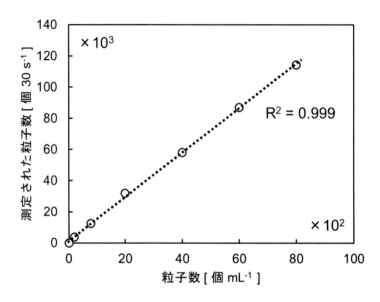

図 11　時間単位から溶液量単位への変換に用いる検量線の一例

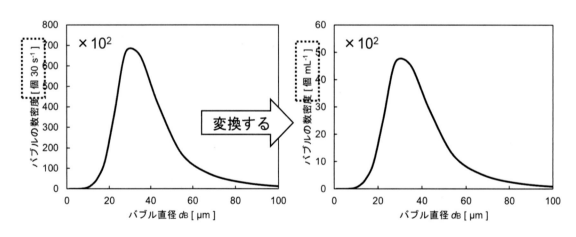

図 12　マイクロバブル群の粒度分布（左：時間単位あたり、右：mL⁻¹ 単位あたり）

　さらに画像処理による測定では、固体粒子などで真球形状ではない不純物をバブルと区別して解析することができる。**図 13** に不純物が混在した河川水（環境水）でマイクロバブルを発生させた溶液の画像を示す。この図のように真球ではない不揃いな微粒子が多数確認されるが、真球判定（真球に近い粒子のみを残す工程）をおこなうことで**図 14** のようにマイクロバブルのみを区別して測定し、**図 15** のような粒度分布を得ることができる。

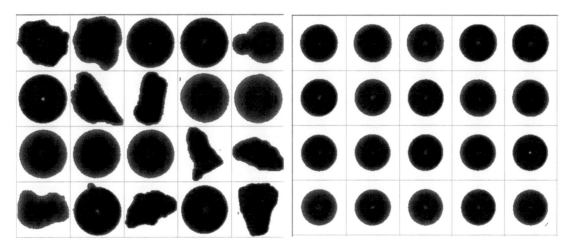

図 13 河川水でマイクロバブルを発生させた
マイクロバブルおよび含まれる固体粒子の画
像

図 14 図 13 から真球判定でマイクロバブル
のみを切り出した画像

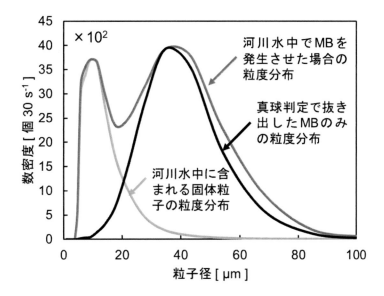

図 15 固体粒子を含む河川水でマイクロバブルを発生させた実験系において画像処理で解析し
た粒度分布（図中の MB はマイクロバブルの意味）

３．４ 数密度が少ない場合のマイクロバブルの測定

　マイクロバブルの使用用途によって、マイクロバブルの発生を循環式でおこなう場合、あるい
は１回だけの処理（１パス）でおこなう場合など、様々な使用が考えられる。測定は対象とする
物質の数密度が多いほど、統計学上、信頼性のあるデータとなる。そのため、マイクロバブルの
数密度が少ない１パスだけの処理の解析には工夫を要する。

　３．１節で説明したような測定に適した条件下を設定し、循環でマイクロバブルを発生させる。

なお、一般的な循環では水流の影響からマイクロバブルの Stokes の式で示されるような均一な浮上はおこらないが、例えば微細孔方式では特に外力がない場合は浮上の因子だけとなるため、総じて撹拌をおこなう方が良い。そして、前節で示したような測定手法からマイクロバブルの粒度分布を測定し、循環槽の水量を送液量で除して循環回数（パス回数）を算出し、その変化から判断する。例えば、循環回数を横軸に、その際に測定されたマイクロバブルの数密度を縦軸にプロットすると線形的な近似曲線が得られ、その傾きから 1 パスでのマイクロバブルの発生量を求めることができる。実際の解析例を図 16 に示す。なお、マイクロバブルの発生方式は複数種類あるが、特にキャビテーションの効果でマイクロバブルを発生させる手法では初期の溶存ガス量に重みがあり、初期の傾きが線形にならない、あるいは過剰に評価する場合がある。さらに、循環槽の水量と送液量の関係によって当該数値は変化するため、初期の溶存ガス量などと含めた実際の実験条件の記載が望ましい。

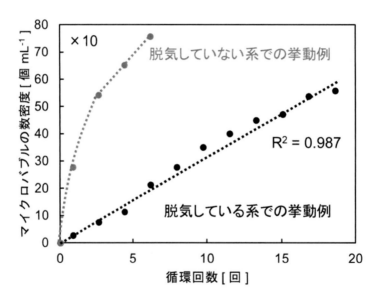

図 16　旋回流法方式によって発生したマイクロバブルの数密度と循環回数の関係（実験条件：純水、25℃、大気圧下、水量 18 L、導入気体 空気（300 mL min⁻¹）、ポンプ流量 32 L min⁻¹、初期溶存酸素量 10 %（脱気していない系での溶存酸素量は大気飽和値））

３．５　その他の注意点

　1 節で説明したようにマイクロバブルは緩やかではあるものの浮上し、さらに周囲の環境にもよるが収縮や膨張挙動を示すことから、動的な挙動を起こしているバブルの測定となる。そのため、３．１節で説明した測定に適した条件下を設定した他、採水位置も重要になる。撹拌をおこなわない条件下、高さ 50 cm の発生槽で下壁面から 15 cm 上部でマイクロバブルを発生させ、下壁面から 1 cm、15 cm および 30 cm の位置で３．３節による測定をおこなったマイクロバブルの粒度分布を図 17 に、数密度の値を表 1 に示す。この図のようにマイクロバブルが発生する（導水される）位置近くで採水するとマイクロバブルの数密度を多くなる。そのため、前節同様に撹

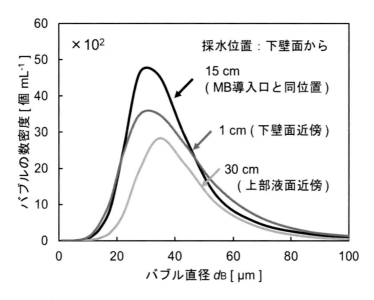

図17 マイクロバブルの粒度分布に与える採水位置の影響

表1 図17におけるマイクロバブルの数密度

採水位置（下壁面からの高さ）	マイクロバブルの数密度 [個 mL^{-1}]
1 cm	95.8×10^2
15 cm	180.4×10^2
30 cm	166.0×10^2

拌の有無や採水位置といった実験条件も記載が望ましい。

4．マイクロバブルの簡易な測定法

　1節で説明したように上市されているほとんどのファインバブル発生器においては、マイクロバブルは群とした状態で発生するため、白濁した状態で目視することができる。この白濁度は、おおよそマイクロバブルの直径や数密度に依存することから、3．3節でマイクロバブルの直径と数密度を測定し、その際の白濁度に依存する濁度を測定した。直径 30 μm のマイクロバブルにおける数密度と濁度の関係性を図 18 に示す。この図のように比較的良い相関性が得られた。実際の利用にあたっては、濁度計のセンサー部にバブルの継続的な付着が起きないように注意するなどの点はあるものの、濁度計は比較的安価で、また持ち運びできる大きさのため、事前に研究室や実験室等でマイクロバブルの直径および数密度と濁度の相関性を得ておくことで、利用現場でのマイクロバブルの数密度の概算といった利用性は高い。ただし、水溶液に含まれる不純物やイオン成分でマイクロバブルの粒子径等が変化する可能性があるため、相関性は利用現場での水溶液で得る必要がある。

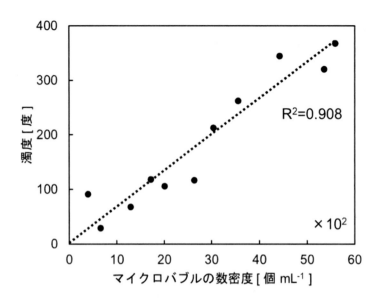

図 18 マイクロバブルの数密度と濁度((ホルマジン度))の関係性(用いたマイクロバブルの直径：約 30 μm)

5．おわりに

　本章ではマイクロバブルの測定技術・測定手法について紹介した。マイクロバブルの測定についてはマイクロスコープによる観察手法がもっとも一般的で、より学術的研究に重きを置く際は、レーザー回折・散乱法や画像解析 [4] などが用いられているが、群として発生した場合は目視でき観測自体は難しくはない。その一方、マイクロバブルは周囲の環境の影響を受けてバブルが動的に変化するため、どの点（条件）で評価しているかといった把握と理解がマイクロバブルの測定には重要である。なお、医療分野でのマイクロバブルの利用として（バブルの）外殻を脂質などでコーティングした造影剤としての利用が進んでおり、それらの測定手法も利用できる他、マイクロバブルの測定手法が国際標準化機構で整理 [5] されているため、それらも参照されたい。

参考文献

1) 寺坂宏一，氷室昭三，安藤景太，秦　隆志：ファインバブル入門，日刊工業新聞社 (2016).

2) Takahashi, M: "ζ Potential of Microbubbles in Aqueous Solutions: Electrical Properties of the Gas Water Interface", *The Journal of Physical Chemistry B*, Vol.109, pp.21858 - 21864 (2005).

3) 苑田晃成，"レーザー回折法を用いたウルトラファインバブルの計測について，"粉体工学，Vo. 54，No. 9，pp.590 - 595 (2017).

4) Brandner, P. A., G. Wright, B. Pearce1, L. Goldsworthy, G. J. Walker, "An Experimental Investigation of Microbubble Generation in a Confined Turbulent Jet," 1*7th Australasian Fluid Mechanics Conference Auckland, New Zealand*, (2010).

5) ISO 21910-1, "Fine bubble technology - Characterization of microbubbles - Part 1: Off-line evaluation of size index," (2020).

第5章　ウルトラファインバブルの測定手法と新しい測定技術について

上田　義勝

（京都大学生存圏研究所）

1．はじめに

　サブミクロンスケールのウルトラファインバブル（以下、UFB）は、学術的な観点からも大変に興味深い存在である。マイクロバブルとは異なった性質を示し、水中で数ヶ月間安定して存在可能であるなど、従来の気泡からは考えられない特性をもっている。このUFBを含んだ水、「UFB水」の応用利用に向けた研究では、我々は放射性物質の除染及び農業への利用可能性が示してきた[1-3]。基礎的なUFB水の特性計測については、気泡数密度計測のためにはレーザ散乱を利用したブラウン運動解析[4]、レーザ回折式粒子径分布測定装置[5]、共振式質量測定法[6]など、いくつかの手法が用いられてきている。ブラウン運動解析による特性解析などは通常良く使われるが、装置そのものが高額である他、市販の装置はもともとの測定対象が固体粒子であり、そのままUFBを計測するためには十分な解析装置ではないことが多い。

　過去の気泡に関する特性計測の研究事例として、超音波を用いた気泡検出がある。主に海洋における研究として、ミリサイズの気泡検出、マイクロサイズの気泡の減衰率測定などの研究が過去に行われている[7,8]。我々は、この超音波を用いたUFB水の特性計測に着目している。これまでに電気的な特性と、気泡数密度との関係[9]、また、超音波とUFBとの相互作用について実験を行ってきており、気泡数密度と超音波の減衰についての理論化を検討してきつつある[10]。UFBの超音波との共振周波数はおよそ 30MHz 付近であるが、共振周波数付近の超音波を用いると、共振により気泡が圧壊・消滅する可能性がある。また、共振周波数帯のエネルギーがUFBの生成にも寄与することもあるため、最適な周波数を選ぶ必要がある。また、超音波解析のために用いるシステム（スペクトルアナライザ、オシロスコープなど）の選定の他に、測定時の超音波散乱や周辺ノイズなどの影響を除去するための設計により、簡易な気泡数密度計測手法が可能となる。本章においてはこの超音波と水、またUFB水の減衰特性を用いることで、UFBの特性解析が行えるかどうか検証し、その可能性について述べる。また、UFB とは別に、固体粒子が含まれる場合の水の減衰特性も紹介し、実測の際の校正データとして計測確認も行った。

　水中に浮遊するUFB自体の安定性についての議論はさまざまに行われているところであり、特に疎水性物質に付着した気泡としてのUFBの存在が有力視されている。なお、本章においては仮説としてUFBそのものには不純物は付着しない理想的な気体ガスとして存在するものと仮定する。

2．水中の超音波特性

　本章では、水中の超音波特性についての一般的な理論を紹介する。特に、不純物が水中に存在した場合の共振や減衰について、個別に解説する[11]。

２．１　音波減衰

　音波が伝播するとき、拡散以外に距離とともに音圧が小さくなる現象がある。拡散を無視するため平面波で考える。微小距離Δxを伝播したときの音圧振幅の変化率$\mathrm{d}P/P$の式で表すと、

$$\frac{\mathrm{d}P}{\mathrm{d}x} = -\alpha P \tag{1}$$

となる。式(1) の解は、

$$P = P(0)\exp(-\alpha x) \tag{2}$$

として求められる。P(0)は$x = 0$での振幅である。αは減衰係数であり、単位をNp(ネーパ)/mあるいは単に$\mathrm{m^{-1}}$で表す。Npはデシベル(dB)などと同様に対数スケールの単位であるが、デシベルが常用対数に基づくのに対し、ネーパは自然対数に基づいている。本実験においてはcmオーダーで実験を行っているため、単位はNp/cmとしている。

　水中の音波減衰においては、kHz、MHz帯では、αは周波数の2乗の関数となり、さらに温度にも依存するが、一般的に減衰係数は$\alpha/f^2 = 2.5 \times 10^{-16}\ \mathrm{s^2/cm}$という関係が成り立つ。不均一液体では散乱も減衰の原因となる。また、音波の通過可能な幅が半波長以下となると、音波が遮断され、実効的な減衰が非常に大きくなる現象もある。水中の減衰係数の周波数特性を示したものを 図1 に示す。

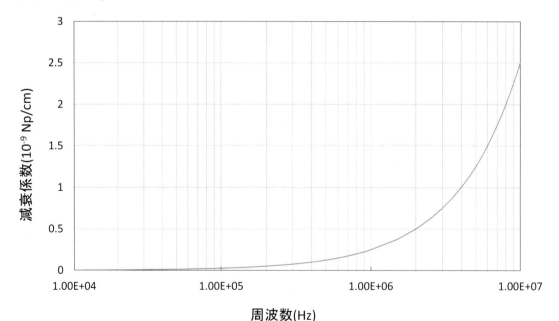

図1 水中における音波減衰の周波数依存性 [10]

２．２　不純物を含む水の特性

　気泡ではなく、固体粒子を含む水の場合の特性についての理論を紹介する。固体粒子を含む水

では過去の研究でもナノメートルサイズの粒子の超音波の解析が行われており、それらの研究を参考にし[12, 13]、特性の確認を行うことが出来る。扱う理論値は微細気泡を含む水と固体粒子を含む水では異なり、それらの理論式をそれぞれ紹介し、実験と比較する。

２．２．１　固体粒子を含む水（固体粒子水）の特性

純水中に含まれる固体粒子と超音波との特性については、理論と実験との比較が既に行われている[12, 13]。特性を示す理論として Oscillator Cell model があり、このモデルでは、分散関数は、式(3)で表される。

$$\frac{\tilde{k}}{\omega} = \frac{\rho^*}{K^*} \frac{\phi(1-\phi)\left(\frac{\rho_0 \rho_p}{\rho'}\right) - j\left(\frac{\tilde{\gamma}}{\omega}\right)}{\phi(1-\phi)\rho' - j\left(\frac{\tilde{\gamma}}{\omega}\right)} \tag{3}$$

ここで、$\tilde{k}$は波数、ϕは体積分率、ωは角周波数、ρ_0は液体密度、ρ_pはコロイド粒子の密度である。また$\tilde{\gamma}$、ρ^*、ρ'、K^*は以下で定義される。

$$\tilde{\gamma} = 6\pi\eta_0 a \widetilde{\Omega}_{\mathrm{OSC}}(1-\phi) \tag{4}$$

$$\rho^* = \phi\rho_p + (1-\phi)\rho_0 \tag{5}$$

$$\rho' = \phi\rho_0 + (1-\phi)\rho_p \tag{6}$$

$$K^{*-1} = \phi K_p^{-1} + (1-\phi)K_0^{-1} \tag{7}$$

ここでK_0は液体の体積弾性率、K_pは粒子の体積弾性率、η_0は液体粘性、aは粒子の半径である。また、$\widetilde{\Omega}_{\mathrm{OSC}}$は以下で定義される。

$$\widetilde{\Omega}_{\mathrm{OSC}} = \frac{4}{9}S^2\left[i\left(1 - \frac{3}{2}\tilde{C}_1\right)\right] \tag{8}$$

また、$\tilde{C}_1$は 式(9) で定義される。

$$\tilde{C}_1 = \frac{\left[S^3 + \left(3 - \phi^{\frac{1}{3}}\right)S^2 + 3\left(1 - \phi^{\frac{1}{3}}\right)S - 3\phi^{\frac{1}{3}}\right]}{D} + \frac{e^{2\left(1 - \phi^{-\frac{1}{3}}\right)S}\left[S^3 - \left(3 - \phi^{\frac{1}{3}}\right)S^2 + 3\left(1 - \phi^{\frac{1}{3}}\right)S + 3\phi^{\frac{1}{3}}\right]}{D} \tag{9}$$

ϕが 0 に近いとき$\tilde{C}_1$は 式(10) のように近似できる。

$$\tilde{C}_1 = 1 + \frac{3}{S} + \frac{3}{S^2} \tag{10}$$

また、各パラメータは以下に示す式で表される。

$$S = (1 + j)s \tag{11}$$

$$s = \left(\frac{a}{\delta_{\mathrm{v}}}\right) \tag{12}$$

$$\delta_{\mathrm{v}} = \left(\frac{2\eta_0}{\omega\rho_0}\right)^{\frac{1}{2}} \tag{13}$$

減衰係数は 式(2) から$\alpha = -Im(\tilde{K})$より求めることができる。このαは次のように項に分けて表すことができる。

$$\alpha = \alpha_1(1 - c) + \alpha_{\mathrm{i}} + \alpha_{\mathrm{s}} + \alpha_{\mathrm{v}} + \alpha_{\mathrm{t}} \tag{14}$$

ここで、α_1は水の減衰率、cは体積分率、α_{i}は内部減衰、α_{s}は散乱減衰、α_{v}は粘性低損失、α_{t}は熱条件による損失であり、以下のように表される。

$$\alpha_{\mathrm{i}} = \frac{k}{2}\tau\omega\kappa_2 K_2 c \tag{15}$$

$$\alpha_{\mathrm{s}} = \frac{k}{2}\left\{\frac{1}{3}(1 - \tau)^2 + \left(\frac{\sigma - 1}{2\sigma + 1}\right)^2\right\}(ka)^3 \tag{16}$$

$$\alpha_{\mathrm{v}} = \frac{k}{2}\frac{\frac{9}{4\beta a}\left(1 + \frac{1}{\beta a}\right)(\sigma - 1)^2}{\left\{\frac{9}{4\beta a}\left(1 + \frac{1}{\beta a}\right)\right\}^2 + \left(\frac{2\sigma + 1}{2} + \frac{9}{4\beta a}\right)^2}c \tag{17}$$

$$\alpha_{\mathrm{t}} = \frac{k}{2}\frac{3\theta}{\sqrt{2\omega}K_1}\left(\frac{\delta_2}{\rho_2 C_2} - \frac{\delta_1}{\rho_1 C_1}\right)\left(\frac{\sqrt{\varepsilon_1\rho_1 C_1}\sqrt{\varepsilon_2\rho_2 C_2}}{\sqrt{\varepsilon_1\rho_1 C_1} + \sqrt{\varepsilon_2\rho_2 C_2}}\right)\frac{1}{a}c \tag{18}$$

ここで、ρ_1は水の密度、V_1は水中での音速、C_1は水の比熱、δ_1は水の熱膨張率、ε_1は水の伝導率、K_1は水の断熱圧縮率、ρ_2は粒子の密度、V_2は粒子中の音速、C_2は粒子の比熱、δ_2は粒子の熱膨張率、ε_2は粒子の伝導率、K_2は粒子の断熱圧縮率、κ_2は粒子の体積粘性率、$\sigma = \rho_2/\rho_1$、τはK_2/K_1、 a は粒子半径、θは絶対温度、k は伝播定数（$k = \omega/V$）、$\beta = \sqrt{(\omega\rho_1)/(2\eta_1)}$、$\eta_1$はせん断粘性率となる。実際の値としては、$\rho_1 = 0.996g/cm^{-3}$、$V_1 = 1510m/s$、$C_1 = 0.999cal/deg \cdot g$、$\delta_1 = 0.303e - 3deg^{-1}$、$\varepsilon_1 = 1.4e - 3cal/deg \cdot cm \cdot sec$、$\rho_2 = 0.863g/cm^3$、$V_2 = 1063m/s$、$C_2 = 0.505cal/deg \cdot g$、$\delta_2 = 1.2e - 3deg^{-1}$、$\varepsilon_2 = 0.35e - 3cal/deg \cdot cm \cdot sec$を用いて計算した [14]。

２．２．２　UFBを含む水（UFB水）の特性

　超音波と気液界面との関係については、物理化学領域における超音波キャビテーションなど、ソノケミストリーとしての学術分野が既に確立されている。本項では、その中の気泡性液体中の音波伝搬特性について、特にサブミクロン領域をターゲットとした理論式について紹介する [11] [15]。微細気泡の測定において、気泡と直接共振せず、圧壊やキャビテーションによる気泡生成が発生しない周波数を選ぶ必要がある。液体中の気泡振動の共振周波数は、Minnaert の式として式(19) から求めることが出来る。

$$f_0 = \frac{1}{2\pi R_0}\sqrt{\frac{3\gamma P_0}{\rho_0}} \tag{19}$$

なお、f_0は共振周波数、R_0は気泡半径、γは比熱比、P_0は液体の静圧、ρ_0は液体密度である。静水圧下での空気の泡を想定し、$P_0 = 10^5 Pa$、$\rho_0 = 10^3 kg/m^3$、$\gamma = 1.4$として仮定している。 式(19) より 図 2 が得られる。

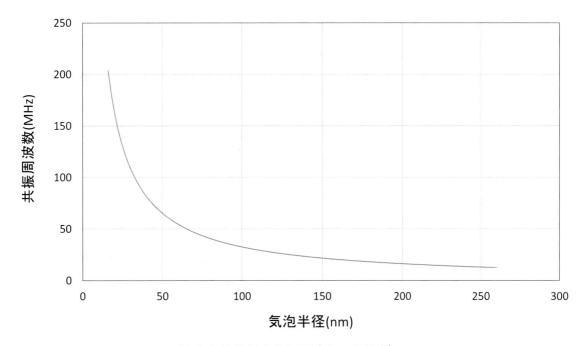

図 2　気泡半径と共振周波数の関係 [10]

図1 より、本実験で用いる UFB の粒径が 100nm における共振周波数はおよそ 32.6 MHz となる。また、気泡を含む液体では音速が変化し、減衰が発生する。これらは、次式にてまとめて表現される。

$$\frac{1}{\tilde{c}^2} = \frac{1}{c_0^2} + \frac{4\pi N R_0}{\omega_0^2 - \omega^2 + j\delta\omega_0\omega} \tag{20}$$

なお、$\tilde{c}$は音速、c_0は気泡のない液体中の音速、δはダンピング係数、Nは UFB の数密度である。計算から導かれる音速は 式(20) の実部、減衰係数は 式(20) の虚部となる。 ダンピング係数については、一時近似により、$R_0 = 100nm$で$\delta = 0.2880$として計算を行った [11]。 図 1 と同じP_0、ρ_0、γ、12 ℃での音速$c_0 = 1455m/s$を仮定し、音速と減衰係数を計算し、その周波数依存性を図 3 に示す。

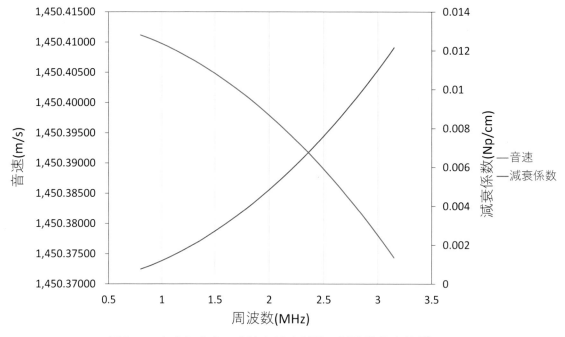

図 3 UFB を含む水中の音速と減衰係数の周波数依存性 [10]

式(20)から UFB を含む液体に分散性があることがわかる。周波数が UFB の共振周波数より低いときは、気泡は単純に、水より軟らかく、振動するある種のばねの様に挙動し、その結果、液体の体積弾性率が小さくなり、音速がc_0より小さくなる。共振周波数近傍では、気泡は激しく振動し、速度が大きく変化する他、振動によるエネルギー散逸や散乱により減衰が大きくなる。共振周波数より高い周波数では、音速はc_0より大きくなる。本稿では周波数帯としては 1.5 MHz〜3.0 MHz の範囲の周波数を取り扱う。 図 3 より、音速の値域は約 1450.375 m/s〜約 1450.405 m/s、

減衰係数の値域は 約 3.00×10^{-3} Np/cm〜約 1.10×10^{-2} Np/cm であることが分かる。詳しい測定誤差については後述するが、今回の測定システムの誤差の範囲では音速の周波数特性を精密に測定するのは困難であったため、周波数毎の減衰係数を計測・比較することとした。

3．減衰特性の計測実験

　UFB の気泡数密度の測定に現在用いられている手法はいくつかあるが、本研究では超音波の減衰特性を用いることで、簡易な水の減衰率計測を行い、その特性を解析した。UFB 水と固体粒子水、また対照区として純水を用いた減衰特性を計測した。

3．1　実験条件

　超音波特性計測では、2 種類の圧電素子を使った実験環境を構築した。圧電素子には電子通商株式会社のセラミック超音波振動子 1.6MHz 用（1.6MHz 素子）と同社のセラミック超音波振動子 2.5MHz 用（2.5MHz 素子）の 2 種類を用いている。セラミック超音波振動子 1.6MHz の基本共振周波数は 1.6MHz±50kHz であり、セラミック超音波振動子 2.5MHz の基本共振周波数は 2.5MHz±125kHz である。

　送信側の圧電素子に交流電圧を印加することで、超音波に変換し、受信側の圧電素子にて受信することで、同様に受信電圧としてその速度と減衰率を評価している。交流電圧はファンクションジェネレータ（株式会社エヌエフ回路設計ブロック WF1966）を用い、電圧波形確認にはオシロスコープ（Tektronix MSO2024）を用いた観測を行った。送受信のための圧電素子を水中に設置するため、ウレタンシートにて反射防止処理を施した大きさ$5cm \times 4cm \times 20cm$の容器を用意し、圧電素子同士の距離に応じて、オシロスコープで観測した送受信波形の位相差を利用して音速を算出している。また、超音波素子そのものが引き起こす反射の影響も無くすため、パルスエコーオーバラップ法を採用 [16]した。具体的にはファンクションジェネレータのバースト発振モード（10cycle の正弦波と、999cycle の休止期間）により、素子による反射の影響を無くした。音速の計測には、複数回測定して平均化し、その誤差を抑えている。

　なお、圧電素子による音場は近距離音場と遠距離音場に分かれる。近距離音場は素子に近い領域を指し、ビーム端から近距離音場限界点（近距離音場と遠距離音場の境目）までの長さは近距離音場限界距離（N）と呼ぶ。近距離音場内では素子が生成する自然なビーム集束が表れるが、遠距離音場内ではビーム径が拡大しエネルギーが消散する。近距離音場限界距離は素子の周波数、圧電素子の直径、および試料の音速の関数であり、円型振動子の場合以下のように計算される。

$$N = \frac{D^2 f}{c} \tag{21}$$

ここでDは圧電素子の直径、fは周波数、cは媒質中の音速である。圧電素子の直径の大きさは、1.6 MHz 素子が 24 mm、2.5 MHz 素子が 20 mm であるので、式(21)を参考に、今回の素子の近距離音場限界距離を確認しつつ、実験を行った。

ファンクションジェネレータの使用の際には、入力電圧（8Vpp と 20Vpp）と周波数（素子の種類に依存）の調整のほかに、素子間隔を 2.0 cm～7.0 cm を 1.0 cm ごとに調整して計測している。また、水温は、11.5 ℃ ±1.5 ℃の範囲で測定を行った。固体粒子としては、シリカ粒子溶液としてシーホスター KE-W10（平均粒子半径 100 nm、比重 1.1）を用い、原液の 10 倍、100 倍に希釈した溶液を用意した。UFB 水は、Ligaric 株式会社（現、西日本高速道路エンジニアリング関西(株)）のウルトラファインバブル生成装置バヴィタス HYK-32 を用いた。酸素ガスと精製水により生成し、生成後の UFB は平均粒径は 100 nm 、気泡数密度 10^{14} 個$/m^3$ 程度であったため、この数値を仮の値として理論計算にて用いている。

３．２　校正データ取得のための純水の減衰特性計測

圧電素子の電力効率がデータシートなどで確認出来なかったため、実測により、事前に純水（古河薬品工業株式会社・高純度精製水）を用いて入出力電圧の減衰を計測し、その結果を校正のための減衰特性とした。また、温度依存性や水中の音速については計測前に確認し、温度変化による計測結果が理論値と一致したため、本実験で影響が無いことを確認している。

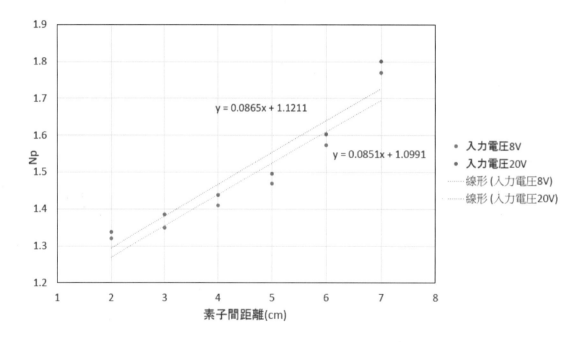

図 4 減衰特性の一例（1.6MHz，純水）[10]

図 4 に計測結果の一例（1.6MHz）を示す。減衰（Np）に関しては、距離に応じて減衰値が大きくなっていることがわかる。また、減衰係数として周波数別に計測したものを**表 1** に示す。この値を、4 章にて減衰係数を考察する際の校正基準となる水の減衰率として用いている。なお、周波数特性計測では、2.5MHz の値については外部からの干渉などがあり正確に計測できなかったため、代わりの値として、2.65MHz を用いている。

表1 計測から求めた純水の減衰係数

周波数（MHz）	減衰係数（入力 8Vpp）　(Np/cm)	減衰係数（入力 20Vpp）　(Np/cm)
1.5	5.98×10^{-2}	5.93×10^{-2}
1.6	5.07×10^{-2}	5.28×10^{-2}
1.8	1.10×10^{-2}	9.40×10^{-3}
2.0	4.51×10^{-2}	4.95×10^{-2}
2.2	5.20×10^{-3}	5.50×10^{-3}
2.65	1.81×10^{-2}	1.72×10^{-2}
3.0	4.10×10^{-3}	4.50×10^{-3}

４．実験結果と考察

４．１　固体粒子水の減衰特性

　固体粒子水について超音波の振幅減衰を測定した結果について述べる。解析の際、少し複雑になるが、3.2 節で求めた純水の減衰係数と同じ手法にて、固体粒子水の減衰係数を周波数毎、電圧毎に求める。その後、周波数毎の純水の減衰係数（表1）との差分を取り、2 章の理論値と比較している。

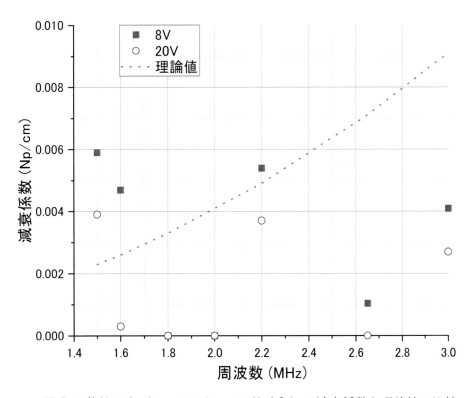

図5 固体粒子水（シーホスター100 倍希釈）の減衰係数と理論値の比較

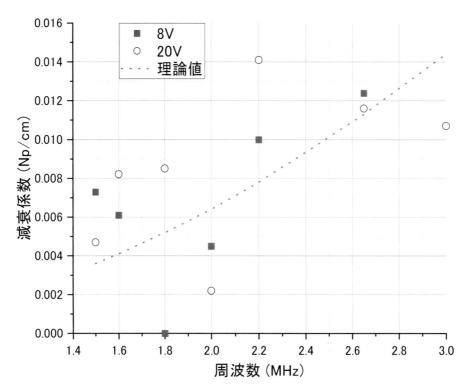

図6 固体粒子水（シーホスター10倍希釈）の減衰係数と理論値の比較

　図5に固体粒子水（シーホスター100倍希釈）、図6に同10倍希釈の計測結果と理論値をグラフにプロットしている。なお、プロットの中でNp/cmが0となっている点は、純水と減衰係数に差が無かった点を示している。図より、希釈率が高いと、理論値がばらけてしまい、上手く計測が出来ていないことがわかる。また、超音波素子への入力電圧は、設定した電圧範囲内の場合は、どちらの電圧でもそれほど変化は無かった。図5においては、希釈率が高いために計測が上手くいかなかった周波数も多く、理論値に合わない結果がある一方で、1.5, 1.6, 2.2MHz帯での計測では比較的理論値と上手く合う結果となった。このことは、一つには超音波素子(1.5MHz素子など)の仕様に合わせた周波数で上手く発振が出来ていることも考えられる。また、図6の結果からは、希釈率が低く、固体粒子の数密度が多い場合は、比較的理論値と一致していることがわかる。このことから、上手く超音波の減衰係数を計測できれば、固体粒子数密度も計測できる可能性が十分にあることを示している。なお、粒子数密度と減衰係数の関係としては、式(14)における減衰係数の各項の中では、粘性抵抗損失と熱条件による損失の値が数密度によって大きく変化し、減衰係数が大きくなることが理由である。

４．２　UFB 水の超音波特性

UFB 水についても 4.1 と同様に減衰係数の計測結果を**図 7** に示す。

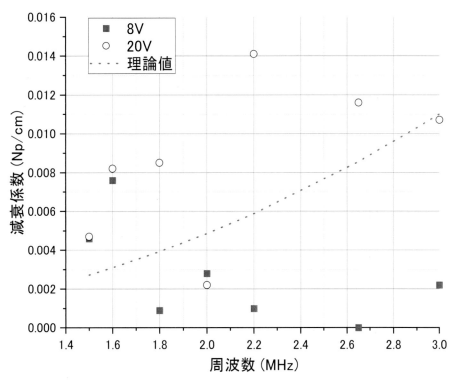

図 7 UFB 水の減衰係数と理論値の比較

図 7 より、全体的な傾向としては、印加電圧 20Vpp の時の結果が全体として理論値より高く、8Vpp の時の方が低い傾向になっていることがわかる。また、固体粒子との類似部分としては、1.5, 1.6MHz での計測結果が電圧に関わらず安定しており、理論値に近い結果となった。これらのことは、超音波発振素子による違いの他、UFB 水の帯電などの可能性も考えられるが、現状はまだわかっていない部分が多く、今後詳細な計測が必要である。また、今回用いた理論値は気泡粒径と数密度を一定として計算しているが、実際の UFB 水の気泡粒径は分布しており、また数密度もそれぞれの粒径で違っているため、数密度の分布関数をこの結果から求める場合は、もっと幅広い周波数の減衰係数を求め、そこから分布関数を推定する計算が必要になる。

５．まとめ

本章は、UFB 水の気泡数密度測定の新しい手法の提案として、超音波の減衰係数を用いた計測実験について紹介した。比較のための固体粒子水の減衰係数においては、特に数密度の多い固体粒子水において、理論値との良い相関が得られた。一方で、UFB 水の超音波減衰係数においては、ある程度の相関は得られるものの、超音波の周波数によってばらつきも多く、理論値に合わせることが難しいことが分かった。このことは、もともと数値（粒径や数密度）がわかってい

る固体粒子水に対して、粒形と密度に分布を持つ UFB 水の計測が、簡単には出来ないことを示す結果となった。しかしながら、超音波の周波数範囲を広げることで、気泡数密度分布を求めることが出来る可能性もある。そのため、現在は 5MHz, 10MHz 帯の超音波素子を準備し、その減衰係数についても調査しているところである。

　なお、本章では詳細を記載していないが、同じ手法で、超音波の音速を求めることも出来るため、実際に音速の違いを基にして、気泡数密度の計測が行えるかどうか現在検討している。今回使用した計測装置の時間分解能や、計測に用いたシステム上の誤差要因が多いこともあり、今後は精度の高い計測器を用い、より詳細に気泡数密度計測が出来るかどうか、検討していきたい。

参考文献

1) Ueda, Y., Tokuda, Y., Shigeto, F., Nihei, N., Oka, T., *Water Sci Technol.*, **2013**, 67, 996.

2) Iijima, M., Yamashita, K., Hirooka, Y., Ueda, Y., Yamane, K., Kamimura, C., *Plant Production Science*, **2021**, 1.

3) Iijima, M., Yamashita, K., Hirooka, Y., Ueda, Y., Yamane, K., Kamimura, C., *Plant Production Science*, **2020**, 23, 366.

4) Worldwide Malvern Instruments, , *Nanoscale Material Characterization: a Review of the use of Nanoparticle Tracking Analysis (NTA)*, in ©*2017 Malvern Instruments Limited*. 2017, Malvern Instruments Worldwide. p. 1.

5) Sonoda, A., *Journal of the Society of Powder Technology, Japan*, **2017**, 54, 590.

6) Ltd. Malvern Instruments, , *ARCHIMEDES USER MANUAL*, in , Ltd. Malvern Instruments, Editor. 2016. p. 1.

7) 高川真一, , *日本造船学会論文集*, . **1988**, 168, 66.

8) 高川真一, , *日本造船学会論文集*, . **1987**, 162.

9) Ueda, Y., Tokuda, Y., Yoko, T., Takeuchi, K., Kolesnikov, A. I., Koyanaka, H., *Solid State Ionics*, . **2012**, 225, 282.

10) 樋川大聖, , *圧電素子を用いた微細気泡および固体粒子を含む水の超音波特性に関する研究*, in *京都大学電気電子工学科*. 2018, 京都大学.

11) 手嶋智樹他, , 音響バブルとソノケミストリー.

12) Yasuda, K., Kitano, H., Matsuoka, T., Koda, S., Nomura, H., *Reports on Progress in Polymer Physics in Japan*, **1996**, 39, 149.

13) Matsuoka, T., Kitano, H., Yasuda, K., Koda, S., Nomura, H., *Jpn. J. Appl. Phys.*, **1997**, 36, 2972.

14) Ohsawa, T., , *Jpn. J. Appl. Phys.*, **1968**, 7, 795.

15) Hamilton, M. F., Blackstock, D. T., Nonlinear Acoustics.

16) 根岸勝雄他, , 超音波技術 **1984**.

第6章　界面活性剤を含む系でのファインバブルの挙動

渡部　慎一

（ライオンハイジーン株式会社）

1．緒言

　直径がマイクロメートルスケールの微細な気泡（ファインバブル）はミリメートルスケールの気泡（ミリバブル）より表面積が非常に大きく、水中での滞留時間が長い。そして、ミリバブルでは観察されない生理活性現象や洗浄効果が数多く報告されている[1,2,3]。ファインバブルは物理的なせん断力で気泡を微細化したり、過飽和状態から減圧することで発泡させたりと、さまざまな方法によって生成できることが知られている[4,5]。また、上記のような方法以外に、界面活性剤を用いて気液界面張力を低下させることで、ファインバブルを生成する方法も知られている。

　ファインバブルに限らず、水中に存在する気泡は気泡同士の合一やオストワルト熟成により、水面に浮上する過程で気泡径が変化する[6]。そして、気泡径が変化することで、気泡の浮上速度が変化し、気泡が水中に滞留できる時間も変化する。界面活性剤水溶液中で生成したファインバブルの場合、ファインバブルの気液界面に界面活性剤が吸着する。そのため、吸着した界面活性剤が気泡の浮上速度だけでなく、内包する気体の溶解性や気泡同士の相互作用など、ファインバブルの物理化学的性質に影響を及ぼすことが知られている[7]。

　ガスホールドアップは水溶液中の気泡の総体積であり、気泡1つあたりの体積と気泡の個数によって求めることができる[8]。筆者らは、界面活性剤水溶液中で発生させたファインバブルのガスホールドアップに着目し、イオン性と非イオン性の界面活性剤で、ガスホールドアップの比較を行った。本章では、界面活性剤の化学構造がファインバブルの界面活性剤水溶液中での安定性に及ぼす影響について、詳細を述べる。

　また、界面活性剤水溶液中でのオゾンファインバブルの活用事例についても紹介する。オゾンガスは高い殺菌効果を有する一方、水に溶けにくい性質を持つ。オゾン気泡をファインバブル化することで、表面積や滞留性を向上させることで、オゾンガスの水への溶解速度が高まり、オゾンガスの有効利用が期待できる。オゾンファンバブルの殺菌効果および、本技術をカット野菜の殺菌に応用した事例についても併せて記述する。

2．界面活性剤水溶液中で生成する気泡の気泡径と動的表面張力

　界面活性剤水溶液中で起こる気泡生成現象には、その溶液に溶解した界面活性剤の物理化学的性質が大きく影響する。界面活性剤は気液界面に吸着する性質があり、水溶液の表面張力を低下させる。表面張力には静的表面張力と、動的表面張力がある。静的表面張力は界面活性剤が気液界面に吸着し、平衡状態に達した状態を示す物性値である。一方、動的表面張力は、表面張力の時間変化としてとらえた指標であり、新しい表面が形成され、ミセルを形成する界面活性剤分子がモノマーとして新規表面に吸着する現象において、時間的な視点で特徴づけることができる物性値として知られている[9]。動的表面張力の測定法は、気液界面形成初期の表面張力から平

衡値に近い値までを、10ms オーダーの分解能で精度よく測定できる、最大泡圧法が広く普及している。

　気泡の生成初期において、その気泡径は、静的表面張力ではなく、動的表面張力の影響をうけることが知られている。そのため、界面活性剤水溶液中で生成する気泡の生成初期の気泡径は、水溶液の静的表面張力ではなく、動的表面張力が低いほど、小さくなる。図1はポリオキシエチレンドデシルエーテルのエチレンオキサイド基の平均付加モル数の違いによる動的表面張力の違いを示した図である[*10]。図1a に示すように、疎水性がもっとも高い平均付加モル数5モルの分子は静的表面張力に近い時間の値が小さい。一方、親水性が最も高い平均付加モル数43モルの分子は100ms 付近の動的表面張力の値が小さい。両者で気泡生成初期の気泡径を比較すると、10ms 付近の動的表面張力の値が小さい平均付加モル数43モルの分子が溶解する水溶液中のほうが、小さい気泡が生成する（写真 b、c）。以降では、界面活性剤が溶解したファインバブル水のガスホールドアップと動的表面張力の関係について述べる。

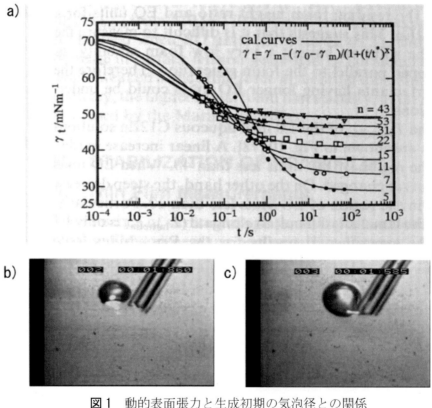

図1　動的表面張力と生成初期の気泡径との関係
a)　ポリオキシエチレンドデシルエーテルの動的表面張力値
　　グラフ中のnはエチレンオキサイド基（EO）の平均付加モル数
b)　EO=43モルの水溶液中の気泡
c)　EO=5モルの水溶液中の気泡
※撮影は金子ら

3．ファインバブル水のガスホールドアップと気泡径の測定方法

　ファインバブル水の生成には、渦流ポンプの出口側にスタティックミキサーを取り付けたファインバブル水生成装置を用いた（図2）。4種類の有機溶剤水溶液（エタノール、アセトン、ジアセチン、トリアセチン）、陰イオン性、陽イオン性、非イオン性の3種類の界面活性剤溶液（陰イオン性：C12～C16アルキル硫酸ナトリウム、陽イオン性：C12～C18塩化アルキルトリメチルアンモニウム、非イオン性：ポリオキシエチレンドデシルエーテル、エチレンオキサイド基の平均付加モル数は3～7））中で空気ファインバブルを発生させ、ガスホールドアップおよび気泡径分布を測定した。ガスホールドアップの測定にはピクノメーターを用いた。ファインバブルを含まない水溶液とファインバブルを含む水溶液との質量の差を測定し、水溶液の比重で体積に換算した値を用いた（ガスホールドアップへの換算式は図3に記載の通り）。気泡径はレーザー回折法（SLAD-7100、島津製作所製）を用いて測定した。

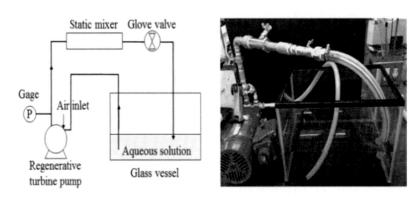

図2　ファインバブル水生成装置

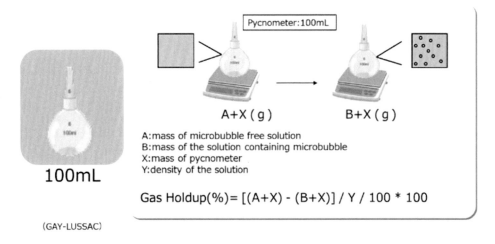

図3　ガスホールドアップの測定方法

4．有機溶剤水溶液中で発生させたファインバブルの性質

　有機溶剤水溶液中で生成させたファインバブル水のガスホールドアップと、界面形成時間が100msの時点での動的表面張力値との関係を図4に示す。ガスホールドアップと動的表面張力値とは相関関係を示し、動的表面張力が低いほど、高いガスホールドアップを示した。2項で記述したとおり、動的表面張力が低いほど、気泡径が小さいファインバブルが生成する。ストークスの式より、気泡径が小さいほど、気泡の浮上速度は小さくなるため、動的表面張力が低い水溶液中では、より多くのファインバブルが水溶液中に滞留し、その結果、高いガスホールドアップを示したと推察される。

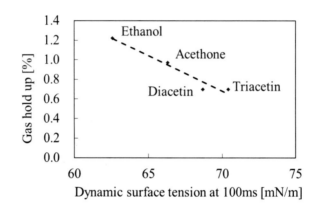

図4　有機溶剤水溶液中で生成したファインバブルの
ガスホールドアップと動的表面張力の関係
有機溶剤濃度：0.5%

5．界面活性剤水溶液中で発生させたファインバブルの性質

　界面活性剤水溶液系のファインバブル水のガスホールドアップと動的表面張力値との関係を図5に示す。いずれの界面活性剤種においても、ガスホールドアップは動的表面張力と相関関係示し、有機溶剤水溶液の結果と同様に、動的表面張力が低いほど、高いガスホールドアップを示した。しかしながら、イオン性界面活性剤と、非イオン性界面活性剤との間で傾向が異なり、非イオン性の界面活性剤水溶液と比べ、イオン性の界面活性剤水溶液中でファインバブルを発生させたほうが、わずかな動的表面張力の低下でガスホールドアップの急激な増加が見られた。

　上記の結果を考察するために、ガスホールドアップが約8%を示した3種類の界面活性剤水溶液（P7D：0.1mM ポリオキシエチレンドデシルエーテル（EO=7）モル、C12AS：1.0mM ドデシル硫酸ナトリウム、C12ATC：1.0mM 塩化ドデシルトリメチルアンモニウム）および、P3D：0.1mM ポリオキシエチレンドデシルエーテル（EO=3）モルの水溶液について、ファインバブルの気泡径分布および平均気泡径を測定し、各条件について比較を行った。平均気泡径、動的表面張力値、ガスホールドアップをまとめた結果を表1に、レーザー回折法で測定した気泡径分布の測定結果を図6に示す。動的表面張力が近い値を示したP3D、C12AS、C12ATCはファインバブルの平均気泡径も近い値を示したが、非イオン性であるP3Dのみ著しく低いガスホールドアップの値を示し

た。一方、ガスホールドアップが近い値を示した P7D、C12AS、C12ATC を比較すると、非イオン性である P7D のみ、小さい平均気泡径を示した。上記から、イオン性界面活性剤水溶液中のファインバブルは平均気泡径が大きく、気泡の浮上速度が速くなることが推定されるにもかかわらず、ガスホールドアップが大きくなる因子が働いていることが推定された。

　そこで、気泡径以外の因子の影響を調べるために、水溶液の pH によってイオン性が変化する両性界面活性剤（ドデシルアミノプロピオン酸）を用いて、両性界面活性剤水溶液中で生成したファインバブル水のガスホールドアップを測定した（図 7）。その結果、分子が非イオン性を示す pH で著しくガスホールドアップが低くなる結果が得られた。分子内の極性が小さくなる等電点付近の pH では、分子同士の電荷反発が弱まるため、気泡同士の合一がより多く起こることが予想される。一方、分子が極性を示す pH の条件では、ファインバブルに吸着した界面活性剤のイオン性によって気泡同士の合一が抑制されるため、気泡径が増加しにくくなることが予想される。その結果、イオン性の界面活性剤が表面に吸着したファインバブルは、水中での滞留時間が長くなり、ガスホールドアップが増加すると推定された。

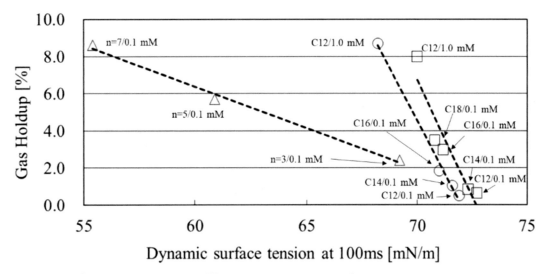

図5　ガスホールドアップと動的表面張力

表1．ファインバブルの平均気泡径

	Ionic Charge	Mean diameter [μm]	Surface tension [mN/m]	Gas Holdup [%]
P3D /0.1 mM	Non-ionic	35	69	2.4
P7D /0.1 mM	Non-ionic	7	55	8.6
C12AS /1.0mM	Anionic	39	70	8.7
C12ATC /1.0mM	Cationic	36	68	8.0

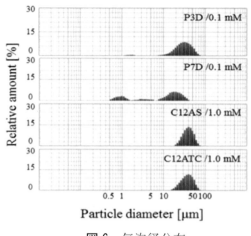

図6　気泡径分布

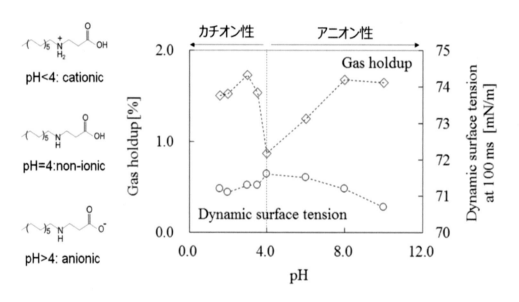

図7　ガスホールドアップと pH

6．食品添加物認可の界面活性剤によるオゾンファインバブルの活用

　オゾンガスは強力な酸化剤であり、その性質を利用して、カビ臭の除去を目的とする水道水の高度処理に利用されている[11]。また、微生物に対し殺菌作用があり、溶菌と呼ばれるメカニズムで微生物を死滅させることができる[12]。さらに、反応後に酸素へ分解するため残留性がないことから、従来から食品用の殺菌剤として使用されてきた次亜塩素酸ナトリウムを代替する物質として注目されている。しかしながら、オゾンガスは水に溶けにくいため、粗大なバブルを水溶液中に供給しても、ほとんど溶解せずに表面に揮散してしまい、十分な殺菌作用を得ることがで

きない。そのため、オゾン気泡をファインバブルやウルトラファインバブルとして水中に供給し、その効果を高める試みが数多く知られている。我々は、オゾン気泡をファインバブル化する方法として界面活性剤を用いる方法を検討してきた。以下にその詳細を記述する。

　トリアセチンは食品添加物に認可された化合物であり、グリセリンの水酸基が酢酸とエステル結合をしている化学構造を有する。そのため、オゾンガスと極めて反応しにくい。さらに、表面に安定的に吸着する性質を持たないため、表面張力を下げる性質を持つが、表面で気泡を安定化する作用が小さく、生成した気泡はすぐに破泡するため、安定な気泡が水面に蓄積しない。一方、同じ食品添加物に認可されている Tween80（ポリオキシエチレンソルビタンモノオレアート）は明確な界面活性能を示し、水中で生成したファインバブルが水面に堆積し、水面で安定化してなかなか破泡しない。両物質の違いを図8に示す。図8のように、両物質はほぼ同等のファインバブルの気泡径分布を示すが、表面に浮上した気泡の安定性が大きく異なる。

　食品を洗浄殺菌する用途においては、すすぎ性の観点から、表面の気泡残りが問題になるケースが多い。よって、トリアセチンのような化合物をオゾンファインバブルの生成に利用することで、オゾンガスをファインバブルとして水中に供給し有効に利用することが可能になる。トリアセチン水溶液中では、散気板のようなものでも 500 ミクロン程度、エジェクターを利用すれば一般的なマグネットポンプを利用しても数十ミクロンのオゾンファインバブルを生成することが可能であり、従来からファインバブル生成に用いられている渦流ポンプ等を利用する必要がない。

　次に、オゾンファインバブルの殺菌作用に関するポテンシャル効果について述べる。トリアセチン 0.5%水溶液中で、エジェクターまたは散気管でオゾンファインバブルを生成させ、リファンピシンに耐性を持たせた大腸菌（NBRC3972）に対するポテンシャル効果を調べた（図9）。リファンピシン耐性大腸菌に対する殺菌作用のポテンシャル効果は、気泡径が小さくなるほど高くなり、気泡径が小さいほうが、少ないオゾン量で大腸菌に対し高い殺菌作用を示した。気泡径が小さいほうが、水中での滞留性が長く、より多くの気泡が水中に分散するため、大腸菌との接触確率が高まり、その結果、少ないオゾン量で高い殺菌作用を示したと推察される。

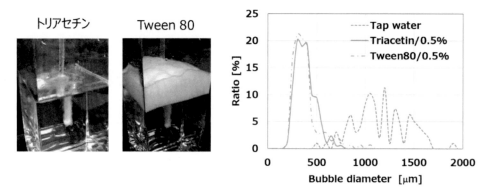

トリアセチン   Tween 80

図8　気泡生成の様子および気泡径分布
気泡径はマイクロスコープで測定

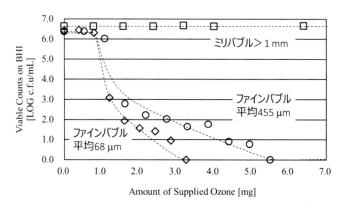

図9　殺菌作用のポテンシャル効果

図10　オゾンファインバブルの様子
左図がエジェクター（約68μm）。
右図が散気管（約455μm）で発生させた

７．カット野菜洗浄システムへの応用

　最後に、当社におけるオゾンファインバブルの活用事例を紹介する。ファインバブルの産業における応用事例は数多く知られており、代表的な事例として、気液界面に油脂などの疎水的な化合物を吸着し、被洗物から剥離する洗浄効果や、オゾンガスを効率的に溶解する効果を利用して微生物の殺菌に利用したものがある。当社では、界面活性剤を用いたオゾン気泡のファインバブル化技術の展開先として、昨今市場が急成長してきたカット野菜の製造プロセスへの応用を研究してきた。

　カット野菜の洗浄殺菌には強力な殺菌効果を有し、安価で非常に使いやすく、食品添加物である次亜塩素酸ナトリウム系の殺菌水が幅広く利用されている。しかしながら、特有の塩素臭を有しているため、使用環境や対象物に塩素臭が残存することとなり、特に食品分野では臭い残りや生成する有機塩素化合物の安全性が問題となる。上記の課題を解決するために、当社では次亜塩素酸ナトリウム系殺菌水の代わりにオゾンファインバブルを利用するシステムを開発した（図11）。

　本システムはコンプレッサーの乾燥空気中の酸素を圧力スイング法で濃縮し、沿面放電式オゾナイザによってオゾンガスを発生させる機構となっている。専用の洗浄剤を溶解させた洗浄水の循環流路に備えたエジェクターへ、発生させたオゾンガスを供給することで洗浄水中にオゾンガスをファインバブルとして供給することができる。図12にpH次亜水（有効塩素濃度50ppm、pH6.0の次亜塩素酸水であり、次亜塩素酸Na200ppm水溶液を代替して使用されている機能水）で処理したカットキャベツの一般生菌の菌数レベルの比較を示す。溶存オゾン濃度を約0.3mg/Lに調整したオゾンファインバブル水で処理した場合、処理直後、10度保存3日後、5日後のいずれも、pH次亜水と同等の一般生菌の菌数レベルであった。

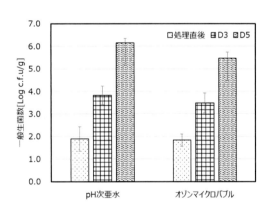

図11　オゾンファインバブル殺菌システム　　**図12　カットキャベツへの殺菌効果**

８．おわりに

　界面活性剤水溶液中で発生させたファインバブルの表面には界面活性剤が吸着し、気泡の水中での滞留性に影響を及ぼす。その効果はイオン性と非イオン性で異なり、界面活性剤のイオン性によって、気泡同士の合一が抑制され、ガスホールドアップの値に影響を与える。有機溶剤のように明確な界面活性能を示さない化合物であっても、動的表面張力を低下させる性質を利用

して、水面での気泡だまりを抑制しながら、水溶液中で、ファインバブルを生成し、オゾンガスのような酸化性ガスの殺菌作用を高めることが可能になる。今後、界面活性剤によって表面が修飾されたファインバブルのアプリケーションが広がっていくことを期待する。

参考文献

1) 寺坂宏一、青木駿、小林大祐：“マイクロバブル浮上分離による酸化鉄微粒子の除去,”混相流の進展、Vol.3, 43-50（2008）

2) Shibata, T., Ozaki, A., Takana, H., and Nishiyama H.: "Water Treatment Characteristics Using Activated Air Microbubble Jet with Photochemical Reaction*," *Journal of Fluid Science and Technology*, **2**, 242-251 (2011)

3) Takahashi, M.: "ζ Potential of Microbubbles in Aqueous Solutions: Electrical Properties of the Gas−Water Interface," *Journal of Physical Chemistry B*, **109**, 21858-21864 (2005)

4) 大成博文,: “マイクロバブル,” 日本機械学会論文集, **108**, 2-3 (2005)

5) 山田哲史、吉見裕子、寺田隆史、大野健一、南川久人：“加圧溶解法により発生したマイクロバブルの水中への酸素供給効果に関する研究,”混相流、Vol.21, No.1, 84-90 (2007)

6) ジェラール・リジェ＝ベレール：シャンパン 泡の科学、白水社 (2007)

7) 高木周：”界面活性剤が気泡挙動に与える影響,” 日本流体力学会誌「ながれ」, Vol. **23**, 17-26 (2004)

8) 柘植秀樹、海野肇：『泡』技術－使う、作る、排除する, 工業調査会 (2004)

9) 日本化学会編：現代界面コロイド化学の基礎, 丸善 (2009)

10) Tamura, T., Kaneko, Y. and Ohyama M.: "Dynamic Surface Tension and Foaming Properties of Aqueous Polyoxyethylene n-Dodecyl Ether Solutions," *Journal of Colloid and Interface Science*, **173**, 493-499 (1995)

11) 宗宮功： “オゾンでおいしい安全な水に,” 電気学会誌, Vol.114, No.10, 645-648 (1994)

12) 日本オゾン協会編：オゾンハンドブック[改訂版]、サンユー書房 (2016)

第7章　ファインバブルからの OH ラジカル発生

安井久一

（産業技術総合研究所）

1．はじめに

　マイクロバブルやウルトラファインバブルの発生には、流体力学的キャビテーション、または超音波キャビテーションを用いることが多い[1~7]。キャビテーションとは、液体中の局所的な圧力の低下により液体に溶解していた気体が気泡として現れ、液体中の圧力が回復した際にそれらの気泡が激しく収縮する（圧壊という）現象のことである[8~10]。古くは船のスクリューの周りで局所的な圧力の低下によってキャビテーションが発生し、それらの気泡の圧壊に伴いミクロな液体ジェットが気泡を貫通してスクリュー表面に打ち付け、スクリューのエロージョンが起きることで知られていた。流体力学的キャビテーションとは、このような液体の旋回流やベンチュリー管を高速で液体が流れるとき、あるいは気体を加圧して液体に溶かし込んでノズルから噴射する（加圧溶解法）際などに見られる、流体力学的運動に伴って局所的に減圧して発生するキャビテーションである。なおベンチュリー管は、流路が一部狭くなっていて、そこを液体が通過する際にベルヌーイの定理によって減圧し、管径が再び大きくなったところで圧力が回復し、キャビテーション気泡が圧壊する。

　キャビテーションで気泡が圧壊する際には、条件によっては気泡内が数千 K 以上、数百気圧以上の高温高圧になることが知られている[10, 11]。実際、その際に気泡が発光するソノルミネセンスという現象があり、気泡内部で水蒸気や酸素が分解して、OH ラジカルや過酸化水素が生成するソノケミカル反応が知られている[10~14]。つまり、ファインバブルの発生にキャビテーションを利用する場合に、OH ラジカルが生成する可能性がある。しかし、あとで見るように、キャビテーションを利用したファインバブルの発生から数十分から 6 ヶ月も経ってから OH ラジカルが検出されたという実験報告があり、そのメカニズムについては依然として議論が続いている[15, 16]。

　ここで、ウルトラファインバブル(UFB)の安定化機構について紹介する。これもまだ議論が続いているが、図 1 に示す動的平衡説が有力だと考えている[17~19]。すなわち、UFB の表面の 50 %以上を疎水性の不純物が覆うことで UFB 内部からの気体の漏れを一部防ぐとともに、疎水性物質が水を弾くことによって疎水性物質表面に液体に溶解している気体が濃縮され（約 70 気圧分）、疎水性物質の縁に沿って UFB 内に気体が流入する。これが疎水性物質に覆われ

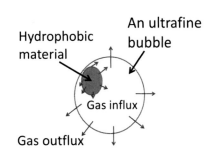

図1　ウルトラファインバブル(UFB)の動的平衡説[17]
Copyright 2016, with the permission from American
Chemical Society.

ていない表面から UFB 外へ流出する気体の量とつり合うと、UFB は安定化する。この説は UFB の TEM による観察で裏付けられている[18, 20, 21]。キャビテーションでマイクロバブル発生後に、表面に疎水性不純物が付着したバブルのみ、ウルトラファインバブルとして安定化すると考えられる。

２．実験結果
２．１ 酸素ファインバブル発生後の OH ラジカル検出と種子の発芽への影響[22]

オーラテック製のファインバブル発生装置(OM4-GP-040)を用いて、2 L の 0.1 M リン酸緩衝液(pH 7.4)を 1 時間循環させて酸素ファインバブル（マイクロバブル＋ウルトラファインバブル）を発生させた(20 ℃)[22]。その結果、溶存酸素濃度(DO)は 40 mg/L 以上になった（飽和 DO 値は、8.8 mg/L）。その試料 10 mL を取り、図 2 に示した蛍光プローブ[23](5 mM の APF)2 μL を加えて蛍光分析を行った。その結果、酸素ナノバブル（ウルトラファインバブル）の存在によって、蛍光強度の顕著な増加が見られた（図 3）[22]。その増加がすべて過酸化水素のためだとすると、過酸化水素の濃度は 0.5 mM に相当し、20 μM の鉄イオン(Fe^{2+})を加えた場合、Fenton 反応によって蛍光強度が 2,000 増加するはずであるが、70 しか増加しなかったので、この蛍光強度のほとんどが OH ラジカル由来であると結論した（図 4）[22]。酸素ナノバブル水を用いると、ほうれん草の種子の発芽促進が見られたが、ニンジンの種子では、逆に成長が阻害された。キャビテーションによって生成する過酸化水素濃度は、μM 程度だが[10, 24]、種子の発芽に影響する濃度は mM 程度必要なため[25, 26]、これらの効果は OH ラジカル由来と考えられる。

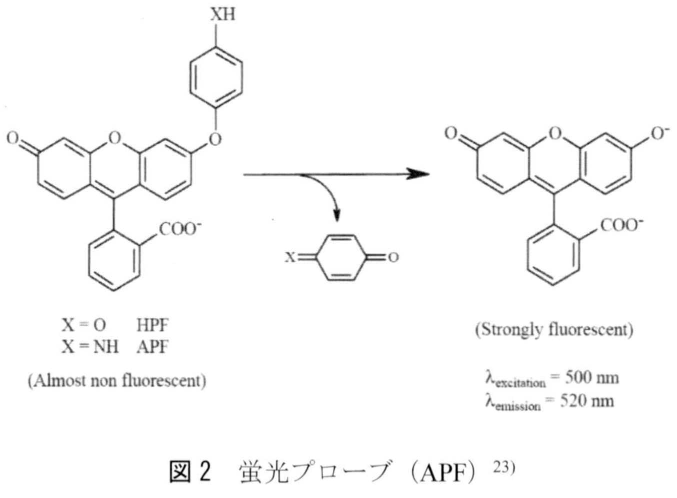

X = O　HPF
X = NH　APF

(Almost non fluorescent)

(Strongly fluorescent)

$\lambda_{excitation}$ = 500 nm
$\lambda_{emission}$ = 520 nm

図 2　蛍光プローブ（APF）[23]

Copyright 2005, with the permission from Elsevier.

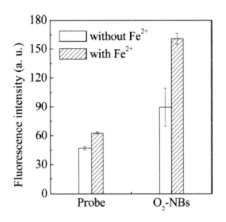

図3　酸素ナノバブル(O_2-NBs)と鉄イオン(Fe^{2+})の有無による蛍光強度の違い[22]

Copyright 2016, with the permission from American Chemical Society.

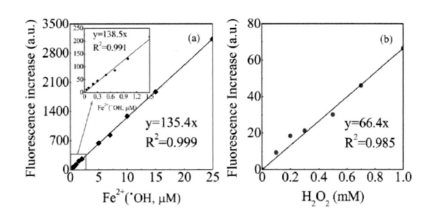

図4　蛍光プローブ（APF(pH 7.4))の応答[22]

（左図）OH ラジカル（Fenton 反応）。（右図）過酸化水素(H_2O_2)

Copyright 2016, with the permission from American Chemical Society.

２．２　オゾン・ファインバブル発生６ヶ月後の OH ラジカル検出[15]

　ダン・タクマ製の加圧溶解式マイクロバブル発生装置を用いて、1 μM の $FeSO_4$ を加えた超純水中に 10 分間オゾン・マイクロバブルを発生させた（気体の体積比 2 ％がオゾンで、残りの 98 ％は酸素）[15]。その試料をプラスチック製の瓶に入れて約 6 ヶ月暗所に保存した後、試料 1 mL を取り、50 mM の EDTA（鉄イオンのキレート剤）、300 mM の DMPO（スピントラップ剤）、さらに、100 mM の HCl を加えた後に、ESR（電子スピン共鳴）スペクトルを観測した。その結果、OH ラジカル由来の DMPO-OH のスペクトルが観測された[15]。一方、直径 0.5 mm 以上のオゾン・バブルを発生させた場合は、1 日後でも DMPO-OH のスペクトルは観測されなかった[15]。

２．３　ウルトラファインバブル水の液膜周縁部における OH ラジカル検出 [27]

　2 mL のイオン交換水を容積 3 mL の小さいガラス容器に入れ、気体（Xe, SF$_6$, または空気）を最大圧 0.3 MPa で針を用いて水中に吹き込む（**図 5**）[27, 28]。圧力 0.2-0.3 MPa で、モーターで駆動されたピストンを使って気体体積を 1 mL 程度変化させて、気体と水を混ぜ合わせる。続いて、ピストンを上昇させて大気圧まで減圧すると、水中に気泡が発生し、ウルトラファインバブルが形成される。動的光散乱法にて計測されたウルトラファインバブルの径分布は、300 nm にピークがあった（**図 6a**）[27]。この試料 2 mL に 5 μL の蛍光プローブ（5 mM の APF）を加えて、10 μL をガラス・スライド上に落とし液膜にして蛍光顕微鏡で観察すると、液膜の周縁部で OH ラジカル由来の蛍光が観察された（**図 7**）[27]。**図 7(b, d)**には、比較のために PDMS 液滴を含んだ試料の結果も示してある [27]。

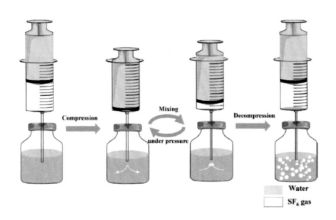

図 5　Jin らによるウルトラファインバブル発生の実験図 [28]

Copyright 2019, with the permission from American Chemical Society

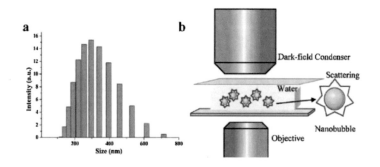

図 6　（左図）動的光散乱法により計測したウルトラファインバブルのサイズ分布
（右図）暗視野顕微鏡を用いた実験図 [27]。Copyright 2020, with the permission from Elsevier

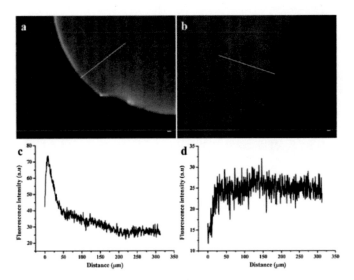

図7　Jin ら [27]による蛍光プローブ(APF)による OH ラジカル測定結果

(a,c)　ウルトラファインバブルを含んだ試料、(b,d)　ポリジメチルシロキサン(PDMS)液滴を
含んだ試料、下図(c, d)は、試料境界に垂直な上図の黄色い線に沿った蛍光強度分布

２．４　空気マイクロバブル発生終了後約 20 分における OH ラジカル検出とメチレンブルーの分解 [16]

　旋回流と加圧溶解法を組み合わせたアスプ製マイクロバブル発生装置（AMB3）を用いて、pH 3(HCl)の水溶液中に、酸素、空気、または窒素マイクロバブルを発生させ、試料 10 mL に蛍光プローブ(5 mM の APF)を 2 μL 加え、蛍光強度を測定した（図8）[16]。窒素マイクロバブルの場合は OH ラジカルがほとんど検出されなかったが、酸素と空気マイクロバブルでは検出された（図8 a）。また、マイクロバブル発生を止めてから約 20 分間は OH ラジカルによる顕著な蛍光が観察された（図8b）[16]。また、5 mM の NaCl 存在下の方が OH ラジカルが多く生成することが分かった（図9（左図））[16]。さらに、5 L の 16 μmol/L のメチレンブルー水溶液をマイクロバブル発生装置に入れて循環させた場合、2 時間で 20 ％以上分解した（図9（右図））[16]。

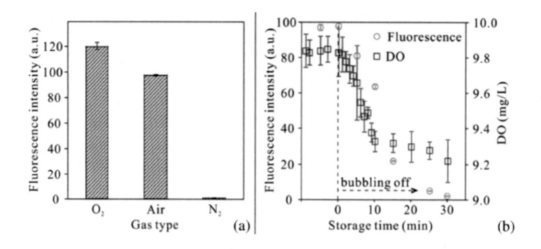

図8　Wang ら [16)]による蛍光プローブ(APF)による OH ラジカル測定結果
(a) マイクロバブルのガス種による違い（5 mM NaCl 水溶液、pH3）、(b) 空気マイクロバブ
ルの発生を止めてからの蛍光強度と溶存酸素濃度（DO）［光学式センサ法で測定］の時間
変化、Copyright 2018, with the permission from Springer

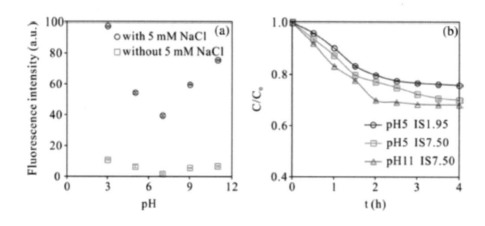

図9　（左図）5 mM NaCl の有無と pH(HCl, NaOH)の違いによる蛍光プローブ(APF)を用いた
OH ラジカル測定結果(空気マイクロバブル 240 mL/min を 1 時間発生させた後)、(右図)
空気マイクロバブル発生下でのメチレンブルーの濃度の時間変化（イオン強度(IS)の違
いは、NaCl の有無による）[16)]　Copyright 2018, with the permission from Springer

２．５　流体力学的キャビテーション時における OH ラジカル検出 [24)]

　ベンチュリー管を用いた流体力学的キャビテーション発生装置（図10）に、30 L の 250 ppm

サリチル酸水溶液を循環させて、サリチル酸がOHラジカルと反応してヒドロキシル化した化合物を高速液体クロマトグラフィーで測定して、OHラジカル生成量を水溶液の循環回数の関数として求めた（**図11**）[24]。その結果、μM程度の濃度のOHラジカルが生成することが分かった。

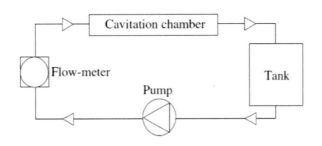

図10 ベンチュリー管を用いた流体力学的キャビテーション実験図
（マイクロバブル発生装置）[24]

Copyright 2007, with the permission from Elsevier

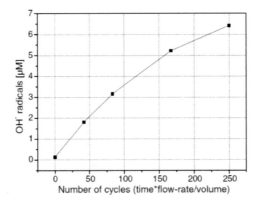

図11 図10の装置の循環回数とOHラジカル生成量の関係（OHラジカル量は、サリチル酸のヒドロキシル化を利用して、高速液体クロマトグラフィーで測定）[24]

Copyright 2007, with the permission from Elsevier

３．数値シミュレーション
３．１　キャビテーション時のOHラジカルと酸化剤の生成[29]

　ここでは、実験と数値シミュレーションを直接比較することができる単一気泡ソノケミストリーの条件で、数値シミュレーションを行った結果を議論する[29]。単一気泡ソノケミストリーとは、水を入れた容器の中に超音波を照射して定在波を形成し、圧力の腹近傍に気泡を一つトラップして、そこで膨張と圧壊を安定に繰りかえす気泡から生成するOHラジカル量等を測定する実験のことである[30]。この際、気泡は圧壊のたびに発光を繰り返すため、単一気泡ソノルミネセンスとも呼ばれる[31]。2002年に、DidenkoとSuslick[30]がNature誌に発表した論文によると、単一気泡系で、OHラジカルは、超音波1周期あたり 8.2×10^5 個生成する（超音波52 kHz, 1.52 bar）。これは、OHラジカルがテレフタル酸と反応して生成した2-ヒドロキシテレフタル酸の蛍光強度

から測定した。

　単一気泡ソノケミストリーの条件下での数値シミュレーションの結果を**図12**に示す[29]。数値シミュレーションでは、気泡半径の時間変化を表す式として Keller 方程式を用い、気泡内外での熱伝導、気泡壁での非平衡な水の蒸発、凝縮、気泡壁での液体の温度変化、および気泡内での非平衡な化学反応の効果を考慮した[10, 29, 32]。**図12（左図）**より、平衡径 3.6 μm のアルゴン気泡が超音波の減圧時に膨張し、加圧時に圧壊する様子が分かる。アルゴン気泡となるのは（最初は空気気泡だが）圧壊のたびに気泡内の高温高圧で酸素と窒素が反応して NO_x や HNO_x となり、水中に溶解するために空気の中に 1 ％だけ含まれているアルゴンだけが気泡内に残るためである[31]。**図12（右図）**には、気泡から周囲の液体に溶解する OH ラジカルの量について、流出率とその時間積分値が示してある[29]。超音波 1 周期で 6.6×10^5 個の OH ラジカルが溶解しており、実験値（8.2×10^5 個）とほぼ一致した。

　図13には、空気気泡の場合の気泡の圧壊時の数値シミュレーションの結果を示してある[29]。気泡の圧壊時に、気泡内部の温度が 6500 K まで上昇することが分かる。実際ソノルミネセンス（気泡発光）の発光スペクトルの解析から、気泡内部が数千 K 以上になることが確認されている[33-35]。温度上昇の原因は、気泡の収縮時に周囲の液体が気泡に対して行う仕事の多くが気泡内の熱に変わるためである。そして、気泡内で窒素と酸素の多くが熱分解し、HNO_2, HNO_3, O, H_2O_2, O_3, OH 等が生成する。数値シミュレーションの結果、空気気泡の場合、超音波 1 周期あたりに水に溶解する化合物の量（分子の数）は、H_2O_2 は 5.1×10^6、O_3 は 2.7×10^6、そして OH は 9.9×10^5 であった[29]。

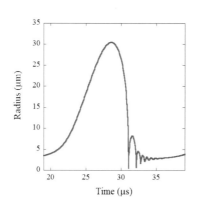 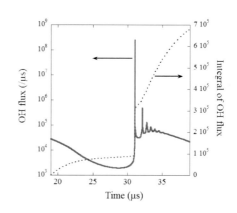

図12　単一気泡ソノケミストリーの条件下での数値シミュレーションの結果（超音波 1 周期分、アルゴン気泡）[29]、（左図）気泡半径の時間変化、（右図）気泡から液体への OH ラジカルの溶解率（実線）とその時間積分値（点線）

Copyright 2005, with the permission from AIP Publishing

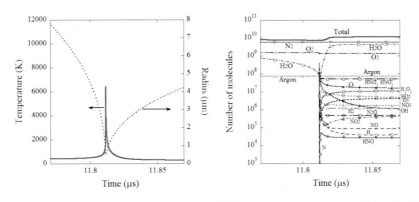

図 13　単一気泡ソノケミストリーの条件下での数値シミュレーションの結果（気泡収縮の最後
　　　の段階、空気気泡）[29]、（左図）気泡半径（点線）と気泡内温度（実線）の時間変化、（右
　　　図）気泡内分子数の時間変化（気泡内化学反応の数値シミュレーション結果）

３．２　ウルトラファインバブルの溶解消滅 [36]

　実験結果の項で見たように、キャビテーションを止めた後に OH ラジカルが検出されることがあ
る。OH ラジカルの水中での寿命は、わずか 20 ns しかないため [10]、キャビテーションを止めた後の
OH ラジカル検出は、キャビテーションを止めた後に OH ラジカルが生成したことを意味する。それ
では、OH ラジカルはマイクロバブルが溶解消滅する際に発生するのだろうか？マイクロバブルも溶
解消滅の途中でウルトラファインバブルになるので、ここではウルトラファインバブルの溶解消滅
の数値シミュレーションについて議論する（図 14、15）[36]。理論モデルとしては、前節の単一気泡
系のモデルに、バブルからの気体の拡散流出の効果を取り入れたものを用いた [36,37]。

　酸素バブルの方が空気バブルよりも溶解が速い（図 14（左図））[36]。これは、酸素の方が窒素
よりも水への溶解度が大きいためである。また、バブル内は表面張力によるラプラス圧力のため
に 15 気圧以上になっているため、水の飽和蒸気圧が相対的に無視でき、バブル内の水蒸気のモ
ル分率は小さい（図 14（右図））[36]。

　酸素バブルの溶解消滅の最後の 340 ps における数値シミュレーションの結果を図 15 に示す
[36]。驚くべきことに、バブル内温度が 2,800 K まで上昇する（図 15（a））。温度上昇の理由はキャ
ビテーション時の圧壊と同じく、周囲の液体がバブルにした仕事の多くがバブル内の熱に変わる
ためである。圧力は、バブル内外共に約 5 GPa まで上昇する（図 15（b））。バブル壁での液体温
度は上昇するが、94 ℃ までであり、水が分解して OH ラジカルが生成する温度には達しない（図
15（c））。バブル内での酸素分子の分解量はわずか 10^{-7} で、バブル数が 10^7 個あって、ようやく 1
分子分解する勘定である（図 15（d））。したがって、酸素バブルの溶解消滅によっては、OH ラ
ジカルはほとんど生成しないと考えられる [33]。ただし、バブル消滅の直前には、気体の平均自
由行程をバブル半径で除した量として定義されるクヌーセン数が 0.1 を超えるため、本数値シミ
ュレーションで仮定した連続体近似が正確には成り立たなくなっており、より正確には分子動力
学シミュレーションが必要である。

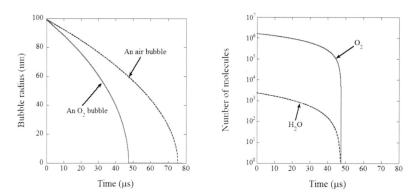

図 14　ウルトラファインバブルの溶解消滅の数値シミュレーションの結果 [36]、（左図）空気気泡
（点線）と酸素気泡（実線）の半径の時間変化、（右図）酸素気泡内の分子数の時間変化
Copyright 2019, with the permission from Elsevier

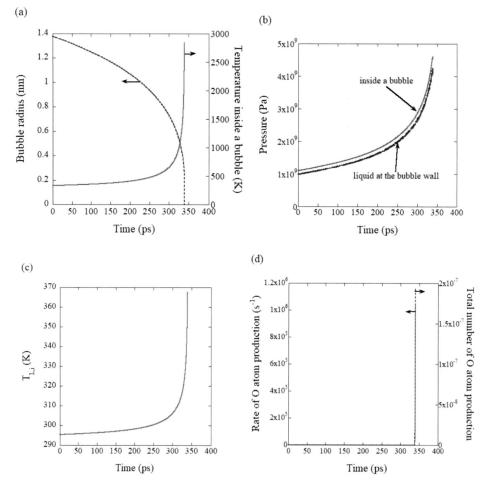

図 15　酸素ウルトラファインバブルの溶解消滅の最後の 340 ps（数値シミュレーションの結果）[36]、
(a) 気泡半径（点線）と気泡内温度（実線）の時間変化、(b) 気泡内部の圧力（実線）と気
泡壁での液体圧力（点線）、(c) 気泡壁での液体温度、(d) 気泡内での酸素原子ラジカル生成率
（実線）と酸素原子ラジカル生成量（点線）　　Copyright 2019, with the permission from Elsevier

4．キャビテーション終了後の OH ラジカル生成 [19, 38)]

　それでは、キャビテーション終了後に OH ラジカルが検出されているのは、どのような理由だろうか？一つ考えられるのは、酸性条件下（pH＜5）で、以下の比較的遅い反応が起こることである [38~40)]。

$$H_2O_2 + O_3 \rightarrow OH + HO_2 + O_2 \tag{1}$$

　ここで、H_2O_2 と O_3 は、ファインバブル発生時、すなわち、流体力学的キャビテーション時に気泡内の高温高圧によって、水蒸気や酸素が熱分解して生成したものである。また、中性付近（5＜pH＜8）では、以下の反応で OH ラジカルが生成する [38, 39)]。

$$H_2O_2 \rightarrow HO_2^- + H^+ \tag{2}$$

$$O_3 + HO_2^- \rightarrow OH + O_2^- + O_2 \tag{3}$$

アルカリ性（pH＞8）では、オゾンから OH ラジカルが生成する [38, 39, 41~43)]。

$$O_3 + OH^- \rightarrow HO_2 + O_2^- \tag{4}$$

$$O_2^- + O_3 + H^+ \rightarrow OH + 2O_2 \tag{5}$$

ただし、2．2節でみた 6 ヶ月後の OH ラジカル生成 [15)] は、H_2O_2 と O_3 の寿命から考えて式(1)〜(5)の反応で説明することは難しく、今後の研究が必要である（ただし、仮に 6 ヶ月後にも水中にオゾンが残存していれば、オゾンの光分解等により OH ラジカルが生成する可能性がある [44)]）。

5．まとめ

　ファインバブル発生時に流体力学的キャビテーションや超音波キャビテーションを利用する場合、キャビテーションによって OH ラジカルが生成し、有機物等の分解が可能である。一方、キャビテーションを止めた後に、OH ラジカルが検出されたという実験報告 [15, 16, 22, 27)] があり、それらのいくつかはキャビテーション時に生成した H_2O_2 と O_3 が酸性条件下で式(1)や中性条件下で式(2),(3)の反応を起こすことが考えられる。ただし、キャビテーションを止めた 6 ヶ月後に OH ラジカルが検出された報告 [15)] を式(1)〜(5)の反応で説明することは難しく、（残存したオゾンの光分解等の可能性も含めて）今後の研究が俟たれる。

謝辞

　共同研究者である産総研の兼松渉、辻内亨の各氏に感謝いたします。数値シミュレーションの一部は、経済産業省からの受託研究費「省エネルギーに関する国際標準の獲得・普及促進事業委託費（ファインバブル技術応用に関する国際標準化・普及基盤構築)」により行われました。関係各位に感謝いたします。

参考文献

1) 寺坂宏一, 氷室昭三, 安藤景太, 秦　隆志：ファインバブル入門, 日刊工業新聞社 (2016).
2) 秦　隆志　他：マイクロバブル・ナノバブルの技術と市場 2021, シーエムシー出版 (2021).
3) 高橋正好　他：微細気泡の最新技術 vol. 2, エヌ・ティー・エス (2014).
4) 高橋正好　他：微細気泡の最新技術, エヌ・ティー・エス (2006).

5) 柘植秀樹　監修：マイクロバブル・ナノバブルの最新技術，シーエムシー出版 (2007).

6) 上原　赫：ファインバブル，東レリサーチセンター (2015).

7) 上山智嗣，宮本　誠：マイクロバブルの世界，森北出版 (2011).

8) 加藤洋治　編著：新版キャビテーション，森北出版 (2016).

9) Young, F.R.: Cavitation, Imperial College Press, London (1999).

10) Yasui, K.: Acoustic Cavitation and Bubble Dynamics, Springer, Switzerland (2018).

11) 崔　博坤，榎本尚也，原田久志，興津健二　編著：音響バブルとソノケミストリー，コロ
ナ社 (2012).

12) 安井久一："ソノルミネッセンスの原理について，"日本音響学会誌，Vol. 67, No. 8, pp.
339-344 (2011).

13) Young, F.R.: Sonoluminescence, CRC Press, Boca Raton (2005).

14) Yasui, K.: "Multibubble Sonoluminescence from a Theoretical Perspective," *Molecules*, Vol. 26,
No. 15, 4624 (2021).

15) Takahashi, M., Y. Shirai, S. Sugawa: "Free-Radical Generation from Bulk Nanobubbles in Aqueous
Electrolyte Solutions: ESR Spin-Trap Observation of Microbubble-Treated Water," *Langmuir,* Vol.
37, pp. 5005-5011 (2021).

16) Wang, W., W. Fan, M. Huo, H. Zhao, Y. Lu: "Hydroxyl Radical Generation and Contaminant
Removal from Water by the Collapse of Microbubbles Under Different Hydrochemical
Conditions," *Water Air Soil Pollut.*, Vol. 229, 86 (2018).

17) Yasui, K., T. Tuziuti, W. Kanematsu, K. Kato: "Dynamic Equilibrium Model for a Bulk
Nanobubble and a Microbubble Partly Covered with Hydrophobic Material," *Langmuir*, Vol. 32,
pp. 11101-11110 (2016).

18) Yasui, K., T. Tuziuti, W. Kanematsu: "Mysteries of Bulk Nanobubbles (Ultrafine Bubbles);
Stability and Radical Formation," *Ultrason. Sonochem.*, Vol. 48, pp. 259-266 (2018).

19) Yasui, K.: "Theory of Ultrafine Bubbles," In: K. Terasaka, K. Yasui, W. Kanematsu, N. Aya (eds.),
Ultrafine Bubbles, Jenny Stanford, Singapore (2022), pp. 109-153.

20) Sugano, K., Y. Miyoshi, S. Inazato: "Study of Ultrafine Bubble Stabilization by Organic Material
Adhesion,"混相流，Vol. 31, No. 3, pp. 299-306 (2017).

21) Sugano, K., Y. Miyoshi, S. Inazato: "Study of Ultrafine Bubble Stabilization by Organic Material
Adhesion," In: K. Terasaka, K. Yasui, W. Kanematsu, N. Aya (eds.), Ultrafine Bubbles, Jenny
Stanford, Singapore (2022), pp. 155-177.

22) Liu, S., S. Oshita, S. Kawabata, Y. Makino, T. Yoshimoto: "Identification of ROS Produced by
Nanobubbles and Their Positive and Negative Effects on Vegetable Seed Germination," *Langmuir*,
Vol. 32, pp. 11295-11302 (2016).

23) Gomes, A., E. Fernandes, J. L. F. C. Lima: "Fluorescence Probes Used for Detection of Reactive
Oxygen Species," *J. Biochem. Biophys. Methods*, Vol. 65, pp. 45-80 (2005).

24) Arrojo, S., C. Nerin, Y. Benito: "Application of Salicylic Acid Dosimetry to Evaluate

Hydrodynamic Cavitation as an Advanced Oxidation Process," *Ultrason. Sonochem.*, Vol. 14, pp. 343-349 (2007).

25) Ogawa, K., M. Iwabuchi: "A Mechanism for Promoting the Germination of Zinnia elegans Seeds by Hydrogen Peroxide," *Plant Cell Physiol.*, Vol. 42, No. 3, pp. 286-291 (2001).

26) Ishibashi, Y., T. Tawaratsumida, S. Zheng, T. Yuasa, M. Iwaya-Inoue: "NADPH Oxidases Act as Key Enzyme on Germination and Seedling Growth in Barley (Hordeum vulgare L.)," *Plant Prod. Sci.*, Vol. 13, No. 1, pp. 45-52 (2010).

27) Jin, J., R. Wang, J. Tang, L. Yang, Z. Feng, C. Xu, F. Yang, N. Gu: "Dynamic Tracking of Bulk Nanobubbles from Microbubbles Shrinkage to Collapse," *Colloids Surf. A*, Vol. 589, 124430 (2020).

28) Jin, J., Z. Feng, F. Yang, N. Gu: "Bulk Nanobubbles Fabricated by Repeated Compression of Microbubbles," *Langmuir*, Vol. 35, pp. 4238-4245 (2019).

29) Yasui, K., T. Tuziuti, M. Sivakumar, Y. Iida: "Theoretical Study of Single-Bubble Sonochemistry," *J. Chem. Phys.*, Vol. 122, 224706 (2005).

30) Didenko, Y. T., K. S. Suslick: "The Energy Efficiency of Formation of Photons, Radicals and Ions during Single-Bubble Cavitation," *Nature (London)*, Vol. 418, pp. 394-397 (2002).

31) Brenner, M. P., S. Hilgenfeldt, D. Lohse: "Single-Bubble Sonoluminescence," *Rev. Mod. Phys.*, Vol. 74, pp. 425-484 (2002).

32) Yasui, K.: "Alternative Model of Single-Bubble Sonoluminescence," *Phys. Rev. E*, Vol. 56, No. 6, pp. 6750-6760 (1997).

33) Flannigan, D. J., K. S. Suslick: "Plasma Formation and Temperature Measurement during Single-Bubble Cavitation," *Nature (London)*, Vol. 434, pp. 52-55 (2005).

34) Didenko, Y. T., W. B. McNamara III, K. S. Suslick: "Temperature of Multibubble Sonoluminescence in Water," *J. Phys. Chem. A*, Vol. 103, pp. 10783-10788 (1999).

35) Yasui, K.: "Multibubble Sonoluminescence from a Theoretical Perspective," *Molecules*, Vol. 26, 4624 (2021).

36) Yasui, K., T. Tuziuti, W. Kanematsu: "High Temperature and Pressure inside a Dissolving Oxygen Nanobubble," *Ultrason. Sonochem.*, Vol. 55, pp. 308-312 (2019).

37) Yasui, K., T. Tuziuti, W. Kanematsu: "Extreme Conditions in a Dissolving Air Nanobubble," *Phys. Rev. E*, Vol. 94, 013106 (2016).

38) Yasui, K., T. Tuziuti, W. Kanematsu: "Mechanism of OH Radical Production from Ozone Bubbles in Water after Stopping Cavitation," *Ultrason. Sonochem.*, Vol. 58, 104707 (2019).

39) Staehelin, J., J. Hoigne: "Decomposition of Ozone in Water: Rate of Initiation by Hydroxide Ions and Hydrogen Peroxide," *Environ. Sci. Technol.*, Vol. 16, No. 10, pp. 676-681 (1982).

40) Taube, H., W. C. Bray: "Chain Reactions in Aqueous Solutions Containing Ozone, Hydrogen Peroxide and Acid," *J. Am. Chem. Soc.*, Vol. 62, pp. 3357-3373 (1940).

41) Buhler, R. E., J. Staehelin, J. Hoigne: "Ozone Decomposition in Water Studied by Pulse Radiolysis.

1. HO_2 / O_2^- and HO_3 / O_3^- as Intermediates," *J. Phys. Chem.*, Vol. 88, pp. 2560-2564 (1984).

42) Staehelin, J., R. E. Buhler, J. Hoigne: "Ozone Decomposition in Water Studied by Pulse Radiolysis. 2. OH and HO4 as Chain Intermediates," *J. Phys. Chem.*, Vol. 88, pp. 5999-6004 (1984).

43) Andreozzi, R., V. Caprio, A. Insola, R. Marotta: "Advanced Oxidation Processes (AOP) for Water Purification and Recovery," *Catalysis Today*, Vol. 53, pp. 51-59 (1999).

44) 中山繁樹 他：OH ラジカル類の生成と応用技術，エヌ・ティー・エス (2008).

第8章　ファインバブルの分散安定性

酒井俊郎

（信州大学工学部物質化学科）

1．はじめに

　性質や状態（固体・液体・気体）の異なる物質を混合すると、一方の物質が微粒子（分散質、分散相）となり、もう一方の物質（分散媒、連続相）中に分散した状態となる。このような状態をコロイドと言う。例えば、炭酸入飲料水は二酸化炭素が微粒子（バブル）となって水中に分散したコロイドである。この炭酸入飲料水は蓋を開けると目に見える大きさのバブルが浮上していく。つまり、目に見える大きさのバブルは水中に分散し続けることができない。すなわち、バブルが分散した液体（バブル分散液）は熱力学的に不安定であり、バブルが分散した状態を維持することができない。ファインバブルもナノメートルスケールのバブルが液体中に分散したコロイドである。本稿では、液体中に分散しているバブル、ファインバブルの分散安定性について、コロイドの熱力学的不安定化の要因から解説する。

2．コロイドの熱力学的不安定化の要因
2．1　コロイド粒子の浮上・沈降

　前述したように、炭酸入飲料水は蓋を開けると、目に見える大きさのバブルが浮上していく。この現象は、ストークスの式（式1）[1,2]から理解することができる。ストークスの式（式1）は粒子径（半径）r（m）のコロイド粒子（分散質）が分散媒中を浮上・沈降する速度u（m s^{-1}）を表す式である。

$$u = \frac{2r^2(\rho_0 - \rho)g}{9\eta} \tag{1}$$

ρ（kg m^{-3}）はコロイド粒子（分散質）の密度、ρ_0（kg m^{-3}）は分散媒の密度、g（m s^{-2}）は重力加速度、η（Pa s＝m^{-1} kg s^{-1}）は分散媒の粘度である。地球上では物体には重力（重力加速度g）が作用しているため、コロイド粒子の密度ρと分散媒の密度ρ_0が異なっている場合には、コロイド粒子は分散媒中を浮上あるいは沈降する。また、コロイド粒子の密度ρと分散媒の密度ρ_0が異なっていても、コロイド粒子の粒子径rが小さくなり、分散媒の粘度ηが大きくなれば、分散媒中のコロイド粒子の浮上・沈降速度uは小さくなる（**図1**）。特に、コロイド粒子の浮上・沈降速度uはコロイド粒子の粒子径rの二乗に比例することから、コロイド粒子の粒子径rはコロイド粒子の浮上・沈降速度uに大きく影響する。例えば、コロイド粒子の粒子径rが百分の一（1/100）になれば、コロイド粒子の浮上・沈降速度uは一万分の一（1/10,000）となる。ファインバブルはナノメートルスケールのバブルであるため、バブルの水中での浮上速度u（m s^{-1}）が小さくなり分散状態が長期間維持される。

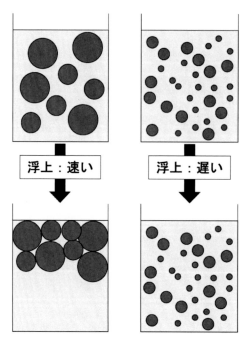

図1　バブルの粒子径の違いによる浮上のイメージ図

２．２　コロイドの界面自由エネルギー

　ストークスの式（式1）からわかるように、コロイド粒子の粒子径が小さくなると、コロイド粒子の浮上・沈降が抑制され、コロイド状態が維持される。一方で、コロイド粒子の粒子径 r（m）が小さくなると、コロイド粒子と媒体が接する面積 A（m²）が大きくなり（式3）、界面自由エネルギー G（J = N m）（式4）が大きくなる [1,2]。例えば、体積 V（m³）の分散質（例えば、気体）を媒体である液体中に粒子径 r（m）のコロイド粒子（バブル）として分散した場合、媒体中に分散しているコロイド粒子（バブル）と媒体である液体が接する界面積 A（m²）は式3のように表される。

$$A = \frac{3V}{r} \tag{3}$$

コロイド粒子（バブル）の粒子径 r が小さくなると、コロイド粒子（バブル）と媒体である液体が接する面積 A が大きくなる。そのため、体積 V の分散質（例えば、気体）を媒体である液体中に粒子径 r のコロイド粒子（バブル）として分散した場合、コロイド粒子（バブル）/媒体である液体間の界面張力 γ（J m⁻² = N m⁻¹）とコロイド粒子（バブル）と媒体である液体が接する界面積 A（m²）の積である界面自由エネルギー G（J = N m）（式4）が増大する。

$$G = \gamma A \tag{4}$$

つまり、コロイド（バブル分散液）は大きな界面自由エネルギー G を有している。そのため、コロイド（バブル分散液）は大きな界面自由エネルギー G を小さくしようとコロイド粒子（バブル）と媒体である液体が接する面積 A を小さくしようとする。コロイド粒子（バブル）と媒体である

液体が接する面積 A は、コロイド粒子（バブル）の粒子径 r を大きくすることにより小さくなる。最終的にコロイド粒子（バブル）と媒体である液体が接する面積 A が最も小さい状態、すなわち、コロイド粒子（バブル）と媒体である液体が分離した（バブルが系外に放出された）状態となる。そのため、一般に、界面活性剤などを用いてコロイド粒子（バブル）/媒体間の界面張力 γ を低下させて界面自由エネルギー G を小さくして、コロイド（バブル分散）状態は維持される。また、媒体中に分散している分散質（例えば、気体）の体積 V を小さくすることにより、コロイド粒子（バブル）と媒体である液体が接する面積 A を小さくすることができるため、媒体中に分散している分散質（例えば、気体）の体積 V を最適化するとコロイド（バブル分散）状態を維持することができる。

２．３　コロイド粒子の衝突・凝集・合一

　これまで述べてきたように、コロイド状態を維持するためにはコロイド粒子の粒子径を小さくすることが重要である。また、小さなコロイド粒子が大きくなることを抑制することも重要である。コロイド粒子が大きくなる要因にコロイド粒子の衝突（接触）がある。コロイド粒子は媒体中で分散媒の対流やブラウン運動などにより接近する。コロイド粒子間に斥力が作用しなければ、コロイド粒子は容易に衝突（接触）し、凝集・合一する（**図2**）。逆に、コロイド粒子間に斥力が作用すれば、コロイド粒子は衝突（接触）することなくコロイド状態を維持することができる。

　コロイド粒子間の斥力と引力の関係は、Derjaguin–Landau–Verwey–Overbeek（DLVO）理論により理解されている [3-7)]。同じ電荷をもった半径 r の２つのコロイド粒子が距離 H 離れた位置まで接近した場合、２つのコロイド粒子の間に斥力（静電気的反発力）が作用する。接近した２つのコロイド粒子の間に作用する斥力（静電気的反発力）のポテンシャルエネルギー V_R は近似的に式5のようにあらわされる。

$$V_R = \frac{\varepsilon r \zeta^2}{2} e^{-\kappa H} \tag{5}$$

$$\kappa = \sqrt{\frac{8\pi J F^2}{1000 \varepsilon RT}} \tag{6}$$

ε (F m^{-1}) はコロイド粒子の誘電率、ζ (V) はコロイド粒子のゼータ電位、F (C mol^{-1}) はファラデー定数、J (mol m^{-3}) はイオン強度、R (J mol^{-1} K^{-1}) は気体定数、T は絶対温度、κ は Debye-Hückel（デバイ–ヒュッケル）パラメーターである。式5からコロイド粒子のゼータ電位 ζ が斥力（静電気的反発力）のポテンシャルエネルギー V_R に大きく影響していることがわかる。そのため、コロイド粒子のゼータ電位 ζ がコロイドの分散安定性の指標とされている。また、コロイドの分散

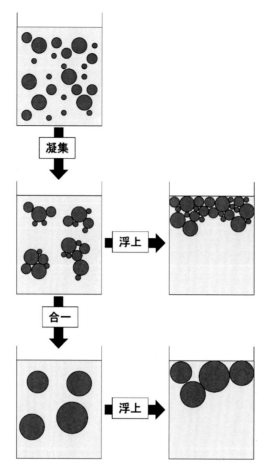

図2　バブルの衝突・凝集・合一・浮上のイメージ図

安定性にはコロイド粒子を取り巻く電気二重層の厚みも重要である。Debye-Hückel（デバイ－ヒュッケル）パラメーターκの逆数$1/\kappa$が電気二重層の厚みとなるため、Debye-Hückel（デバイ－ヒュッケル）パラメーターκも分散安定性の指標とされている[8, 9]。このようにゼータ電位ζが大きく、電気二重層の厚み$1/\kappa$が大きいコロイド粒子の場合、コロイド粒子間に作用する斥力（静電気的反発力）が大きいため、コロイド粒子は接触することなく、コロイド状態が維持される。一方で、ゼータ電位ζが小さく、電気二重層の厚み$1/\kappa$が小さいコロイド粒子の場合は、2つのコロイド粒子間に作用する斥力（静電気的反発力）が小さくなるため、2つのコロイド粒子は近距離まで接近することができる。2つのコロイド粒子は近距離まで接近すると引力（ファンデルワールス力）が作用してコロイド粒子は凝集する。同じ電荷をもった半径rの2つのコロイド粒子が距離H離れた位置まで接近したときに作用する引力（ファンデルワールス力）のポテンシャルエネルギーV_Aは近似的に式7のようにあらわされる。

$$V_\mathrm{A} = -\frac{Aa}{12H} \tag{7}$$

A は Hamaker（ハマカー）定数である。式7からわかるように、2つのコロイド粒子間に作用する引力（ファンデルワールス力）のポテンシャルエネルギーV_Aは2つのコロイド粒子が距離 H に反比例していることから、2つのコロイド粒子間の引力（ファンデルワールス力）は遠距離では作用せず、近距離になったときに作用する。すなわち、2つのコロイド粒子の間に大きな斥力（静電気的反発力）が作用している場合には、2つのコロイド粒子は近距離まで接近することができないため、コロイド粒子は凝集することなく、コロイド状態が維持される。このように、コロイドの分散安定性はコロイド粒子間に作用する斥力（静電気的反発力）と引力（ファンデルワールス力）のバランスにより決まる。分散媒中のコロイド粒子間に作用する斥力（静電気的反発力）ポテンシャルエネルギーV_Rと引力（ファンデルワールス力）ポテンシャルエネルギーV_Aのバランスは全相互作用ポテンシャルエネルギーV（式8）であらわされる[3-7]。

$$V = V_A + V_B \tag{8}$$

コロイド粒子は、コロイド粒子表面へのイオンの吸着、コロイド粒子を構成している分子の電離、分散質と分散媒の誘電率差などにより帯電する[10-18]。水中に分散しているバブルは負に帯電している[19]。水中でイオン性界面活性剤に被覆されたコロイド粒子（バブル）は、コロイド粒子（バブル）間の斥力（静電気的反発力）によりコロイド粒子（バブル）の衝突（接触）が抑制されて、コロイド（バブル分散）状態が維持される。また、分散媒中のコロイド粒子（バブル）が溶媒和（分散媒が水の場合は水和）して、コロイド粒子（バブル）表面に溶媒和層（水和層）が形成すれば、分散媒中のコロイド粒子（バブル）は互いに衝突（接触）することが抑制され、コロイド（バブル分散）状態が維持される。水中で非イオン界面活性剤により被覆されたコロイド粒子（バブル）の表面は水和層に覆われており、コロイド粒子（バブル）の衝突（接触）を妨げ、コロイド（バブル分散）状態が維持される。

２．４　コロイド粒子の溶解

　コロイド粒子が液体中に分散してコロイド状態を維持するためには、コロイド粒子自身がその状態を保持する必要がある。コロイド粒子が媒体中に溶解してしまうと、コロイド粒子は消滅してコロイド状態は維持されない。物質は固体・液体・気体状態に関わらず液体に溶解する。つまり、コロイド粒子の溶解は、コロイドの熱力学的不安定化の要因である。コロイド粒子が気体であるバブルもバブルを構成している分子が媒体である液体に溶解すれば消滅する。また、液体中に分散しているコロイド粒子の粒子径が異なると、コロイド粒子の粒子径の違いに起因する化学ポテンシャル（蒸気圧、溶解度）差によって、小さなコロイド粒子が分散媒中に溶解して消滅し、その分子が大きなコロイド粒子に吸収される[1]。この現象をオストワルドライプニングと言う。バブル分散液の場合、小さなバブル中の分子が液体中に溶解して、小さなバブルは消滅し、液体中に溶解した分子が大きなバブルに吸収され、大きなバブルはさらに大きくなる（図3）。大きくなったバブルは浮上して系外へと放出される（図3）。このように、バブルを構成している分子の媒体である液体への溶解度がバブル分散液の分散安定性に重要な因子である。コロイドの不安定化とコロイド粒子の溶解度の関係は Lifshitz-Slyozov-Wagner（LSW）理論（式9）[20, 21]から理解される。式9は粒子径（半径）r（m）のコロイド粒子が媒体中でオストワルドライプニ

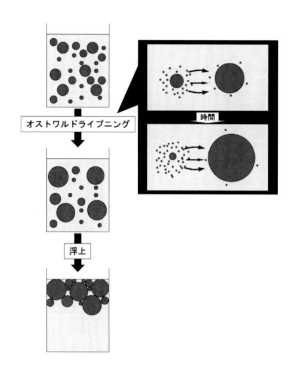

図3 バブルのオストワルドライプニング・浮上のイメージ図

ングにより大きくなる速度$\omega_{ostwald}$（$m^3\,s^{-1}$）を表している。媒体中でコロイド粒子がオストワルドライプニングにより大きくなる速度$\omega_{ostwald}$（$m^3\,s^{-1}$）はコロイド粒子（分散質）の媒体への溶解度c_∞（$mol\,m^{-3}$）に比例する。

$$\omega_{\mathrm{ostwald}} = \frac{\mathrm{d}r^3}{\mathrm{d}t} = \frac{8Dc_\infty \gamma V_m^{\,2}}{9RT} \tag{9}$$

t（s）は時間、D（$m^2\,s^{-1}$）はコロイド粒子を構成している分子の媒体（分散媒）中での拡散係数、γ（$N\,m^{-1}$）はコロイド粒子/媒体間の界面張力、V_m（$m^3\,mol^{-1}$）はコロイド粒子を構成している分子のモル体積、R（$J\,mol^{-1}\,K^{-1}$）は気体定数、T（K）は絶対温度である。このように、液体への溶解度の小さい分子からなる気体を水中に分散したバブルは消滅しにくく、バブル分散状態が長期間維持される。

3　おわりに

　われわれの身の回りには様々なコロイドが存在し、生活を支えている。その一方で、コロイドは熱力学的に不安定であるため、その状態を維持することが難しく、現在に至ってもコロイドの安定化は大きな課題である。本稿では、コロイドの熱力学的不安定化要因から媒体中に分散しているバブルの安定化への方向性を解説した。媒体中に分散しているバブルの分散安定性には、バブルの（i）粒子径、（ii）界面自由エネルギー、（iii）静電気的反発力や水和、（iv）溶解度が重要な因子となる。媒体中でのバブルの分散安定化の一助となれば幸いである。

参考文献

1)   *Principles of Colloid and Surface Chemistry Third Edition, Revised and Expanded*, Hiemenz, P.C.Rajagopalan, R., 1997, Marcel Dekker, Inc.: New York.

2)   *THE COLLOIDAL DOMAIN Where Physics, Chemistry, Biology, and Technology Meet Second Edition*, Evans, D.F.Wennerstrom, H., 1999, WILEY-VCH: New York.

3)   Derjaguin, B.V.; Landau, L.D., *Acta Physicochim. URSS* **14**, 633-662 (1941).

4)   Verwey, E.J.W., *J. Phys. Chem.* **51**(3), 631-636 (1947).

5)   *Theory of the Stability of Lyophobic Colloids*, Verwey, E.J.W.; Overbeek, J.T.G., 1948, Elsevier: Amsterdam.

6)   Reerink, H.; Overbeek, J.T.G., *Discuss. Faraday Soc.* **18**, 74-84 (1954).

7)   *Surface Forces*, Derjaguin, B.V.; Churaev, N.V.Muller, V.M., 1987, SPRINGER SCIENCE+BUSINESS MEDIA, LLC: New York.

8)   *Colloid and Interface Science*, Kerker, M., 1976, Academic Press: New York.

9)   Buscall, R.; Goodwin, J.W.; Hawkins, M.W.; Ottewill, R.H., *J. Chem. Soc. Faraday Trans.* **78**, 2889 (1982).

10)   Taylor, A.J.; Wood, F.W., *Transactions of the Faraday Society* **53**, 523-529 (1957).

11)   Marinova, K.G.; Alargova, R.G.; Denkov, N.D.; Velev, O.D.; Petsev, D.N.; Ivanov, I.B.; Borwankar, R.P., *Langmuir* **12**(8), 2045-2051 (1996).

12)   Stachurski, J.; Michalek, M., *J. Colloid Interface Sci.* **184**(2), 433-436 (1996).

13)   Sakai, T.; Kamogawa, K.; Harusawa, F.; Momozawa, N.; Sakai, H.; Abe, M., *Langmuir* **17**(2), 255-259 (2001).

14)   Kamogawa, K.; Kuwayama, N.; Katagiri, T.; Akatsuka, H.; Sakai, T.; Sakai, H.; Abe, M., *Langmuir* **19**(10), 4063-4069 (2003).

15)   Sakai, T.; Takeda, Y.; Mafune, F.; Abe, M.; Kondow, T., *J. Phys. Chem. B* **107**(13), 2921-2926 (2003).

16)   Pashley, R.M., *J. Phys. Chem. B* **107**(7), 1714-1720 (2003).

17)   Sakai, T.; Takeda, Y.; Mafune, F.; Kondow, T., *J. Phys. Chem. B* **108**(20), 6359-6364 (2004).

18)   Beattie, J.K.; Djerdjev, A.M., *Angew. Chem. Int. Ed.* **43**(27), 3568-3571 (2004).

19)   Takahashi, M.; Chiba, K.; Li, P., *J. Phys. Chem. B* **111**(6), 1343-1347 (2007).

20)   Lifshitz, I.M.; Slezov, V.V., *Sov. Phys. JETP* **8**, 331 (1959).

21)   Wagner, C., *Z. Elektochem.* **35**, 581-591 (1961).

第9章　マイクロバブル界面における物質移動

藤岡沙都子

（慶應義塾大学）

1．はじめに

　本章ではマイクロバブル界面からの物質移動に着目する。直径 100 μm 以下の微細気泡である
マイクロバブルは比表面積が大きく、浮上速度が小さいため液中の滞在時間が長く、ラプラス圧
の効果により高い気泡内圧を示しガス溶解性能に優れ、様々な工業プロセスへ応用されている [1]。
気泡分散型の反応装置においては気泡をマイクロバブル化することにより気液間物質移動を促
進でき、エネルギー消費量が削減されプロセス強化につながる。気泡塔、循環型反応器 [2]、通気
撹拌槽 [3]など代表的な気液接触装置を用いた化学反応あるいは生体触媒反応プロセスにおいて
マイクロバブル曝気の利用が検討されている。

　装置の設計や運転条件の最適化のためにはマイクロバブルの溶解速度や周囲流体中の溶存気
体濃度場の予測が求められる。マイクロバブルより大きなサイズの単一気泡からの物質移動は
実験・数値計算の両面から研究されており数多く報告されている。液相中を上昇する球形気泡に
カメラを追従させた撮影および数値計算による Sherwood 数の推算手法 [4]、上昇する気泡を下降
液流により静止させ撮影を行なった気泡表面汚れが溶解に及ぼす影響の解明 [5]あるいは長時間
の溶解挙動計測と Sherwood 数の推算式提案 [6]など多くの文献が存在する。他にも、周囲流体の
運動が気泡溶解に及ぼす影響 [7]や化学反応の有無が気泡界面の物質移動に及ぼす影響 [8]など、計
測技術の発展とともに様々な系において気泡界面での物質移動速度に関する知見が得られるよ
うになってきた。

　一方、単一マイクロバブルの水中への溶解についてはサブミリバブルやミリバブルに比べて
報告例が少ない。本章では、マイクロバブル界面での物質移動に着目し、2 節で静止流体中の単
一気泡溶解の基礎ならびに上昇する単一マイクロバブルの溶解挙動測定例について述べる。3 節
ではマイクロバブルの高い溶解性能を利用した各種プロセスにおける物質移動効率の向上につ
いて取り上げる。4 節では主に医療応用で使用されるリン脂質やタンパク質で界面を覆われたマ
イクロバブルや界面活性剤存在下でのマイクロバブルに注目し、気泡界面への物質の吸着によ
り生じる物質移動阻害効果について述べ、溶解速度を予測する方法を紹介する。

2．単一マイクロバブルからの物質移動
2．1　静止流体中の気泡の溶解

　液相中の単一気泡の溶解について、Epstein and Plesset (1950)は気泡の並進運動を無視し拡散方
程式から式(1)のように気泡界面における濃度勾配を得た [9]。

$$\left.\frac{\partial C}{\partial r}\right|_{r=R} = -\Delta C \left\{\frac{1}{R} + \frac{1}{\sqrt{\pi kt}}\right\} \tag{1}$$

ここで C は溶存ガス濃度、 r は気泡中心からの距離、R は気泡半径、 D は拡散係数、t は時間
であり、$\Delta C = C_s - C_i$ は気泡界面における平衡濃度 C_s とバルク中の初期溶存気体濃度 C_i との差

であり気泡溶解の駆動力を表す。溶解に伴う気泡内モル数の時間変化と気泡界面から液相への物質移動速度のバランスから、気泡半径の時間変化を以下の式(2)のように得る。

$$-\frac{dR}{dt} = \frac{D\Delta C}{\rho_G}\left\{\frac{1}{R} + \frac{1}{\sqrt{\pi kt}}\right\} \tag{2}$$

ρ_G は気体の密度を表す。無次元化気泡半径 $\epsilon = R/R_0$ (R_0 は初期気泡半径)および無次元化時間 $x^2 = (2D/R_0^2)t$ を用いると式(3)に示す近似解が与えられる。

$$\epsilon^2 = 1 - x^2 \tag{3}$$

これをもとに、様々な系における気泡溶解挙動が検討されてきた。静止気泡の溶解はガラスや溶融高分子からの気泡除去や液相中のガス拡散係数の決定など、工学の様々な場面で重要であり溶解速度の正確な予測が求められる。EP (Epstein and Plesset)理論は、液相中の単一マイクロバブルの溶解速度を良好に予測できることが確認されている [10]が、医療応用等で用いられる脂質やタンパク質で被覆されたマイクロバブルへの適用は難しい。この点については 4 節で述べる。また、EP 理論では液相中に孤立した気泡を仮定したが、実際には気泡が固体壁面に付着しているケースも多い。固体壁に接触した気泡の溶解の場合は式(3)の右辺第 2 項に補正係数 0.693 を乗じる提案 [11]が行われ、その後も様々な研究者がこの補正について検討している [12]。

２．２　流動する気泡の溶解

　2.1 では静止気泡の溶解について述べたが、実際は浮力により気泡が上昇運動するため対流が物質移動に及ぼす影響を無視できないことが多い。流体中を上昇するミリバブルやサブミリバブルの溶解については 1 節で述べたように数多くの研究報告が存在するが、単一マイクロバブルの浮上に伴う溶解挙動については極めて報告例が少ない。

　ここで、岩切ら(2019)による水中を収縮しつつ浮上する単一マイクロバブルの溶解速度測定と物質移動速度の推算について紹介する [13]。著者らはマイクロバブルの浮上にカメラを追随させて溶解による気泡収縮の様子を撮影し、画像解析により気泡径の時間変化を測定した。溶解に伴う気泡内物質量 n の時間変化は式(4)のように表される。

$$-\frac{dn}{dt} = k_L A(C_s - C_i) \tag{4}$$

ここで、k_L は液側物質移動係数、A は気泡表面積である。気泡界面では Henry の法則が成り立つとすると式(4)は Henry 定数 H と気泡内圧 P_B を用いて以下のように表すことができる。

$$-\frac{dn}{dt} = k_L A\left(\frac{P_B}{H} - C_i\right) \tag{5}$$

液側物質移動係数 k_L の推算に Ranz-Marshall の式を適用する。

$$Sh = \frac{k_L d_B}{D} = 2 + 0.6Re^{1/2}Sc^{1/3} \tag{6}$$

ここで、$Re = \rho_L U d_B/\mu_L$は Reynolds 数(ρ_L は液体の粘度、U は気泡界面移動速度、d_B は気泡径、μ_L は液体の粘度)、$Sc = \nu/D = \mu_L/(\rho D)$は Schmidt 数($\nu$ は動粘度)である。気泡界面移動速度 U は気泡上昇速度と気泡収縮速度の和であると考え、気泡上昇速度は Stokes の式に従うとすれば、U

は式(7)のように表される。

$$U = \frac{(\rho_L - \rho_G)g d_B^3}{18\mu_L} + \frac{1}{2}\frac{\mathrm{d}d_B}{\mathrm{d}t} \tag{7}$$

一方、気体の状態方程式が成り立つとすれば、気泡径 d_B は式(8)のように表すことができる。

$$d_B(t) = \left[\frac{6}{\pi}\frac{n(t)BT}{P_B(t)}\right]^{1/3} \tag{8}$$

ここで、B は気体定数、T は絶対温度を表し、気泡内圧 $P_B(t)$ は大気圧 P_{atm}、水圧 $\rho_L gh$（h は水深）およびラプラス圧 $4\sigma/d_B$ の和で表される。時刻 t における気泡径 $d_B(t)$ と界面移動速度 U から気泡内物質量の変化速度 $\mathrm{d}n/\mathrm{d}t$ を計算し、次の時刻 $t+\mathrm{d}t$ における気泡内物質量 $n(t+\mathrm{d}t)$ を求め、気泡径 $d_B(t+\mathrm{d}t)$ を計算する。これを $d_B=0$ になるまで繰り返すと溶解に伴う気泡径の時間変化を得ることができる。

　図1に画像解析により求めた水中を浮上する空気マイクロバブルの気泡径時間変化を示す。実験に使用された水は、あらかじめ真空ポンプによる脱気が行われたイオン交換水および大気圧下で空気と平衡に達したイオン交換水であり、真空脱気水では脱気時の圧力調整により初期溶存気体濃度の調整が行われた。図1より、脱気時の圧力が小さい、すなわち初期溶存気体濃度が低いほどマイクロバブル表面での物質移動推進力($C_s - C_i$)が大きく収縮が速いことがわかる。また、観察後半では収縮が加速される様子が見てとれる。これは気泡径減少に伴うラプラス圧 $4\sigma/d_B$ の増大により物質移動推進力が増大するためだと考えられる。

　図2には真空脱気水中を浮上する空気マイクロバブルの気泡径時間変化を示す。気泡内の酸素と窒素の水中への物質移動はそれぞれ独立に起こり加成性が成立するという仮定のもと、気泡径が計算された。図2から空気マイクロバブルの水中への溶解速度は酸素および窒素の物質移動速度の加算により表せることがわかる。また、図3には空気飽和水中を浮上する空気マイクロバブルの気泡径時間変化を示す。実測された収縮速度は予測よりも遅いことがわかり、マイクロバブルの溶解のように極めて高速にガス溶解が生じる場合、気泡周囲に形成される高溶存気体濃度場への気泡内ガスの物質移動は阻害される可能性があり、拡散係数を補正するなどの必要性が指摘されている。

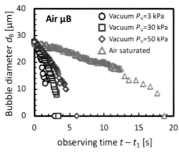

図1　真空脱気水および窒素飽和水中の空気マイクロバブルの溶解 [13]

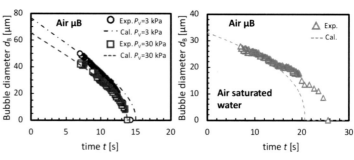

図2　真空脱気水中の空気マイクロバブルの溶解における計算値と実測値の比較 [13]

図3　空気飽和水中の空気マイクロバブルの溶解 [13]

3．マイクロバブルを利用した各種プロセスにおける物質移動の促進

　マイクロバブルは高いガス溶解性能を示すため水処理やバイオリアクターを始めとする各種プロセスにおいて広く利用されている。表 1 に、マイクロバブルによる物質移動促進の例を示す。

表1　マイクロバブルによる物質移動促進の研究例

Reference	発生装置	液相	結果
Bredwell and Worden (1998)	Spinning disk type	- 酵母エキス+液体培地+リン酸緩衝液 [CO bubble] - Tween20 aq. [O$_2$ bubble]	-合成ガス発酵におけるマイクロバブルの利用により $k_L a$ が増加 - 水への Tween20 添加により k_L が低下
Terasaka et al. (2011)	Spiral liquid flow type	- グルコース水溶液(モデル廃水)+活性汚泥 [Air bubble]	- 所要動力を抑え活性汚泥へ与えるダメージが少ない曝気装置を開発
Matthes et al. (2020)	SPG membrane	- グルコース水溶液＋BSA溶液	-従来の曝気方法と同じ $k_L a$ に達するのに 60%のガス削減が可能
Kawahara et al. (2009)	Sadatomi type	- 人工海水 (1 wt%, 3wt%) [Air bubble]	- 塩分濃度の増加に伴い $k_L a$ は増加し、k_L は減少

　Bredwell and Worden (1998)は、気相から液相への物質移動が律速となる合成ガス発酵プロセスへ直径 60 μm 程度のマイクロバブルを導入し、物質移動容量係数 $k_L a$ が直径 0.5-1mm 程度の従来サイズの場合の気泡に比べて格段に向上することを示した。また、著者等は添加する界面活性剤の濃度により k_L が最大で 75% 程度も低下することを見出した。界面活性剤による物質移動の阻害については 4 節にて最近の研究とともに述べる。

　表 1 には異なるマイクロバブル発生装置による例を示したがこの他にも多くの発生様式/装置があり、生成するマイクロバブルの気泡径分布や物質移動性能、所要動力も異なる。旋回液流式、ベンチュリ式、エゼクター式、加圧溶解式のマイクロバブル発生装置を用いた水道水中への空気マイクロバブル分散による $k_L a$ の比較が行われ、同程度の $k_L a$ を達成するのに必要な動力が小さかった旋回液流式マイクロバブル発生装置とドラフトチューブを組み合わせた新しい曝気システムが考案されている [14]。この曝気システムは好気性微生物を利用する排水処理システムに適用できる。マイクロバブルからの酸素の物質移動により溶存酸素濃度が大きく上昇した液体はドラフトチューブ内を上昇し反応槽(排水処理装置)へ供給され微生物へ効率良く酸素が供給される。その後、液体はドラフトチューブ側面のメッシュを介して旋回液流式マイクロバブル発生装置へと循環するため槽内微生物のマイクロバブル発生装置への巻き込みが発生せず、液の強い剪断力による微生物へのダメージを抑えることができる。

　また、生体触媒反応へのマイクロバブル応用も盛んに研究されている。通気撹拌槽内のウシ血清アルブミン(BSA)及びグルコース水溶液に SPG 膜を用いてマイクロバブルを曝気し酸素の $k_L a$ を測定した結果、open tube による曝気に比べて高い $k_L a$ が得られ、同一の $k_L a$ を達成するために

必要なガスが 60%ほども削減できることが報告されている [15]。また、物質移動速度の向上以外にも、生体触媒反応におけるマイクロバブルの利用は foam 形成や剪断力による酵素の活性低下を抑制するのに有効であると述べられている。

　さらに、マイクロバブルの利用は工業用途に限らず生物や植物の成長促進効果も期待される。海産物の成長促進にマイクロバブルを利用するには、マイクロバブル溶解速度に及ぼす塩分濃度の影響を明らかにする必要があり、人工海水を用いたザウター平均径、気相体積分率、気泡上昇速度、界面面積濃度、物質移動容量係数 $k_L a$、物質移動係数 k_L への塩分濃度の影響が報告されている [16]。塩分濃度が増加すると表面張力の低下や気泡合一の抑制により気泡径は減少し $k_L a$ が増加した。比表面積 a の影響を排除し物質移動のみに着目するため、k_L を比較すると、ガス空塔速度を一定としたとき水道水の k_L が最も高く、塩分濃度の増加に伴い k_L は減少した。このように、系中に存在する不純物による k_L の低下については同様の報告 [3,5] が複数存在し、溶解速度予測において不純物の影響を考慮することは重要である。気泡の上昇速度や気泡径の変化が物質移動に及ぼす影響ではなく、気泡表面への物質の吸着による物質移動阻害効果のみに注目して議論するには、気泡の運動の影響を排除するため静止気泡での議論が有効であると考えられる。この点については 4 節で議論する。

　以上紹介した以外にもマイクロバブルを用いた物質移動については数多くの報告があり、例えば Parmar et al. (2013)の review 論文 [1]等にも microbubble aided transport process として多数紹介されている。

４．界面被覆されたマイクロバブルの溶解速度
４．１　既存のモデル

　2.1 で述べたように、Epstein and Plesset (1950)は液相中の単一気泡に着目し、拡散方程式と適切に設定した境界条件から溶存気体濃度分布を得て気泡界面での濃度勾配を導出し、気泡から液相へのモル流束を表し、気泡内物質量の時間変化から気泡径の時間変化を表した。EP 理論では表面張力の効果と液相のガス飽和度の影響が考慮されており、マイクロバブルの溶解速度が良好に予測されたという報告 [10]がある。しかし、気泡界面に物質が吸着している場合の物質移動阻害効果は考慮されておらず、タンパク質、脂質、高分子、界面活性剤等で覆われたマイクロバブル [17]の溶解速度を正確に予測することはできないため、超音波造影剤や DDS のキャリアとしての利用を想定した界面被覆マイクロバブルの溶解速度予測モデルが新たに検討されている。**表 2** に代表的なマイクロバブル溶解速度のモデルを示す。これらの研究では気泡界面に吸着した物質を「シェル」と捉え、シェルによる物質移動抵抗の大きさを以下に述べる方法で見積もっている。

表2 マイクロバブル溶解のモデル　(Upadhyay and Dalvi (2019)の Table 6 より抜粋)

Reference	Model
Borden and Longo (2002)	$$\frac{dR}{dt} = \frac{H}{\frac{R}{D} + R_{shell}} \left[\frac{\left(1 + \frac{2\sigma}{PR}\right) - f}{1 + \frac{4\sigma}{3PR}} \right]$$
Sarkar et al. (2009)	$$\frac{dR}{dt} = -L_g \frac{1 - f + \frac{2\gamma}{RP_{atm}}}{\left(1 + \frac{4\gamma}{3RP_{atm}}\right)\left(\frac{1}{h_g} + \frac{R}{k_g}\right)}$$
Katiyar et al. (2009)	$$\frac{dR}{dt} = -\frac{3L_g k_g}{\left(\frac{k_g}{h_g}\right)} \left[\frac{P_{atm}(1-f) + \frac{2\gamma_0}{R} + \frac{2E^s}{R}\left\{\left(\frac{R}{R_0}\right)^2 - 1\right\}}{3P_{atm} + \frac{4\gamma_0}{R} + \frac{4E^s}{R}\left\{2\left(\frac{R}{R_0}\right)^2 - 1\right\}} \right]$$
Dalvi and Joshi (2015)	$$\frac{dR}{dt} = \frac{-3\left(L_A\{RR_0^2 P_{atm} + 2(\sigma_0 - E_s)R_0^2 + 2E^s R^2\} - BTRR_0 C_{AL,\infty}\right)}{\left(\Omega_n \exp\left(\frac{\pi r_p^2(\sigma_0' - \sigma)}{k_b T}\right) + \frac{R}{D_{AL}}\right)(8E_s R^2 + 3P_{atm}RR_0^2 + 4(\sigma_0 - E_s)R_0^2)}$$

　Borden and Longo (2002)は脂質により覆われたマイクロバブルに着目し、シェル抵抗を考慮した溶解速度予測式を提案し、シェル抵抗は脂質分子の炭素鎖長とともに増加することを明らかにした [18]。Sarkar et al. (2009)はシェル抵抗をシェル透過率の逆数($1/h_g$)とし、エネルギー障壁モデルを用いてシェル抵抗を計算した [19]。さらに Katiyar et al. (2009)は、シェルの弾性を考慮に入れ、マイクロバブル収縮中の表面張力変化を考慮した [20]。ただし、シェル抵抗は一定とされた。さらに Dalvi and Joshi (2015)は溶解収縮中のシェル抵抗の変化も考慮に入れたモデルを提案した [21]。シェルに関するパラメータは提案したモデルと既往の文献で示された実験データから決定され、気泡径時間変化の予測値は実測された溶解挙動をよく表した。しかし、表2のモデルではいずれもシェルに関するパラメータの値の決定が困難という問題が残っている。これらモデルの変遷は Upadhhyay and Dalvi (2019)による Review 論文によくまとめられている [22]。また、Kahn et al. (2020)はこれまで報告例がほぼなかったタンパク質のシェルによる物質移動阻害について報告している [23]。

４．２　物質移動阻害の例

　単一マイクロバブルの溶解において界面活性剤の影響を議論した例は少ない。浮上する気泡の溶解においては界面活性剤添加による物質移動係数の減少が報告されている [24]が、上昇気泡では液相の対流の影響のため吸着物質による拡散阻害効果のみを議論するのが難しい。そこで、静止流体中での単一マイクロバブル溶解に界面活性剤が及ぼす影響の一例として、マイクロ流路内の界面活性剤水溶液中に生成させたマイクロバブルの溶解挙動について紹介する [25]。

　マイクロ流路内の液相中にマイクロシリンジから酸素を注入し、生成した酸素気泡を観察用アクリルセル内に静止させマイクロスコープにより観察し画像解析により気泡径の経時変化を

測定した。液相には SDS、CTAB、Triton X-100、Tween80 の 4 種類の界面活性剤水溶液を使用し、あらかじめ真空脱気により溶存気体濃度を低下させてから実験に用いた。

　気泡径の時間変化を予測するため、EP 理論を適用した。ただし、予備検討や先に示した様々な文献から、気泡界面に吸着した界面活性剤が酸素の物質移動を阻害すると考えられるため界面における濃度勾配を補正することとし、式(9)のように界面における濃度を Henry 則による平衡濃度に補正係数 α を乗じた形として溶解の駆動力を表した。この α は既往の文献によるエネルギー障壁モデル [26)] を参考に式(10)のように定義した。

$$\Delta C = \alpha C_\mathrm{s} - C_\mathrm{i} \tag{9}$$

$$\alpha = \alpha_0 \exp\left(\frac{\pi r_\mathrm{p}^2 (\sigma_0' - \sigma)}{k_\mathrm{B} T}\right) \tag{10}$$

ここで、r_p は輸送される分子の半径、σ_0' は界面活性剤が存在しない場合の表面張力、k_B はボルツマン定数であり、α_0 は界面活性剤に依存する定数である。

　図 4 に SDS 水溶液中の酸素マイクロバブル溶解速度を示す。物質移動阻害効果を考慮しない EP 理論に比べて実測された溶解速度は遅く、界面濃度の補正を行うことで気泡径変化をよく表すことができた。初期気泡径や界面活性剤種類を変化させて同様の実験を繰り返し、界面活性剤ごとに実測結果との fitting により定数 α_0 を求めたところ、界面活性剤ごとに異なる値が得られた。α_0 の値は小さいほど界面での物質移動推進力が小さく溶解が遅い。図 5 に界面活性剤の分子量に対して α_0 をプロットした。この図 5 からは界面活性剤の分子量が大きいほど物質移動阻害効果が大きい傾向にあることがわかる。これはマイクロバブルを被覆するリン脂質の炭素

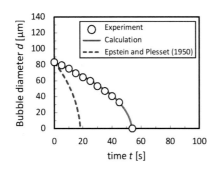

図 4 SDS 水溶液中の酸素マイクロバブ
ルの気泡径時間変化 [25)]

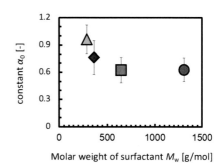

図 5 界面濃度補正定数 α_0 と
分子量の関係 [25)]

鎖長が長いほどシェル抵抗が大きく物質移動が阻害されるという既往の報告 [18)] と定性的には一致する。この定数 α_0 を界面活性剤に関するパラメータから推定可能になれば、任意の界面活性剤に対してマイクロバブル溶解速度の予測が可能になる。分子量以外にも HLB 値やラングミュアの吸着平衡定数による α_0 の整理が試みられている。HLB が大きい、すなわち親水性が高く気泡界面への吸着が弱いと物質移動阻害効果は減少傾向にあり、また吸着平衡定数が大きく気泡界面への吸着能が高いほど物質移動阻害効果は増大傾向にあった。以上の結果から界面活性

剤ごとに物質移動阻害効果が異なることがわかり、次は α_0 を決定する方法の確立が望まれる。また、界面活性剤濃度の影響についても詳細に検討する必要がある。

5．おわりに

　本章ではマイクロバブルの溶解に注目し、静止流体中での単一気泡溶解の基礎的事項を述べるとともに、流動場における単一マイクロバブルの溶解速度予測について紹介した。また、各種工業プロセスにおけるマイクロバブルによる物質移動促進の例を紹介した。さらに、界面被覆マイクロバブルの溶解速度予測モデルを概説するとともに、界面活性剤が吸着したマイクロバブルの溶解速度予測についての検討例を紹介した。

　これまで微細な気泡を厳密にサイズ制御して生成しその溶解挙動を正確に測定することは困難であったが、例えばマイクロ流体デバイスを利用し様々な液相中で微細気泡の生成から溶解挙動の計測までを迅速に行えるシステムの開発[27]など、気泡生成技術と計測技術双方の発展によりさらに微細な物質移動の挙動を捉えることが可能になると期待される。

　マイクロバブルの利用は種々の気液接触プロセスの強化を可能にし、既に紹介した以外にも、微細藻類からのバイオディーゼル製造プロセス[28]や 排煙脱硫プロセス[29]における利用など環境、エネルギー問題解決への貢献が期待され、界面における物質移動のより正確な予測・制御手法の確立が望まれる。

参考文献

1) Parmar, R., S. K. Majumder: "Microbubble Generation and Microbubble-aided Transport Process Intensification – A state-of-the-art Report," Chemical Engineering and Processing: Process Intensification, Vol. 64, pp. 79-97 (2013)

2) Zimmerman, W. B., B. N. Hewakandamby, V. Tesař, H. C. H. Bandulasena, O. A. Omotowa: "On the Design and Simulation of an Airlift Loop Bioreactor with Microbubble Generation by Fluidic Oscillation," Food and Bioproducts Processing, Vol. 87, No. 3, pp. 215-227 (2009)

3) Bredwell, M. D., R. M. Worden: "Mass-Transfer Properties of Microbubbles. 1. Experimental Studies," Biotechnology Progress, Vol. 14, pp. 31-38 (1998)

4) Takemura, F., A. Yabe: "Gas Dissolution Process of Spherical Rising Gas Bubbles," Chemical Engineering Science, Vol. 53, No. 15, pp. 2691-2699 (1998)

5) Vasconcelos, J. M., S. P. Orvalho, S. S. Alves: "Gas-liquid Mass Transfer to Single Bubbles: Effect of Surface Contamination," AIChE Journal, Vol. 48, No. 6, pp. 1145-1154 (2002)

6) Hosoda, S. S. Abe, A. Tomiyama: "Mass Transfer from a Bubble in a Vertical Pipe," International Journal of Head and Mass Transfer, Vol. 69, pp. 215-222 (2014)

7) Saito, T., M. Toriu: "Effects of a Bubble and the Surrounding Liquid Motions on the Instantaneous Mass Transfer across the Gas-liquid Interface," Chemical Engineering Journal, Vol. 265, pp. 164-175 (2015)

8) Kück, U. D., M. Schlüter, N. Räbiger: "Local Measurement of Mass Transfer Rate of a Single Bubble with and without a Chemical Reaction," Journal of Chemical Engineering of Japan, Vol. 45, No. 9, pp.

708-712 (2012)

9) Epstein, P. S., M. S. Plesset: "On the Stability of Gas Bubbles in Liquid-Gas Solutions," The Journal of Chemical Physics, Vol. 18, No. 11, pp. 1505-1509 (1950)

10) Duncan, P. B., D. Nedham: "Test of the Epstein-Plesset Model for Gas Microparticle Dissolution in Aqueous Media: Effect of Surface Tension and Gas Undersaturation in Solution," Langmuir, Vol. 20, No. 7, pp. 2567-2578 (2004)

11) Liebermann, L.: "Air Bubbles in Water," Journal of Applied Physics, Vol. 28, No. 2, pp. 205-211 (1957)

12) Kentish, S., J. Lee, M. Davidson, M. Ashokkumar: "The Dissolution of a Stationary Spherical Bubble beneath a Flat Plate," Chemical Engineering Science, Vol. 61, pp. 7697-7705 (2006)

13) 岩切扶樹, 寺坂宏一, 藤岡沙都子, SCHÜTER Michael, KASTENS Sven, 田中俊也: "水中を収縮しつつ浮上する単一マイクロバブルからの物質移動," 混相流, 30 巻, 5 号, pp.529-535 (2019)

14) Terasaka, K., A. Hirabayashi, T. Nishino, S. Fujioka, D. Kobayashi: "Development of Microbubble Aerator for Waste Water Treatment Using Aerobic Activated Sludge," Chemical Engineering Science, Vol. 66, pp. 3172-3179 (2011)

15) Matthes, S., B. Thomas, D. Ohde, M. Hoffmann, P. Bubenheim, A. Liese, S. Tanaka, K. Terasaka, M. Schlüter: "Hydrodynamic and Mass Transfer Correlation in a Microbubble Aerated Stirred Tank," Journal of Chemical Engineering of Japan, Vol.. 53, No. 10, pp. 577-584 (2020)

16) Kawahara, A., M. Sadatomi, F. Matsuyama, H. Matsuura, M. Tominaga, M. Noguchi: "Prediction of Micro-bubble Dissolution Characteristics in Water and Seawater," Experimental Thermal and Fluid Science, Vol. 33, pp. 883-894 (2009)

17) Sirsi, S. R., M. A. Borden: "Microbubble Compositions, Properties and Biomedical Applications (Review)," Bubble Science, Engineering and Technology, Vol. 1, No. 1-2, pp. 3-17 (2009)

18) Borden, M. A., M. Longo: "Dissolution Behavior of Lipid Monolayer-Coated, Air-Filled Microbubbles: Effect of Lipid Hydrophobic Chain Length," Langmuir, Vol. 18, No. 24, pp. 9225-9233 (2002)

19) Sarkar, K., A. Katiyar, P. Jain: "Growth and Dissolution of an Encapsulated Contrast Microbubble: Effects of Encapsulation Permeability," Ultrasound in Medicine and Biology, Vol. 35, No. 8, pp. 1385-1396 (2009)

20) Katiyar, A., K. Sarkar, P. Jain: "Effects of Encapsulation Elasticity on the Stability of an Encapsulated Microbubble," Journal of Colloid and Interface Science, Vol. 336, No. 2, pp. 519-525 (2009)

21) Dalvi, S. V., J. R. Joshi: "Modeling of Microbubble Dissolution in Aqueous Medium," Journal of Colloid Interface Science, Vol. 437, pp. 259-269 (2015)

22) Upadhyay, A., S. V. Dalvi: "Microbubble Formulations: Synthesis, Stability, Modeling and Biomedical Applications," Ultrasound in Medicine and Biology, Vol. 45, No. 2, pp. 301-343 (2019)

23) Kahn, A. H., S. V. Dalvi: "Kinetics of Albumin Microbubble Dissolution in Aqueous Media," Soft Matter, Vol. 16, no. 8, pp. 2149-2163 (2020)

24) Rosso, D., D. L. Huo, M. K. Stenstrom: "Effects of Interfacial Surfactant Contamination on Bubble Gas Transfer," Chemical Engineering Science, Vol. 61, No. 16, pp. 5500-5514 (2006)

25) Fujioka, S., K. Mizuno, K. Terasaka: "Dissolution and Shrinking of a Single Microbubble in Stationary Liquid with Surfactants," Chemie Ingenieur Technik, Vol. 93, No. 1-2, pp. 216-222 (2021)

26) Kwan, J. J., M. A. Borden: "Lipid Monolayer Collapse and Microbubble Stability," Advances in Colloid and Interface Science, Vol. 183-184, Vol. 15, pp. 82-99 (2012)

27) Abolhasani, M., M. Singh, E. Kumacheva, A. Günther: "Automated Microfluidic Platform for Studies of Carbon Dioxide Dissolution and Solubility in Physical Solvents," Lab on a Chip, Vol. 12, No. 9, pp. 1611-1618 (2012)

28) Yadav, G., L. A. Fabiano, L. Soh, J. Zimmerman, R. Sen, W. D. Seider: "CO_2 Process Intensification of Algae Oil Extraction to Biodiesel," AIChE Journal, Vo. 67, e16992 (2021)

29) Zeng, W., C. Jia, H. Luo, G. Yang, G. Yang, Z. Zhang: "Microbubble-Dominated Mass Transfer Intensification in the Process of Ammonia-Based Flue Gas Desulfurization," Industrial & Engineering Chemistry Research, Vol. 59, No. 44, pp. 19781-19792 (2020)

第10章　ファインバブルの燃料への応用

中武　靖仁

（久留米高専）

1．はじめに

　SDGs の目標 13「気候変動に具体的対策を」に対して、温室効果ガスおよび大気汚染物質の排出低減の観点から、内燃機関の燃料消費率（燃費）、および NOx など有害排出ガスの低減が大きな課題となっている。政府は 2050 年目標のカーボンニュートラルに向けた段階的な方策として、2030 年度には温室効果ガスを 2013 年度から 46%削減する目標を掲げた[1]。輸送機器の動力源として多く利用されているディーゼル機関やガスタービン機関の液体燃料に対して、ファインバブル（FB）添加の応用は、温室効果ガス排出低減の一助になり得る。

　著者らはこれまでに、FB を液体燃料である軽油や重油に混入し、ディーゼル機関や小型ガスタービン機関を用いて、燃費（排気される二酸化炭素の量）と有害排出ガス（NOx、すすなど）の低減効果やそのメカニズムについて研究を行ってきた[2-5]。

　本技術は、現在使用されている液体燃料燃焼機器へレトロフィットすることで、省エネルギー化を図れるのみならず、将来の脱炭素エネルギーとして期待されている液体アンモニア燃焼へ応用することで、燃料のハイブリッド化や燃焼効率の更なる向上も期待でき、次世代液体燃焼技術に必要不可欠な省エネルギーとサステナブルエネルギー技術として位置づけられる。

　ここでは、FB の軽油や重油燃料への応用、ならびに高温、高粘度、高圧な C 重油燃料への応用として、過酷条件下での燃料への FB の混入方法、インライン・リアルタイム計測、FB 流動解析、そして実機関を用いた評価について概説する。

2．燃料の種類と特性

　これまでの FB の混入対象は主に水や海水であり、燃料に混入した例はほとんどない。燃料として身近なものにガソリンがあるが、ガソリンは揮発性が高く、燃料と空気が速やかに混合し燃焼する予混合燃焼に属するため、当初から本研究の対象とされていない。著者らは、これまでに内燃機関用の燃料で、燃焼室内に液体燃料を噴霧させる燃焼方式であり、拡散燃焼の形態である、軽油や重油に対して FB を混入し、燃費と有害排出ガスの低減について研究を行ってきた。**表 1**に当研究室で実験に使用してきた軽油や重油の主な物性値を水との比較とともに示す。燃料の密度は水よりも少し小さく、動粘度は数倍から数百倍程大きいことがわかる。

　燃料は、炭素と水素からなる炭化水素が主成分であるが、若干の硫黄分および微量の無機化合物などが含まれている。軽油は、トラック、バス等の自動車用ディーゼルエンジン（DE）用燃料として、その他、発電、農業・建設機械の DE 用燃料、さらにボイラー等の加熱用燃料としても使用されている。重油は動粘度により A 重油、B 重油、C 重油の 3 種類に大別される。用途としては、A 重油が中小工場のボイラー用、ビル暖房用、小型船舶用 DE 用、ビニールハウス暖房用燃料として使用されている。B 重油は、近年需要は激減しており、C 重油は電力、化学、紙パルプ工業等のボイラー用、大型船舶用 DE 用燃料として使用されている。なお、**表 1**中の LSA 重

油の LS とは Low Sulfur のことで、硫黄分を 0.5% 以下に調整された A 重油で、近年は A 重油と言えば、ほぼ LSA 重油のことである。

表1　燃料物性の比較

	水	軽油	LSA 重油	C 重油
密度(15℃) g/cm^3	0.9991	0.8232	0.8532	0.9618
動粘度(50℃) mm^2/s{cSt}	0.554	3.050 (30℃)	1.921	90.1

3．ファインバブルの燃料への混入と計測
3．1　ファインバブル混入装置

　通常、ディーゼル機関等の燃焼機器中は、燃料中の添加物やゴミなどの固形異物を除去するためにメッシュサイズが 5μm 程度の燃料フィルターが設置されている。研究当初は、燃料フィルター前での FB 混入を検討していたため、フィルターを通過するウルトラファインバブル(UFB)を混入した実験を行っていた。しかし、費用対効果の観点から、近年では、燃料フィルターから機関へ向かう燃料管内で、よりサイズの大きな FB を混入させる方法を採用している。

　図1にディーゼル機関の既存の燃料ラインへ後付けされた、燃料への FB 混入装置の概略を示す。図1上側の既存の燃料ラインから、下側のバイパスラインへ導かれた燃料は、混入装置内の循環ポンプにより加圧され、ポンプ吸入側（加圧溶解式）と吐出側の FB 混入器（ノズルタイプ、せん断式）の 2 ヶ所で空気が混入される。混入空気は燃料ラインが大気圧の場合は大気中より、

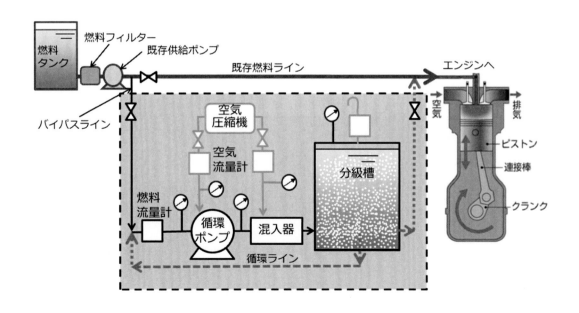

図1　ファインバブル混入装置の概略

燃料ラインが加圧ラインの場合は、コンプレッサーより供給される。

　混入器後流の分級槽は、既存燃料ラインの圧力に戻す役目と、機関が不具合を起こす比較的大きい気泡（＞100 µm）を浮上分離する役目がある。FB が混入された燃料は、分級槽を経て混入装置を循環し気泡量を増加させるラインとエンジン燃料ラインへ向かう 2 系統に分けられる。FB 混入装置は、機関サイズに関わらず基本的な構造は同じである。

　また、表 2 にこれまでに本研究で使用した燃料と実験装置の種類、および混入条件を示している。燃料消費量に相当する機関出力は、最大出力が 11 kW の小型 DE から最大出力 7460 kW の大型 DE まで 700 倍程度、燃料温度は常温から 150℃まで、燃料圧力は大気圧から 1MPa まで、幅広い FB 混入条件となる。

　なお、混入装置内の循環ポンプは小型機関（出力 11 kW）で 20 W、大型機関（出力 7460 kW）で 7.5 kW と 0.2％以下の消費電力である。

表 2　ファインバブル燃料と混入条件

	JIS 2 号軽油		LSA 重油		C 重油
機関 （定格出力/ 回転数）	小型 DE[*1] （11.0 kW/ 2400 rpm）	小型 GT[*2] （45 kW/ 40000 rpm）	小型 DE （11.8 kW/ 2200 rpm）	大型 DE （7460 kW/ 117 rpm）	ベンチ DE （257 kW/ 420 rpm）
燃料温度	常温	常温	常温	常温	～150℃
燃料圧力	大気圧	大気圧	大気圧	0.7 MPa	大気圧
燃料消費量	～ 0.06 L/min.	～ 1.0 L/min.	～ 0.06 L/min.	～ 30 L/min.	～ 1.0 L/min.

＊1　DE：ディーゼルエンジン

＊2　GT：ガスタービンエンジン

３．２ インライン気泡計測

　FB を燃料に応用する際、燃焼機器に向かう燃料管内でどのような気泡特性（サイズ、分布、およびボイド率）であるかが重要となる。そこで、燃料管内でのインライン・リアルタイム計測が必要となる。実験に用いた大型 DE（表 2 中）の燃料管は 2 インチであり、小型 DE（表 2 中）の燃料管の内径 φ 4mm と比較して大きく、気泡計測用プローブ（それぞれ外径 φ 12 mm と φ 25 mm）の影響も小さいことから、2 種類の気泡計測装置を燃料管内に設置して、インライン気泡計測を行った。

　図 2(a)にインライン気泡計測装置の 1 つ目として、 SOPAT（Smart Online Particle Analysis Technology）社製、プローブ式画像解析粒子径・形状分析装置、SOPAT-VI-Ma による気泡計測結果の一例を示す。測定範囲は 1.5～280 µm であり、横軸が 0～200 µm の気泡径、縦軸が発生頻度である。撮影枚数は気泡濃度に依存するが、今回は 1 秒おきに画像 50 枚を撮影し、その画像を

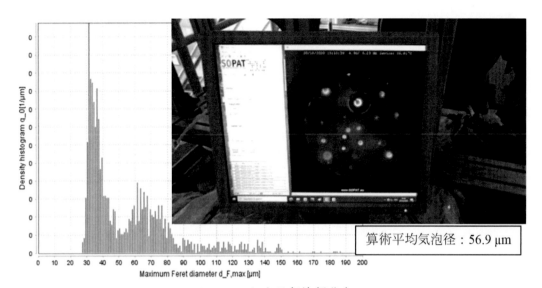

(a) SOPAT による気泡径分布

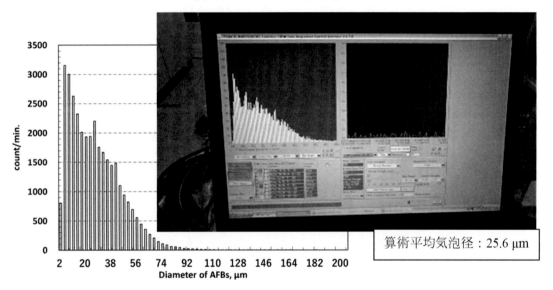

(b) FBRM による気泡径分布

図2　ファインバブル計測結果の一例

30分程かけて画像解析したところ、1,879個の気泡が検出され、算術平均気泡径は56.9 μmであった。SOPAT は実画像をカメラで撮影し、その後、画像解析により微粒子を計測するため、気泡とタール分等固形の微粒子との区別が可能となる。そのため、気泡計測において信頼性が高いと考えられるが、画像解析処理に時間を要するため、リアルタイム計測はできない欠点がある。

　図2(b)にインライン気泡計測装置の2つ目として、リアルタイム計測が可能なメトラー・トレド社製、ParticleTrack D600X による気泡計測結果の一例を示す。ParticleTrack は FBRM（Focus

Beam Reflectance Measurement：収束ビーム反射測定法）技術を使用して粒度を測定するインライン粒度分析装置である。レーザービームを照射し、粒子から戻る後方散乱光を計測するため、リアルタイム計測が可能な装置である。測定範囲は、1.0〜1000 µm である。FBRM による測定では1分間に 33,960 個の微粒子が検出された。算術平均気泡径は 25.6 µm で SOPAT と比較して、約45%小さい。理由として、FBRM の検出方法であるレーザー式は、レーザーが気泡を含む微粒子を横切る長さを反射光として計測するため、燃料中に混在するタール分など数ミクロン程度の微粒子も計測されるためである。また、レーザーが気泡の中心を通過すると真の気泡径になるが、レーザーが中心から外れた端を通過するほど、より小さい径を算出するためである。

３．３ 気泡径分布に及ぼす混入空気量の影響

　気泡径に及ぼす FB 混入装置の操作条件（燃料流量・圧力、空気流量・圧力）の影響について実験的に検討した。実験は小型 DE 用の FB 混入装置を用い、気泡径分布の計測点は、分級槽内の燃料入り口から 10 mm の位置とした。燃料には LSA 重油を使用した。FB 混入装置のポンプ流量を 870 mL/min 一定とし、混入装置への空気混入量 Q_a = 35 mL/min、140 mL/min の 2 条件において計測を行った。それぞれの計測は燃料中の溶存空気量を飽和させてから開始し、サンプリング周波数 2.5 Hz で 50 枚の画像を取得した。

　図 3 に LSA 重油中の微細気泡の画像および気泡径分布を示す。(a) Q_a = 35 mL/min の場合は、N = 1752 個の気泡を計測し、平均気泡径 d_m が 29.8 µm であった。一方、(b)Q_a = 140 mL/min の場

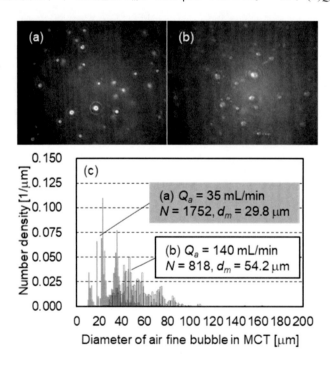

図 3　LSA 重油中の気泡画像と混入空気量の差異による気泡径分布:
(a)　Q_a = 35 mL/min; (b) Q_a = 140 mL/min ; (c)気泡径分布

合は、$N = 818$ 個の気泡を計測し、平均気泡径 d_m が 54.2 μm であった。つまり、空気混入量が 4 倍になると、気泡数がほぼ半減し、平均気泡径が約 2 倍となっている。また、気泡数と平均気泡径から推測される燃料のボイド率（燃料と気泡の総体積のうち気泡の体積が占める割合）は約 6 倍である。この結果より、本装置は空気混入量を変化させることにより、燃料中の気泡数、気泡径およびボイド率の制御が可能であると言える。

４．分級槽内のファインバブル流動解析
４．１　ファインバブル流動解析モデル

小型機関から大型機関までの燃料中の FB 分布、ならびに分級槽の形状や燃料入出孔の位置や大きさが、FB の分級に及ぼす影響を考察するために、分級槽（W180×D100×H140 mm）内の FB の流動解析を行った。図 4 に解析モデルを示す。解析には SolidWorks の Flow Simulation を使用した。ベースとしたモデルは、オンラインチュートリアルの「オイルキャッチカン」である。オイルキャッチカンとは筒内に空気と共に噴射された油滴の挙動を解析するものである。このモデルの空気を燃料へ、油滴を FB へ物性変更してモデル化した。

流入条件として、混合分級槽の正面右側の孔から FB 混入器を通過した FB 燃料が流入する。燃料と共に導入孔から 0.1～1000 μm の気泡を混入させた。

流出条件として、右側面からエンジンへ、正面左側の導出孔から循環ポンプへとつながっている。ベンチ DE の燃料消費量が最大で 1 L/min に対して、FB 混入器を通過する燃料流量は 2 L/min である。

また、実際の混合分級槽の上部は燃料と空気の自由界面であるが、解析モデルでは、自由界面が設定不可能であったため、上壁は吸収壁条件とし、その他の側壁および下壁は理想反射条件とした。

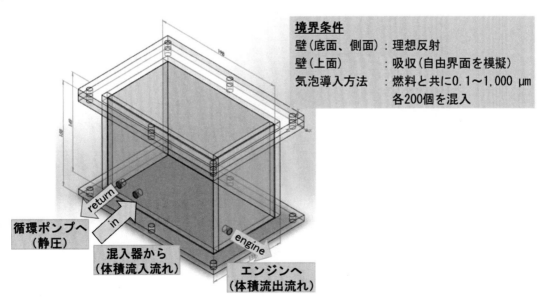

図 4　分級槽内のファインバブル流動解析モデルと境界条件

４．２　解析結果および考察

図5(a)に気泡径 10 μm の気泡流動軌跡を示している。10 μm 程の気泡は、燃料の流線に沿って流動していくことが分かる。

図5(b)に各気泡径による気泡の経路を示す。横軸は気泡径、縦軸は分級槽内の気泡割合である。1 番下側の領域は、FB 混入器から発生した気泡がエンジンへ導かれた割合を示す。下から 2 番目の領域は、分級槽正面左側の循環ポンプに戻った気泡の割合、下から 3 番目の領域は上側の壁に吸収された、すなわち実際は浮上分離した気泡割合、そして、1 番上側の領域は、分級槽内を循環している気泡である。

気泡径 20 μm 程度以下の気泡は、燃料の流れに追従し、流線に沿って、約 35% がエンジンへ導入され、約 30% が分級槽正面左側の導出孔から循環ポンプへ戻り、約 10% が上壁へ浮上分離し、残りの約 25% が分級槽内を浮遊していることが分かる．また、100 μm 以上の気泡は、ほぼ浮上分離し、燃料管へは導かれないことが分かる。

本解析によって、分級槽の構造が燃料管内の気泡特性に及ぼす影響やスケールアップする際の分級槽設計の一助になる。

５．ファインバブル燃料の評価
５．１　実験装置および実験方法

図6 に小型高速ディーゼル機関実験装置の全体写真を示す。供試機関には単気筒の 4 ストローク高速ディーゼル機関を用いた。燃料は機関に搭載された機械式噴射ポンプによって加圧され、噴射弁の開弁圧 19.6 MPa で噴射される。動力計には最大吸収動力 110 kW、最高回転数 7000 rpm の水動力計を用いた。燃料消費量はコントロール燃料タンクと分級槽を載せた電子天秤の重

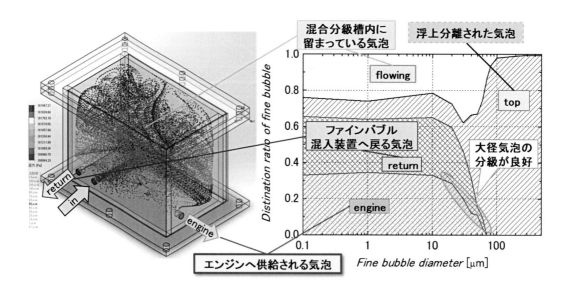

(a) 10 μm の気泡流動軌跡　　　　　(b) 各気泡径による気泡の経路

図 5　分級槽内のファインバブル流動解析結果の一例

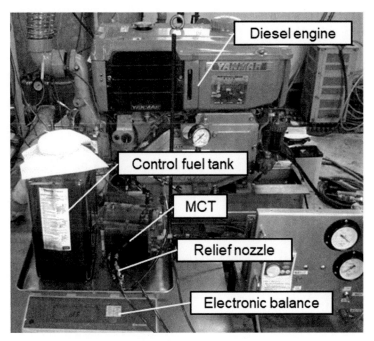

図6　小型高速ディーゼル機関の外観写真

量計測によって算出した。排気管に取り付けたNO_x計により排気ガス中のNO_x濃度を計測した。各計測項目の正味換算には動力計ソフトウェアを用いた。また、燃焼解析にはエンジン燃焼圧解析パッケージを使用した。

　供試機関のトルクが最大となる 2000 rpm において、LSA 重油コントロール燃料（CF）と LSA 重油に空気の FB を混入した燃料（AFBA）の部分負荷試験を行った。計測条件は、負荷荷重 140

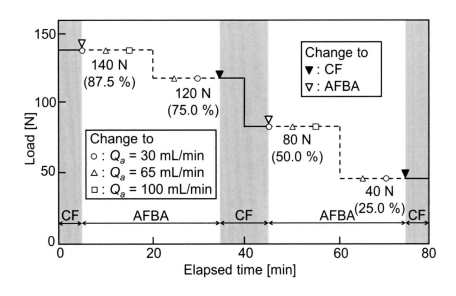

図7　小型高速ディーゼル機関性能実験のタイムテーブル

N（負荷率 87.5%）、120 N（負荷率 75%）、80 N（負荷率 50%）、40 N（負荷率 25%）において、それぞれ CF と空気混入量 Q_a = 30、65、100 mL/min の AFBA の 4 条件とした。

　FB の混入には、気泡径分布計測と同様の加圧溶解式の微細気泡混入装置を用いた。実験中は微細気泡混入装置のポンプ流量を 870 mL/min 一定とし、連続的に微細気泡を燃料に混入させた。

　図 7 に機関性能実験のタイムテーブルを示す。図 7 に示すように、機関性能実験は、機関を運転した状態で CF と AFBA を切り替えながら計測を行った。計測時間は 2 分半とし、各計測の前には燃料が完全に切り替わり、機関が安定するまで 2 分半の間隔を設けた。なお、潤滑油温度の差異による性能の変化を防ぐため、計測開始前には十分な暖機を行った。

５．２　実験結果および考察

　図 8 に FB 混入が燃費と NO_x 排出量に与える影響を示す。すべての条件において、AFBA による燃費および NO_x 排出量の低減効果が確認された。その低減効果は微細気泡混入装置の空気混入量 Q_a の増加に伴って大きくなり、Q_a = 100 mL/min において燃費が最大で 6.1%、負荷平均で 2.0%、NO_x 排出量が最大で 19.6%、負荷平均で 10.5% 低減された。供試機関の燃料噴射圧力は 19.6 MPa であるため、燃料噴射ポンプ下流の加圧された燃料中の気泡はすべて溶解していると

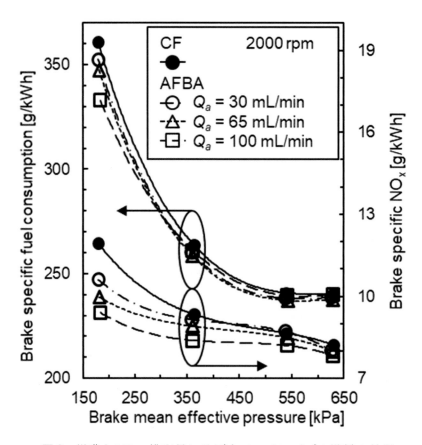

図 8　燃費と NOx 排出量に及ぼすファインバブル燃料の効果

考えられる。つまり、燃料噴射ポンプ上流の燃料中の気泡数や気泡径が燃費および NO_x 排出量の低減効果に与える影響は小さく、空気混入量 Q_a の増加による燃料のボイド率の増大に伴って低減効果が大きくなったと考えられる。また、すべての条件において、高負荷条件に比べて、低負荷条件の方が燃費および NO_x 排出量の低減効果が大きくなっている。これは、機関性能が低下する低負荷条件の方が、高負荷条件よりも性能改善の余地があったためであると考えられる。

図 9 に燃費および NO_x 排出量の低減効果が最も高かった負荷率 25%における各条件での筒内圧力と熱発生率を示す。AFBA により着火に遅れが生じ、筒内圧力の最大値が減少した。その傾向は空気混入量 Q_a の増加に伴って強くなり、$Q_a = 100$ mL/min においては着火が約 2.5°遅角（図9 参照：エンジンの回転に対する遅れ角）し、筒内圧力の最大値が 4.7%低下した。また、AFBA により熱発生率の最大値が大きくなり、その最大値位置は遅角した。

着火遅れについては、ボイド率の増大によって燃料の噴射圧力が微細気泡の圧縮に消費される割合が増加し、燃料の噴射時期が遅れたことが理由であると考えられる。すなわち、燃料の着火性の低下ではなく、着火遅れ期間が全体的に後退したことが着火遅れを引き起こしたと推測

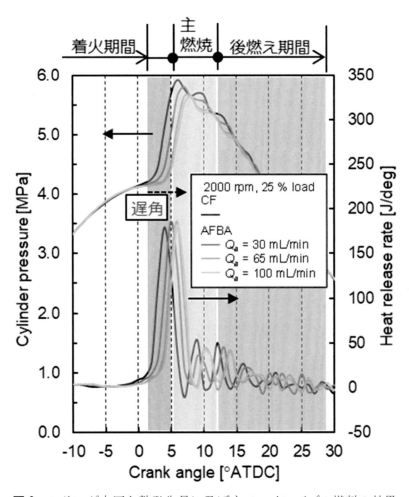

図 9　シリンダ内圧と熱発生量に及ぼすファインバブル燃料の効果

される。また、筒内圧力の最大値の低下については、着火遅れと燃料噴射量の減少が理由として考えられる。着火が遅れると筒内体積が増大したところで予混合的燃焼が行われるため、筒内圧力の最大値は低下する。燃料噴射量が変化せずに噴射時期が遅れると、後燃え期間（**図9**参照：燃焼の終盤）が長期化するが、後燃え期間に変化はみられない。そのため、ボイド率の増加によって燃料噴射量が減少したと考えられる。一方で、熱発生率の最大値が増加したのは、予混合的燃焼による圧力上昇率が向上したためであり、熱発生率の最大値位置の遅角は着火遅れによるものであると考えられる。

　上記のことから、AFBA による予混合的燃焼の促進によって CF より少ない燃料噴射量で同等の出力が得られるため、燃費が低減したと考えられる。また、AFBA による着火遅れと燃料噴射量の減少によって燃焼温度が低下したため、NO_x 排出量が低減したと考えられる。なお、燃料の噴射時期を AFBA に最適化すると、燃焼温度の上昇による NO_x 排出量の増加が懸念されるが、筒内圧力の上昇による更なる燃費の低減が期待できる。

6．おわりに

　FB を燃料に応用する場合、燃料の密度、粘度、温度、圧力、流量と様々な条件下での混入となる。また、FB 燃料を燃焼機器に用いる場合、燃料管内での気泡径分布を把握するためにインライン計測が必要となる。さらに、燃料管内で気泡の分離や合泡が起こらないように安定して輸送させる必要がある。最終的には、燃焼機器にどのような作用や影響を及ぼすかが重要となる。

参考文献

1) 環境省、令和3年版環境白書
2) 中武靖仁、渡邉孝司、江口俊彦、エジェクタ式マイクロバブル混入燃料によるディーゼル機関の燃焼改善、日本機械学会論文集（B編）、73 (2007) 2368-2374
3) Y. Nakatake, S. Kisu, K. Shigyo, T. Eguchi, T. Watanebe, Effect of nano air-bubbles mixed into gas oil on common-rail diesel engine, Energy, 59 (2013) 233-239.
4) Y. Nakatake, H. Yamashita, H. Tanaka, H. Goto, T. Suzuki, Reduction of fuel consumption of a small-scale gas turbine engine with fine bubble fuel, Energy, 194 (2020) 116822.
5) 山下裕史、工藤達司、中武靖仁、田中大、川原秀夫、寺坂宏一、河原寛、後藤英親、空気微細気泡A重油による高速ディーゼル機関の燃費とNOx低減、日本マリンエンジニアリング学会誌、56 (2021) 646-652

第11章　ファインバブルの超音波診断・治療への応用

鈴木　亮

（帝京大学）

1．はじめに

　「気体を人間の血液中に投与する。」この行為は、血液凝固によりヒトを死に至らしめるため、タブーとされてきた。実際に大量の気体を投与することは危険な行為であるが、少量の気体であればその限りではない。それどころか、気体を微小化したファインバブルを生体に少量投与することで、超音波診断における画像診断のエンハンサーとして機能することが発見された。現在、この発見が元となり、超音波造影剤としてファインバブルが医療応用されている。一般に超音波造影剤として利用されているファインバブルは、超音波診断装置で汎用されている超音波周波数 3〜15 MHz で共振し反射波を発信することが必要であるため、数μm の気泡サイズに設計されている。このようなマイクロオーダーサイズの気泡である超音波造影剤は、医療分野で古くからマイクロバブルと呼称されており、ファインバブルと呼ばれることは少ない。

　現在、世界中で様々な種類のマイクロバブルが超音波造影剤として利用されている。また最近では、このマイクロバブルへの超音波照射により生じるマイクロバブルの振動や圧壊などの機械的作用を利用した薬物デリバリーなど、マイクロバブルの治療への応用研究が進められている。このようにマイクロバブルは、超音波診断および治療への応用が期待される新たな医療用ツールである。そこで本稿では、医療分野におけるファインバブルの応用や今後の展望について考えてみたい。

2．超音波造影剤の誕生

　1940 年代から診断用超音波やその画像診断における解析方法の研究が急速に発展し、超音波診断が脚光を浴びようになった。この超音波診断は、最初に循環器領域において利用されていた。しかし、初期の装置では血流情報を得るためのドプラ効果を利用した撮像が発達しておらず、血流異常を診断することが困難であった。このような状況において、肝臓機能診断薬のインドシアニングリーンを心血管腔内に注入すると、超音波造影において心腔内に雲のようなエコーが確認できることが見出された。これが元となり、インドシアニングリーンが種々の心疾患診断に利用されるようになった。しかし、この雲状のエコーは、時に線状に観察され、時に全く造影されないなど再現性が悪く、心疾患の診断方法として不安定要素を含んでいた。そもそも、雲状や線状のエコーがなぜ確認されるのかが明らかとなっておらず、経験的な現象論のみで心疾患の診断が行われる時期があった。

　その後の検討により、雲状や線状のエコーシグナルの増強は、インドシアニングリーン注射剤中に混入した気泡によるものであることが明らかとなった。実際、インドシアニングリーン注射剤の調製時にシリンジ内の気泡を丁寧に除去した場合は、エコーシグナルが認められなかった。一方、インドシアニングリーン注射剤中に微小気泡が残った状態で静脈内に投与した場合にはエコーシグナルが得られた。これがきっかけとなり、血液中に気泡が絶対に生体に入らないよう

にしていたこれまでのスタンスから、若干の微小気泡であればヒトへの健康被害はないことが認識されるようになった。そして、エコー源となる微小気泡を注射剤の中に意図的に混入させた自家製の超音波造影剤が用いられるようになった。

　マイクロバブルによる超音波造影効果を安定して得るため、これまでの経験を基に自家製マイクロバブル調製方法の試行錯誤が続けられた。そして、簡単にマイクロバブルを調製する方法の１つとして用手撹拌法が利用されるようになった。この方法では、生理食塩水などの投与する溶液または空気を入れた注射筒を三方活栓で連結し、両注射筒を交互に押すことで溶液と空気を撹拌して溶液中にマイクロバブルを調製する。当初はこのような方法を利用して各施設内で調製したマイクロバブルが超音波造影に利用されていた。しかし、この方法で調製されるマイクロバブルは不安定で、末梢静脈から投与すると右心系のみの超音波造影像しか得ることができなかった。一般に静脈内に投与されたマイクロバブルは、静脈血を介して心臓に流入し、右心室から肺循環して心臓に戻り、左心系として心臓から動脈を介して全身循環に移行する。そのため、不安定なマイクロバブルは、静脈内投与後の静脈血から肺循環の間に崩壊してしまい、動脈を介して全身循環する時には、すでに気泡が消失していることが明らかとなった。また、マイクロバブル調製の手間や調製手技のばらつきが大きいなどの課題も浮上した。この問題を解決すべく、製薬会社やベンチャー企業などが超音波造影剤であるマイクロバブルの開発に着手し、何種類かのマイクロバブル製剤が開発され、臨床応用されている（**表1**）。

表1 代表的なマイクロバブル製剤

商品名	第1世代		第2世代			
	Albunex®	Levovist®	SonoVue®/Lumason®	Definity®	Optison®	Sonazoid®
内包気体	空気	空気	SF_6	C_3F_8	C_3F_8	C_4F_{10}
外殻成分	変性アルブミン	パルミチン酸	リン脂質	リン脂質	変性アルブミン	リン脂質
平均粒子径[μm]	4.3	2-4	2.5	1.1-3.3	3.0-4.5	2.6
製剤の形態	懸濁液	凍結乾燥	凍結乾燥	用時調製	懸濁液	凍結乾燥

2．マイクロバブルの種類と性質

　超音波造影剤として利用されているマイクロバブルは、内部に気体が存在し、その気体を安定化する目的で、気体の周囲が脂質や界面活性剤などの外殻成分で覆われたような基本構造をもっている(**図1**)。実際に開発されたマイクロバブルでは、マイクロバブル毎に内部の気体として使用されるガスや外殻の構成成分が異なっている。この違いが、マイクロバブルの安定性や超音波造影剤としての特性に反映される。

　第1世代のマイクロバブル製剤は、超音波造影におけ

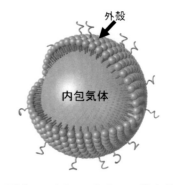

図1 マイクロバブルの基本構造

るエコー源として空気が利用されており、内包する空気を安定化するために変性アルブミン（Albunex®）やパルミチン酸（Levovist®）が外殻成分として使用されている。これらマイクロバブルは前述した自家製気泡より安定化されているものの、静脈内に投与された Albunex® は左心室までしか造影できず、全身の造影が困難であった。一方、Levovist® は、全身循環での造影が可能になったものの、照射した超音波により容易に破壊されてしまうため、造影効果が弱く、ドプラ効果を増強するだけの利用にとどまった。このように空気を内包したマイクロバブルは、外殻を付与しても安定性に乏しく、満足のいく超音波造影剤でないことが明らかとなった。そこで、安定性に優れた超音波造影剤として第2世代のマイクロバブル製剤の開発が進められた。

　第2世代のマイクロバブル製剤には、内包ガスとして水に難溶性（疎水性）で、生体に不活性である Sulfur hexafluoride（SonoVue®/Lumason®）、Perfluoropropane（Optison®、Definity®）や Perfluorobutane（Sonazoid®） などのフッ素化合物の気体が選択された。また、外殻としては変性アルブミンや両親媒性物質であるリン脂質が用いられている。この外殻は、マイクロバブルの内包ガスである疎水性の高いガスが水中で安定に分散するための機能を担っている。このように疎水性ガスの使用と外殻成分による内包ガス表面のカバーリングにより、マイクロバブルの安定性が改善された。

　本邦では、Sonazoid® のみが超音波造影剤として臨床応用されている。この Sonazoid® はPerfluorobutane（気体）の外殻をフォスファチジルセリンというリン脂質で被覆した構造を有している。このフォスファチジルセリンは、肝臓のクッパー細胞上に発現するレセプターに認識されるため、Sonazoid® は静脈内投与後にクッパー細胞に認識・貪食され、血中から速やかに消失する。一般に肝臓の腫瘍にはクッパー細胞が存在しないため Sonazoid® が分布しない。要するに、クッパー細胞が存在している正常な肝臓組織と腫瘍部分の超音波造影輝度に劇的な違いが認められるため、肝臓の腫瘍を陰影像として得ることができる[1, 2]。このように、Sonazoid® はクッパー細胞ターゲティング型超音波造影剤として利用されている。一方で、Sonazoid® の血中半減期が短く、血行動態を観察するためには反復投与などが必要となってしまう。そこで著者らは、血中滞留性に優れたマイクロバブルの開発を行った。

3．血中滞留性に優れた新たなマイクロバブルの開発

　前述したように、Sonazoid® は外殻がクッパー細胞に積極的に認識されるため、血中から速やかに消失する。このことから、外殻成分がマイクロバブルの血中滞留性に大きく影響するものと考えられる。そこで著者らは、血中滞留性におよぼすマイクロバブルの外殻成分の影響を評価した。しかし、外殻成分の構成の最適化を闇雲に進めると、無限の組み合わせを評価することになりかねない。そこで、Sonazoid®と同じようにリン脂質ベースのマイクロバブルとなるように、リン脂質から外殻成分を選択することとした。次に、種々のリン脂質から何を選択するかが課題となるが、リン脂質2分子膜からなるリポソームの膜の強度を検討している研究を参考とすることにした。中性脂質のフォスファチジルコリンにアニオン性脂質のフォスファチジルグリセロールをある割合で混合することで、リポソーム膜が安定化するとの報告がある[3]。そこで、この報告にあるリン脂質を主要な構成成分としてマイクロバブルを調製し、血中滞留性を評価し

た。

　正常マウスの尾静脈内にマイクロバブルを投与後、全身循環して腎臓に流入するマイクロバブルを超音波造影装置で撮像し、腎臓における超音波造影輝度の経時的な変化を観察した。そして、腎臓におけるマイクロバブル投与直後の造影輝度が、半分になるまでの時間を造影半減期としてマイクロバブルの血中滞留性を評価した。その結果、フォスファチジルグリセロールを外殻に 60% 含有するマイクロバブルにおいて、造影半減期が長くなることが明らかとなった（図2(a)）[4]。また、この最適組成のマイクロバブルは、Sonazoid® より造影半減期が長く、優れた血中滞留性を有していることが示された（図2(b)）。このことから、今回開発した新たなマイクロバブルは、Sonazoid® と異なり肝臓クッパー細胞への取り込みを回避できるマイクロバブルであることが示された。このようにマイクロバブルの外殻組成は、マイクロバブルの生体内挙動に大きな影響を与えることが明らかとなった。

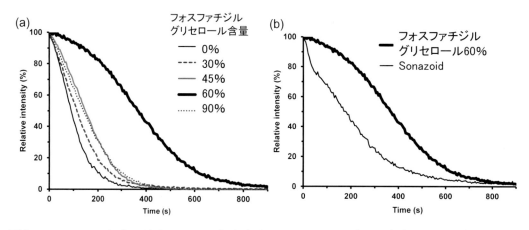

図2 フォスファチジルグリセロールを含有するマイクロバブルの血中滞留性評価
（a）フォスファチジルグリセロール含有量の影響、（b）Sonazoid との比較

4．マイクロバブルを利用したドラッグデリバリーシステム（DDS）開発

　マイクロバブルに超音波を照射すると、超音波環境下における圧力変化に応じてマイクロバブルが収縮・膨張を繰り返す振動現象を生じる。また、負圧下で膨張したマイクロバブルが周囲の水圧に耐えられなくなると、マイクロバブルの内部に外部の水が突入する圧壊現象が生じる。このマイクロバブルの圧壊時には、マイクロバブル周囲に激しい水の動き（ジェット流）が生じる（図3）。このような振動または圧壊現象を毛細血管内で誘導すると、血管壁が押し広げられたり、ジェット流による血管壁への細孔形成などが生じる。この現象により血管透過性が一時的に亢進する。そのため、この特性に着目した研究者が、マイクロバブルと超音波照射の組み合わせを利用し、生体内の標的部位に効率良く薬物をデリバリーする技術（「ドラッグデリバリーシステム（DDS）」と呼ばれている）の研究を進めている。その中で著者らは、がん細胞移植モデルマウスにおけるがん組織への抗がん剤デリバリーに関する DDS 研究を行っている。

骨肉腫細胞を移植した固形がんモデルマウスにマイクロバブルと抗がん剤であるドキソルビシンを尾静脈内に投与し、それと同時にがん組織への超音波照射を行った。その結果、がん組織へのドキソルビシン移行量の増大が認められた[5]。また、この治療法を適用したマウスでは、ドキソルビシン単独治療より効果的ながんの増殖抑制効果が認められた。さら

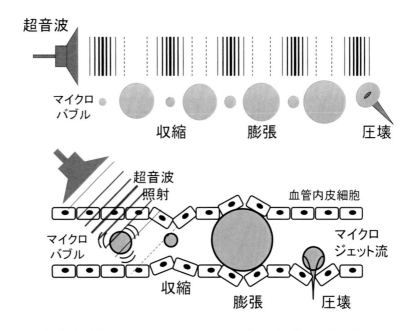

図3 超音波照射下におけるマイクロバブルの振動・圧壊現象および血管透過性促進メカニズム

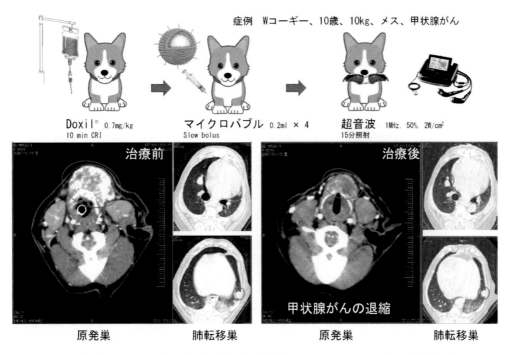

図4 イヌの甲状腺がんに対する超音波抗がん剤デリバリーによるがん治療効果
　　甲状腺がんのイヌに Doxil を投与後、マイクロバブルを投与して甲状腺がんに向けて超音波を照射した。治療前と治療後の甲状腺がんの状況を CT 画像で観察した。丸印はがん組織で左が原発巣、右が転移巣（肺）の画像である。超音波を照射して治療した甲状腺がんのみでがんの退縮が認められた。

に、このマイクロバブルと超音波による抗がん剤デリバリーについて、中動物であるイヌの自然発症がんに対しても検討を進めている[6,7]。本検討では、イヌの自然発症がん（甲状腺がん）に対しナノメディシンの代表例であるドキソルビシン封入リポソーム（Doxil®）をマイクロバブルと超音波の併用によりデリバリーすることを試みた（図 4）。その結果、顕著にがん組織が縮小する症例が認められ、マイクロバブルと超音波の併用によるナノメディシンデリバリーの有用性が明らかとなった。

　このようなマイクロバブルと超音波の併用による DDS に関して、世界の動向を確認したところ、最も進んでいるのがノルウェーのグループが行っている臨床試験であった[8]。この臨床試験では、既存の超音波造影剤であるマイクロバブル（SonoVue®）と超音波造影装置を組み合わせて膵臓がんへの抗がん剤（ゲムシタビン）デリバリーが行われている。実際には、ゲムシタビンを点滴で予め患者に投与し、血中ゲムシタビン濃度を維持した状態でマイクロバブルを投与し、がん組織に向けて超音波照射が行われている。この治療における超音波照射には、超音波造影装置が用いられており、造影超音波でがん組織の場所や血行動態を確認しながら、がん組織全体に超音波が照射された。なお、この臨床試験は難治性膵臓がんの患者 10 名に対して行われており、ゲムシタビン単独投与で治療した場合と比較して、マイクロバブルと超音波を併用した場合において患者の延命効果が報告されている。この臨床試験を皮切りに、マイクロバブルと超音波を併用した DDS が注目されるようになった。現在では、他の抗がん剤デリバリーなどに関する臨床試験が計画されるとともに、これら臨床試験への患者の募集が行われている。

5．経頭蓋超音波照射を利用した脳内薬物デリバリー法の開発

　前項で示したようにマイクロバブルと超音波の併用による DDS が注目され、様々な臨床試験が計画されている。特に注目すべきは、MRI ガイド下での経頭蓋集束超音波治療器（MRgFUS、ExAblate4000、薬事承認番号：22800BZI00040000）を利用した脳内薬物デリバリーである。このMRgFUS は、MRI ガイド下で経頭蓋的に超音波照射をするシステムで、1000 個を超える超音波振動子から照射された超音波を脳内の特定部位に集束させることができる。現在、本装置は本態性振戦やパーキンソン病の震えに関与する脳内の視床腹中間（Vim）核を焼灼して震えを止める治療に利用されている。このように、脳内の特定部位に対して超音波を照射する技術が確立されたことで、この技術とマイクロバブルを利用した脳内 DDS 開発への動きが加速している。

　脳には血液脳関門（Blood Brain Barrier, BBB）が存在し、血液と脳実質の間の物質移行が厳密に制御されている。そのため、脂溶性の低分子化合物以外は脳実質へと移行することができない。BBB による脳内への薬物移行の制限は、多くの製薬会社の共通の課題となっており、脳疾患治療に対する医薬品開発が進展しない原因となっている。この BBB は、毛細血管内皮細胞同士が密接に結合（密着結合）することで脳への物質移行を制限している。そのため、この BBB を任意のタイミングで一時的に解放（BBB オープニング）する技術を開発できれば、脳疾患治療のための医薬品開発を加速することができると考えられる。

　そこで白羽の矢が立ったのが、マイクロバブルと超音波の併用による血管透過性促進技術である。上述のように経頭蓋超音波装置は臨床応用されており、脳内に安全に超音波照射すること

が可能となっている。そのため、マイクロバブルと超音波を併用した BBB オープニングによる脳内薬物デリバリー特性や安全性が確認されれば、本方法が革新的な脳内 DDS 技術として臨床応用可能になる。そこで著者らは、マイクロバブルと経頭蓋超音波照射の併用による脳内薬物デリバリー法の開発に着手した[9, 10]。

　まずはじめに、モデル薬物のエバンスブルーとマイクロバブルをマウス尾静脈から投与し、脳の右半球に対して経頭蓋的に超音波照射を行った。そして、脳に移行したエバンスブルーを観察した。その結果、超音波照射した右半球の脳においてエバンスブルーの移行が認められた（図5(a)）。一般にエバンスブルーは、血中に投与後速やかにアルブミン（分子量約7万）と結合する。したがって、本研究でもエバンスブルーがアルブミンに結合し、エバンスブルー・アルブミン結合体として脳内に移行したものと考えられた。このことから、マイクロバブルと超音波照射の併用は、通常では BBB を透過できない分子量7万もの分子を脳内にデリバリーできることが示された。

　このような高分子量物質を脳内にデリバリーできたのは、超音波照射によりマイクロバブルの振動が誘導され、BBB オープニングが生じたためであると考えられた。一方で、この BBB オープニングによる脳に対するダメージも懸念される。そこで、今回の検討条件における脳内出血

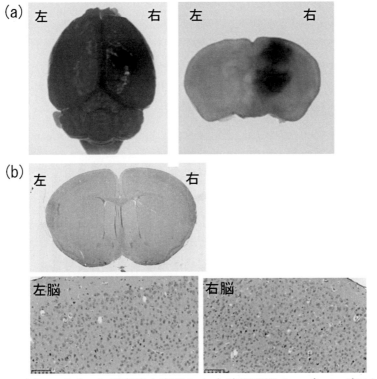

図5 マイクロバブルと超音波を利用した血液脳関門オープニングによる DDS
　(a) 脳へのエバンスブルーのデリバリー
　(b) 脳に対する傷害性評価（HE 染色）

に関して、脳実質への赤血球漏出を指標に評価した。その結果、本条件において、脳実質への赤血球の漏出は認められなかった（図5(b)）。なお、超音波照射強度を高めると、脳実質への赤血球漏出が認められる様になることから、最適な条件検討を行うことで、脳を傷害せずに目的薬物を脳内デリバリーできるようになるものと考えられた。実際に著者らは、脳神経保護作用を有するアンチセンス核酸を脳内にデリバリーすることに成功している [11]。このように、マイクロバブルと超音波照射の併用は、革新的な脳内DDS技術になるものと期待される。

6．脳内薬物デリバリーの研究動向

　マイクロバブルと経頭蓋超音波を用いた脳内DDS研究は、世界中で大変注目されており、一部の研究グループが臨床試験を進めている。カナダのグループは、脳腫瘍患者に対して、抗がん剤であるドキソルビシンとDefinity®を静脈内投与し、MRgFUSを使用して超音波を照射する第I相試験を行っている（ClinicalTrials.gov Identifier: NCR02343911）。この臨床試験では、安全にBBBオープニングが可能でドキソルビシンの脳腫瘍への移行が増加したと結論づけている。また、アルツハイマー病の患者に対しても、MRgFUSとDefinity®の併用で、傷害なくBBBをオープニングできることが報告されている [12]。さらに、フランスのグループは、超音波照射をより簡便に繰り返すための装置としてインプラント型超音波照射装置（SonoCloud®）を開発している [13]。この臨床試験では、再発グリオブラストーマ患者に抗がん剤であるカルボプラチンとSonoVue®を投与し、SonoCloud®での超音波照射が行われた。その結果、脳腫瘍の悪化は見られず、炎症や出血が起きていないことを報告している。このように、マイクロバブルと超音波を組み合わせた脳内DDSの構築に向けて、世界中で様々な研究が盛んに進められている。

7．超音波を利用した診断・治療システムの構築に向けて

　脳梗塞や心筋梗塞などに代表される動脈血栓症は、重篤な後遺症や死に直結する病気である。これらの診断では、X線造影剤を利用したアンギオグラフィーによる血流造影が行われている。この診断に使用するX線造影剤は腎臓から排泄されるため、腎機能の低下が認められる患者への使用が難しい。一般に動脈血栓症を発症する患者の多くは高齢者であり、腎機能低下が見受けられることも多い。そのため、腎機能が低下した患者でも受けられるX線造影以外の動脈血栓造影法の開発が望まれている。超音波造影剤であるマイクロバブルは、患者の腎機能に制限されない造影剤であるが、血栓部位の効果的な造影のための機能は有していない。そこで著者らは、血流が滞っている場所の動脈血栓に対する超音波造影剤の開発においてマイクロバブルに求められる機能について考えた。その中で考えられた機能として、① 血栓内に若干流れるマイクロフローにのって血栓内に入り込めようにするためマイクロバブルをサイズダウンすること、② 血栓に積極的に結合できる能力（血栓ターゲティング能）を付与することの2点が挙げられた。そこで、この2点を満たす新たなマイクロバブルの開発にチャレンジした。

　実際に著者らは、血栓内に存在する活性化血小板に積極的に結合するペプチドを外殻に修飾した平均粒子径 500 nm ～ 1 μm のサブミクロンサイズのファインバブルを開発した。この血栓指向性ファインバブルを血栓モデル動物に投与したところ、血栓部位の超音波造影輝度の増

大が認められ、超音波造影での血栓造影に成功した（**図 6** A, B）[14]。このように、本ファインバブルを血栓に集積させることができたため、この血栓に集積したファインバブルに音圧の高い超音波を照射してファインバブルの圧壊を誘導し、その時生じる機械的作用で血栓を破砕する血栓破砕療法の構築を試みた。

血栓モデル動物に血栓指向性ファインバブルを投与し血栓造影を行い、血栓に集まったファインバブルに圧壊誘導用超音波を照射したところ、血栓が破砕され血流を再開することに成功した（**図 6** C, D）。このように、血栓指向性ファインバブルは、血栓の超音波診断および血栓に対する超音波治療という診断（Diagnostics）と治療（Therapeutics）を同時に行う医療技術（「セラノスティクス」と呼ぶ）を構築するためのユニークなファインバブル製剤になるものと考えられた。現在、破砕した血栓の断片による再梗塞を避ける目的で血栓溶解剤との併用を行い、臨床応用に向けた血栓に対する超音波セラノスティクスの構築を進めている。

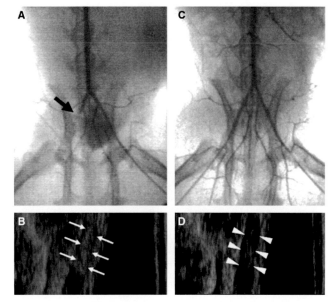

図6 ウサギ下肢の動脈血栓モデルに対する超音波セラノスティクス
A：動脈血栓の X 線造影剤による撮像（矢印：血栓による塞栓部位）、B：血栓ターゲティング型ファインバブルによる超音波造影像（矢印：血栓）、C：血栓ターゲティング型ファインバブルによる血栓破砕後の血流観察（X 線造影剤による撮像）、D：血栓ターゲティング型ファインバブルと超音波による血栓破砕治療後の超音波造影像

8．おわりに

医療分野においてファインバブルは、超音波造影剤（マイクロバブル）として約半世紀にわたり利用されてきた。この期間にファインバブルは進化を続け、超音波造影のみならずドラッグデリバリーへの応用に関する研究が進められている。本稿では、このような医療分野におけるファインバブルの応用の一部を紹介した。現在、ファインバブルは、新たに超解像超音波イメージングの構築やがん免疫療法への応用など多方面での応用研究が進められている。このようなファインバブルに関する研究は絶えず進歩しており、ますますの成長が見込まれる研究分野である。

いずれにしても、ファインバブルは、超音波 DDS の構築において必要不可欠な存在であり、医療技術のパラダイムシフトにおける重要なツールになるものと考えられる。このファインバブルを利用した超音波 DDS 開発には、医学・薬学・工学などの異分野技術の融合が必要不可欠である。そのため、様々な研究分野からファインバブルの研究に参画していただき、超音波 DDS やセラノスティクスの研究を加速して行っていければと考えている。このような研究環境の整

備により、疾病に苦しむ多くの患者のもとに早く超音波 DDS やセラノスティクスが届くことを期待したい。

謝辞

本稿で紹介した研究は、帝京大学薬学部薬物送達学研究室で行われた研究成果であり、研究室に所属する小俣大樹講師、宗像理紗助教、大学院生、学部学生および本学薬学部セラノスティクス講座　丸山一雄特任教授の協力の下で進められた研究である。また、血栓モデルの研究は防衛医科大学校　萩沢康介先生、イヌを用いた研究は鳥取大学農学部共同農獣医学科の大崎智弘先生との共同研究によるものである。

参考文献

1) Watanabe R, Matsumura M, Chen CJ, Kaneda Y, Fujimaki M: Characterization of tumor imaging with microbubble-based ultrasound contrast agent, sonazoid, in rabbit liver. *Biol Pharm Bull,* **28**, 972-977 (2005).

2) Watanabe R, Matsumura M, Munemasa T, Fujimaki M, Suematsu M: Mechanism of hepatic parenchyma-specific contrast of microbubble-based contrast agent for ultrasonography: microscopic studies in rat liver. *Invest Radiol,* **42**, 643-651 (2007).

3) Lewis RN, Zhang YP, McElhaney RN: Calorimetric and spectroscopic studies of the phase behavior and organization of lipid bilayer model membranes composed of binary mixtures of dimyristoylphosphatidylcholine and dimyristoylphosphatidylglycerol. *Biochim Biophys Acta,* **1668**, 203-214 (2005).

4) Maruyama T, Sugii M, Omata D, Unga J, Shima T, Munakata L, Kageyama S, Hagiwara F, Suzuki Y, Maruyama K, Suzuki R: Effect of lipid shell composition in DSPG-based microbubbles on blood flow imaging with ultrasonography. *Int J Pharm,* **590**, 119886 (2020).

5) Ueno Y, Sonoda S, Suzuki R, Yokouchi M, Kawasoe Y, Tachibana K, Maruyama K, Sakamoto T, Komiya S: Combination of ultrasound and bubble liposome enhance the effect of doxorubicin and inhibit murine osteosarcoma growth. *Cancer Biol Ther,* **12**, 270-277 (2011).

6) Yokoe I, Murahata Y, Harada K, Sunden Y, Omata D, Unga J, Suzuki R, Maruyama K, Okamoto Y, Osaki T: A Pilot Study on Efficacy of Lipid Bubbles for Theranostics in Dogs with Tumors. *Cancers (Basel),* **12**, (2020).

7) Yokoe I, Omata D, Unga J, Suzuki R, Maruyama K, Okamoto Y, Osaki T: Lipid bubbles combined with low-intensity ultrasound enhance the intratumoral accumulation and antitumor effect of pegylated liposomal doxorubicin in vivo. *Drug Deliv,* **28**, 530-541 (2021).

8) Dimcevski G, Kotopoulis S, Bjanes T, Hoem D, Schjott J, Gjertsen BT, Biermann M, Molven A, Sorbye H, McCormack E, Postema M, Gilja OH: A human clinical trial using ultrasound and microbubbles to enhance gemcitabine treatment of inoperable pancreatic cancer. *J Control Release,* **243**, 172-181 (2016).

9)   Omata D, Hagiwara F, Munakata L, Shima T, Kageyama S, Suzuki Y, Azuma T, Takagi S, Seki K, Maruyama K, Suzuki R: Characterization of Brain-Targeted Drug Delivery Enhanced by a Combination of Lipid-Based Microbubbles and Non-Focused Ultrasound. *J Pharm Sci*, **109**, 2827-2835 (2020).

10)   Omata D, Maruyama T, Unga J, Hagiwara F, Munakata L, Kageyama S, Shima T, Suzuki Y, Maruyama K, Suzuki R: Effects of encapsulated gas on stability of lipid-based microbubbles and ultrasound-triggered drug delivery. *J Control Release,* **311-312**, 65-73 (2019).

11)   Kinoshita C, Kikuchi-Utsumi K, Aoyama K, Suzuki R, Okamoto Y, Matsumura N, Omata D, Maruyama K, Nakaki T: Inhibition of miR-96-5p in the mouse brain increases glutathione levels by altering NOVA1 expression. *Commun Biol,* **4**, 182 (2021).

12)   Lipsman N, Meng Y, Bethune AJ, Huang Y, Lam B, Masellis M, Herrmann N, Heyn C, Aubert I, Boutet A, Smith GS, Hynynen K, Black SE: Blood-brain barrier opening in Alzheimer's disease using MR-guided focused ultrasound. *Nat Commun,* **9**, 2336 (2018).

13)   Carpentier A, Canney M, Vignot A, Reina V, Beccaria K, Horodyckid C, Karachi C, Leclercq D, Lafon C, Chapelon JY, Capelle L, Cornu P, Sanson M, Hoang-Xuan K, Delattre JY, Idbaih A: Clinical trial of blood-brain barrier disruption by pulsed ultrasound. *Sci Transl Med,* **8**, 343re342 (2016).

14)   Hagisawa K, Nishioka T, Suzuki R, Maruyama K, Takase B, Ishihara M, Kurita A, Yoshimoto N, Nishida Y, Iida K, Luo H, Siegel RJ: Thrombus-targeted perfluorocarbon-containing liposomal bubbles for enhancement of ultrasonic thrombolysis: in vitro and in vivo study. *J Thromb Haemost,* **11**, 1565-1573 (2013).

第12章　ファインバブルの有機合成への応用　～グリーンものづくりに向けて～

間瀬暢之

（静岡大学）

1．はじめに

　固体、液体、気体の三態を自在に制御できるようになることは、多種多様な機能を有する有機化合物の創造を目的とする有機合成化学において最重要項目の一つとなる。例えば、有機分子に水素原子を導入する際、①水素化ホウ素ナトリウム（$NaBH_4$）や水素化アルミニウムリチウム（$LiAlH_4$）などのヒドリド（H^-）を放出する固体試薬を溶液中で作用させて還元する手法、②金属ナトリウムを液体アンモニアに溶融してプロトンと電子の作用により還元する手法(バーチ還元)、③金属固体表面上で気体の水素（H_2）により還元する手法など、実験化学者の英知を結集して三態を巧みに操ることにより達成されており、さらなる効率性向上への追究が続けられている。

　有機合成化学において、汎用性の高い溶液中の化学反応では、一般的に基質濃度と反応温度が高ければ高いほど反応速度は向上する。特に、固体の溶解度は高温の方が有利であることから、固体物質を用いる反応における反応性向上は顕著である。一方、気体の溶解度は高温の方が不利であることから、高温下で反応性気体の基質濃度を高めることは困難であり、大過剰の気体供給、または高圧反応容器中での加圧と強撹拌により溶存気体濃度を高める方式が、1世紀以上取り組まれてきた。本章では、「如何にして溶存気体濃度を向上させるか」という長年の問いかけに対し、目視できないコロイド領域の気泡を含むファインバブル（FB）の有機合成への活用に関する研究を紹介する。なお、水を媒体としたFBの応用例が数多く報告されているが、有機化学では有機溶媒を媒体にする事例が多いことから、有機溶媒中におけるFBの挙動についても併せて紹介する。

2．ファインバブル有機合成

　開発した物質を世界中の人々の手元に無駄なく届けるには、「必要な時に、必要な量を供給できるシステム」の構築が必要である。さらに、グリーンケミストリーに基づいたものづくりだけでなく、持続可能な開発目標であるSDGsに基づいた「つくる責任」も同時に満たすことが求められる[1]。我々は、E-Factor・エネルギー・コストを最小化して、安全性・再現性・生産性・選択性を最大化する「グリーンものづくり」を達成するために（**図1左上**）、反応・後処理工程を極限まで削減することが最もシンプルなアプローチであると考え、①ファインバブルを用いた新奇反応場における有機合成、②マイクロ波フロー法を用いた当量反応の開発、③機械学習を用いた有機反応条件最適化について、独立した内容でありながらも連携可能なテーマに取り組んでいる[2]。特に、本章で紹介する①のように、気体が関与する反応の利便性を向上することによって、反応、ならびに後処理工程を簡素化することができる。つまり、気体を導入することにより反応が開始し、気体を取り除くだけで生成物と分離できることから、気体が関与する多相系反応はシンプルかつクリーンな反応様式であり、研究室から工業スケールで実施されている（**図1左上**）。

しかし、耐圧容器の使用や激しい機械的撹拌を伴う従来の製造方法は、設備保守の手間、コスト、安全性などに課題がある。その結果、気体が関与する多相系反応がクリーンであるにもかかわらず、工業的な製法として敬遠されるケースがある。これらの課題を解決するには難溶性の気体を如何にシンプル、かつ効率的に液相へ分散・溶解させるかが重要なポイントであることから、本研究では通常の気泡とは異なる性質（非常に遅い上昇速度、大きな比表面積および速い溶解速度など）をもつFBを利用し、次世代型気相－液相（－固相）合成プロセスの開発（FB有機合成）、ならびに装置開発を実施した（**図1右上・下**）。

3．有機合成用ファインバブル発生装置

　現在、様々な発生方式によるFB発生装置が30社以上から販売されている[3]。しかし、研究室レベルで有機合成実験を実施する上で、耐薬品性、耐圧性、流量の観点から、活用できるFB発生装置は限られている。一般的に、FB発生手法は、①気体のせん断によるトップダウン方式と、②加圧によって溶解した気体を減圧するボトムアップ方式に大別される（**図2上**）。反応性気体の過飽和状態を即座に調製することが反応性向上につながることから、ボトムアップ方式が有機合成には適していると考え、著者らは、静岡県に拠点がある（株）アスプ（現　リビングエ

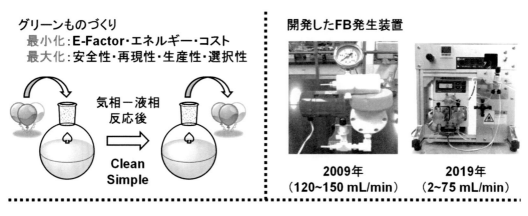

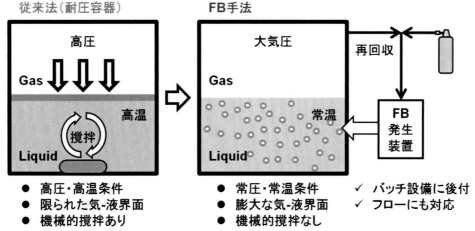

図1. グリーンものづくり（左上）、FB発生装置（右上）、ファインバブル有機合成手法（下）

ナジー）と共同で、耐薬品性の高いテフロン部材を使用し、有機合成に適用可能な少流量（120〜150 mL/min）、かつ酸・塩基・有機溶媒耐性型の FB 発生装置（ダイヤフラムポンプ方式加圧溶解・減圧発生法を採用）を 2009 年に作製した。その後、FB 発生装置の改良を続け、2019 年に世界最小流量（2〜75 mL/min）で 10^8 個/mL 以上のナノサイズのウルトラファインバブル（UFB）を発生できる装置を開発し、市販化した[4]（**図1右上**）。本装置はフロー合成への適用も可能である（後述）。これらの装置開発を通じて、FB 有機合成を研究室レベルで検討する下地が整った。なお、水系 FB 発生装置において、中型（〜100 L/min）、ならびに大型（>100 L/min）装置は実用化されており、部材の耐薬品化により有機溶媒系へも応用できると考えられる。さらに、FB 発生装置は既存のバッチ反応装置へ後付けできることから、システム化における汎用性は高い。

４．有機溶媒中のファインバブル

　FB は、これまで流体力学、環境工学、農学、水産学、医療などの分野で発展してきた[5]。そのため、水を媒体とする FB の特性に関する研究は多くの報告例がある一方、有機溶媒中での知見は極めて少ないのが、我々が研究を開始した 2006 年の状況だった。とくに、気体が関与する化学反応に対して、FB がどのような効果をもたらすかは未知の領域であった。しかし、FB の特徴の一つである自己加圧効果に関して、界面化学で扱われる Young-Laplace の式（$\Delta P = 2\sigma/r = 4\sigma/d$（$\Delta P$：気泡内圧力差, σ：表面張力, r：気泡半径, d：気泡直径））がナノの世界でも成立することが実験により実証されたことから[6]、小さい泡であればあるほど気泡内圧が上昇し、液相への溶解力が高まると考えられる。すなわち、様々な液相中で UFB を効率的に生成できれば、

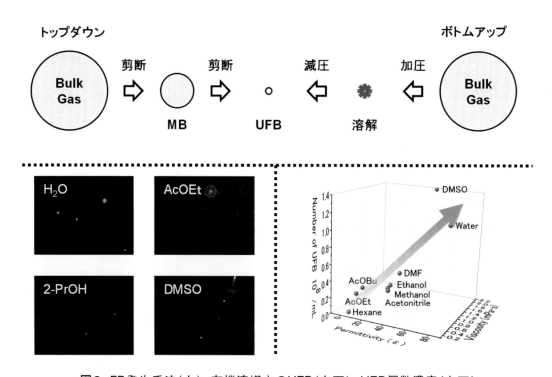

図2. FB発生手法（上）、有機溶媒中のUFB（左下）、UFB個数濃度（右下）

反応系が常圧にもかかわらず、液相中に高圧微小空間を構築できることになる。例えば、直径50 nm 気泡の ΔP を計算したところ、有機合成化学で用いる一般的な溶媒において 1 MPa 以上になり、耐圧容器と同様な効果が期待された。また、直径 50 nm 気泡の単位体積当たりの表面積は 50 mm 気泡の 100 万倍となり、界面反応の促進が期待された。このように UFB による特異的な反応場創製が示唆されたことから、有機溶媒中の UFB の存在を確認する必要があり、散乱光とブラウン運動の両方の特性を利用して、懸濁液中の粒子の個数と粒度分布を得る手法であるナノ粒子トラッキング解析法（Nanoparticle Tracking Analysis, NTA；使用機器：NanoSight LM10-VHST（紫レーザー光（405 nm））を適用した。開発した FB 発生装置（MA3FS，（株）アスプ）を用いて、水中で水素－UFB を発生し、NTA 法により測定した結果、平均粒径 148.5 ± 6.4 nm の UFB が（1.35 ± 0.17）$\times 10^8$ 個/mL 計測された（**図2左下**）。一方、代表的な有機溶媒である酢酸エチルで測定したところ、134.1 ± 10.8 nm の UFB が（2.17 ± 0.38）$\times 10^7$ 個/mL が計測された。続いて、様々な有機溶媒中（DMSO, AcOH, DMF, MeOH, AcOEt, acetone, hexane）での空気－UFB を NanoSight により測定したところ、ヘキサン以外の溶媒において UFB が観測された。マイクロバブル（MB）の上昇速度は Stokes の式で示され、粘度（η）に依存する。また、表面ゼータ電位は Smoluchowski の式で示され、η と誘電率（ε）に依存することから、UFBにおいてもこれらのパラメーターが関連すると考え、水の粘度と誘電率を基準とし、各種溶媒の粘度と誘電率を正規化した。誘電率×粘度（CV）を横軸に、UFB 個数を縦軸にプロットしたところ、緩やかな直線関係が得られた（**図2右下**）。すなわち、粘度または誘電率が大きくなるにつれて、より多くの UFB が検出された。例えば、2-プロパノール（$\eta=2.0$、$\varepsilon=19.9$、CV=0.58）は 6.2×10^7 個/mL、水（$\eta=0.9$、$\varepsilon=78.5$、CV=1.00）、および DMSO（$\eta=2.0$、$\varepsilon=46.5$、CV=1.32）は、10^8 個/mL 以上の空気－UFB が存在した。これにより、有機溶媒中の UFB を視覚化しただけでなく、UFB 個数が粘度と誘電率に依存することが明らかになった[7]。

5．ファインバブル手法によるアルコールの酸化反応

アルコールの酸化反応は工業的に最重要反応の一つであるとともに、化学量論的酸化反応である Swern 酸化、Jones 酸化、Dess-Martin 酸化などは廃棄物が多いことから工業化に不向きであり、触媒的酸化反応が注目されている。しかし、空気または酸素によるアルコールの酸化反応は可燃性の有機溶媒に助燃性の酸素を大量に供給するために爆発の危険が常に存在する。一方、FB 手法では供給する酸素量を削減できるため工業的に制御しやすい。また、空気（酸素）を用いた酸化反応は共生成物が水であることから環境調和型反応であるが、酸素の液相への供給が反応律速になる場合がある。一般的に、気体が関与する反応において、反応速度は拡散律速（拡散速度＜反応速度）と反応律速（拡散速度＞反応速度）に影響される。MB（10 μm）と UFB（100 nm）はミリバブル（1 mm）と比較して、物質移動量比（mol/s）がそれぞれ 6.15×10^4 と 5.95×10^{10} にもなる[8]。また、上述したように、Young-Laplace の式より、大きな気泡内圧力差 ΔP が生じることから、気体の拡散律速による反応速度の低下が、FB により大きく改善され、常圧下でも反応が進行する可能性がある。また、気体が反応基質である反応律速の反応においても、溶解またはFB として分散している全気体濃度は、一般的な気体溶解条件よりも FB 条件で高くなり、反応

速度が向上すると期待される。ただし、律速段階に気体が関与しない場合、FB 効果は限定的であると考えられる。これらの仮説を証明するために、まず、TEMPO（2,2,6,6-tetramethylpiperidine 1-oxyl）を触媒とした第 1 級ならびに第 2 級アルコールの空気（酸素）酸化をモデル反応として FB 手法の有用性を評価した（**図 3**）[9]。

空気の供給方法として Balloon 手法、Bubbling 手法、FB 手法を比較した（**図 3 左上**）。まず、①Cu$^+$／TEMPO 触媒系において FB 手法は Bubbling 手法より約 2 倍の反応性を示し、転換率 99% を達成した（**図 3 右上**）。基質が残存しないことから工業的に有利であり、さらに、酸素ではなく空気でも同様の反応性を示すことから実用的である。また、ベンジル型アルコールだけでなく香料や食品添加物に用いられるテルペン類のアリル型アルコールにおいても FB 手法による酸化反応は定量的に進行した（**図 3 下**）。①の触媒系では、TEMPO 自身の立体障害により 2 級アルコールの酸化反応は困難である。芳香族 2 級アルコールの酸化には②Fe^{3+}／NO$_3^-$／4-HO-TEMPO 触媒系が適しており、定量的に酸化反応が進行した（**図 3 下**）。また、本触媒系は芳香族 1 級アルコールの酸化にも適用できる。近年、医農薬、電子材料などのファインケミカルズ合成におい

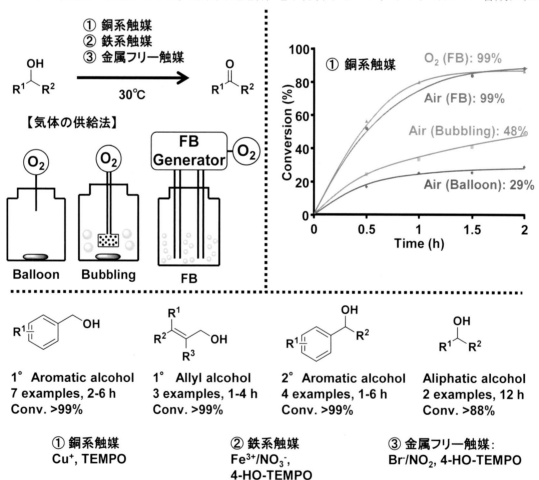

図3. FB手法によるアルコールの酸化反応
気体導入法（左上）、銅系触媒的酸化反応（右上）、基質適用範囲（下）

て残留金属による汚染が問題になる場合があり、金属原子を含有する①と②の触媒系ではこの課題に対応できない。しかし、二酸化窒素と酸素の混合気体をFB化した③Br⁻／NO₂／4-HO-TEMPO触媒系により、芳香族1級および2級アルコール、さらに脂肪族アルコールの金属フリー酸化反応を達成した（**図3下**）。

　以上より、FB手法によって最終酸化剤である酸素を液相中に導入することにより、一般的なBalloon手法、Bubbling手法より高い転換率でアルコールの酸化反応を達成し、さらに触媒系の組み合わせにより多様なアルコールを酸化できることを見出した。反応により消費された気体がFBにより常時供給され、過飽和状態の維持が酸化反応を加速したと考えられ、FB手法の優位性が示された。

6．ファインバブル手法による接触水素化反応

　水素を用いた還元は工業的に広く利用される反応である。特に不均一系触媒を用いた例は多く、マーガリンの製造プロセスである不飽和脂肪酸の接触水素化反応は気相－液相－固相反応として工業的に利用されている代表例である。また、医農薬中間体の原料として年間約310万トン以上製造されているアニリンも接触水素化反応により製造される。気相－液相－固相反応では、気泡中の気体成分Aが液相に移動し、続いて固体触媒表面に到達し、そこで液相中の成分Bと反応する。通常、液相成分Bの濃度は気体成分Aよりも非常に高いため、気相－液相－固相反応の反応速度は気体成分Aの濃度の関数となることが多い。したがって、FBにより液相中の気体成分を迅速に高濃度化すれば、気相－液相－固相反応の効率化が期待できる。

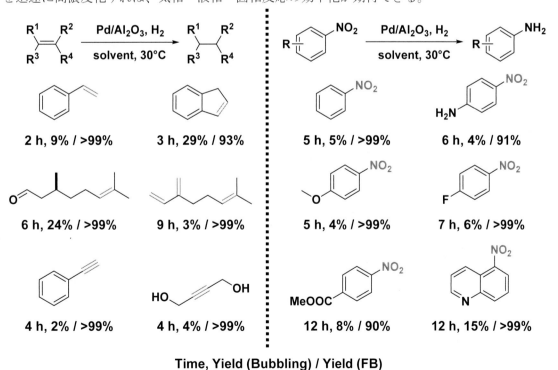

Time, Yield (Bubbling) / Yield (FB)

図4. 多重C-C結合の水素化（左）、ニトロ基の水素化（右）

135

スチレンの接触水素化反応をモデル反応とし、反応混合物からの分離・精製が容易、かつ耐摩耗性の高い不均一系触媒（Pd/Al$_2$O$_3$）を利用した。その結果、Balloon ならびに Bubbling 条件と比較して FB 条件で反応速度が 10 倍向上した。内部、ならびに多置換オレフィンやアルキンにも適用可能であり、定量的に還元反応が進行した（**図4左**）。さらに 10 g（約 100 mmol）スケールの水素化にも適用できた[10, 11]。アルケンやアルキンの場合と同様に、ニトロベンゼンの接触水素化を検討した結果、反応速度が 20 倍向上した。また、電子供与性基や電子求引性基、およびヘテロ環を有するニトロアレーンに対しても FB による反応性の向上が確認され、種々のアニリン誘導体合成を達成した（**図4右**）[7, 12]。一般的に、生成物であるアニリン誘導体は Pd 触媒への配位能力が高いため、触媒毒として作用する懸念があるが、本手法において触媒活性の低減は観測されなかった。詳細に調査した結果、触媒毒となる分子の配位が FB により抑制されていることが明らかとなり、FB の新たな効果として触媒毒抑制が加わった。なお、ここで紹介した反応例以外にも、水素－FB による還元的アミノ化[13] や高分子系多重結合の接触水素化[14] も達成した。

7．ファインバブル手法によるワンポット過酸化水素合成

　過酸化水素（H$_2$O$_2$）は酸素よりも高い酸化還元電位を有しており、より幅広い基質を酸化することができる。さらに、共生成物が水のみであるため環境調和型の酸化剤として注目されている。しかし、H$_2$O$_2$ の主な工業的合成法であるアントラキノン法では、接触水素化・空気酸化を鍵反応とするために、加熱・加圧条件を必要としてきた（**図5上**）。また、コスト低減のため一

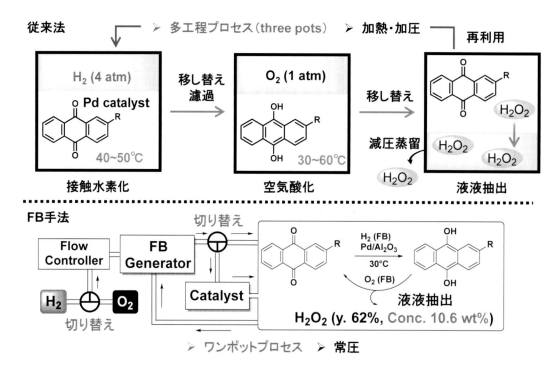

図5. FB手法によるワンポット過酸化水素合成：従来法（上）とFB手法（下）

度に大量の H_2O_2 を合成することが望まれるが、貯蔵・運搬行程が必要となり、爆発性の H_2O_2 を高濃度で大量に保有するリスクは安全面から避けるべきである。必要な時に、必要な場所で、必要な量だけを合成するオンサイト合成を達成するには、システムの小型化が肝要である。FB 条件では流路の切り替えにより、異なる気体を反応溶液に導入できるため、連続反応におけるワンポット化に適している。したがって、アントラキノンの水素化、続くアントラヒドロキノンの空気酸化を同一容器で連続して実施でき、さらに、FB 発生装置内部のスタティックミキサー、ならびに FB 自身による撹拌効果により、抽出機としての機能が期待される。その結果、常圧・常温条件で 10.6 wt% の H_2O_2 合成を達成した（**図 5 下**）[15, 16]。さらに、合成した H_2O_2 を用いて酸化反応を検討した結果、2 級アルコールの酸化、スルフィドの酸化、シクロオクテンのエポキシ化反応が定量的に進行したことから、FB 手法により合成した H_2O_2 の直接利用が可能であり、オンサイト合成システムの構築を達成した。

8．ファインバブル手法による気－液－液反応

　相間移動触媒反応に代表されるように、気－液－液反応は実用的な有機合成反応様式の一つである。しかし、すべての相が移動相となることから、一般的に機械的な強撹拌が必要である。FB の分散性の高さに着目し、FB 手法の気－液－液反応への適用可能性について検討した。まず、メチレンブルーで着色した水とトルエンの二相分離液に対して、空気 FB を導入したところ、気－液－液の分散状態が観測され、10 分間静置しても、FB 導入前の二相にまで分離しなかった（**図 6**）。そこで、相間移動触媒（PTC）存在下、酸素－FB によるケトンの α 位の水酸基化を検討したところ、Bubbling 手法と比較して FB 手法において高収率で反応が進行した（**図 7**）[17]。界面付近の気－液－液混合流体を FB 発生機へ導入する工夫は必要であるが、機械的な強撹拌を必要としないシステムの構築が可能になった。

9．ファインバブル手法と光励起反応

　FB 手法の利点として、既存の反応装置に FB 発生装置を後付することによりシステムを強化できる点がある。例えば、溶存気体濃度を向上するために、光反応操作を耐圧下で実施するのは

水：メチレンブルーで着色

①FB導入前 　②FB導入 　③FB終了 　④10分放置
図6. FB手法による気－液－液相分離

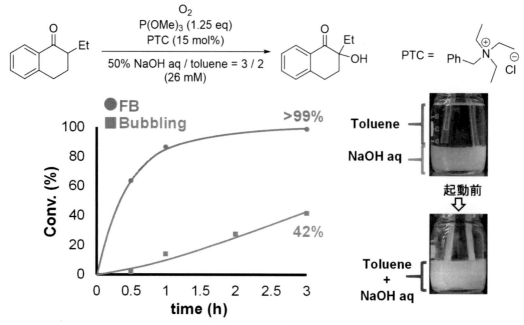

図7. FB手法による気－液－液反応：相間移動条件水酸基化反応

困難である。しかし、気体成分を FB として反応系に供給する操作を一単位操作として捉え、FB
発生装置と光反応装置を組み合わせることにより常温・常圧で実施できる可能性がある。また、
光は一般的に媒体を透過するが、UFB を測定する際、FB の光散乱現象を利用したことからも明
らかなように、FB の存在は媒体中の光利用効率を向上させることが見込まれる（**図 8 上**）。そ
こで、酸素－FB の光励起により一重項酸素を発生させ、酸化反応を検討した。一重項酸素は光
増感剤存在下で光照射することにより発生し、空軌道を有するため強い酸化力を示す。反応試薬

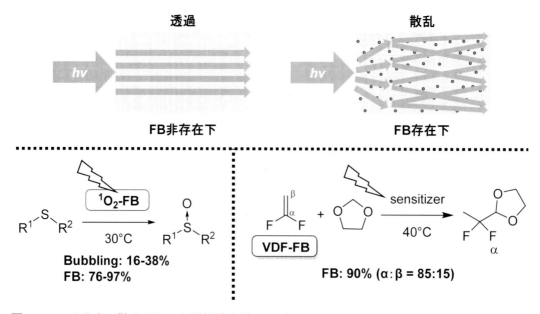

図8. FBによる光の散乱（上）、光励起酸素酸化反応（左下）、光励起炭素－炭素結合反応（右下）

が酸素自身であることから、高濃度酸素が反応性向上に有利である。スルフィドの光酸化反応を検討した結果、定量的にスルホキシドが得られ、スルホンの副生は観測されなかった。一般的に、一重項酸素が関与する反応は光増感剤を必要とするが、本反応において光増感剤フリーの条件下でもスルホキシド選択的に酸化反応が進行した。したがって、酸化反応終了後、光と空気の供給を止め、溶媒を除去するのみで生成物のスルホキシドを精製できるクリーンな合成法である（**図8左下**）[18]。なお、条件を適切に選択することにより、スルフィド[19]またはスルホキシド[20]からのスルホンへの酸化も可能である。さらに、酸素付加反応だけでなく、酸化的脱水素化にも適用できる。例えば、コリアンダーやレモンなどの多くの植物の精油から抽出されるγ-テルピネンをFB＋光手法で酸化的芳香族化を検討したところ、触媒的、短時間かつ選択的にp-シメンが得られた。また、アミンの光酸化的脱水素化ホモカップリング反応に適用した結果、触媒量（0.01 mol% = 10 ppm）の光増感剤存在下でFB手法がBubbling手法の3倍の反応速度を示した。さらに、官能基変換だけでなく、炭素－炭素結合形成反応にも本手法を適用した結果、基質となるフッ化ビニリデン（VDF）をFB化し、α選択的光励起付加反応を達成した（**図8右下**）[21]。

１０．ファインバブル手法によるフロー合成

　これまでバッチ系におけるFB有機合成手法について紹介してきた。一方、合成反応をフロー化することは、グリーンプロセスの原則[22]である「効率の最大化」「廃棄物の最小化」「コストの削減」に対して貢献できることから、我々が目指している「グリーンものづくり」につながる。さらに、フロー系における気体が関与する反応は、反応系が閉鎖空間であることから安全性が高く、物質移動も高効率になるなどの利点がある。しかし、生産性の向上を見込んで、気体導入量を増加していくと、気泡が合着することから気液界面が減少し、物質移動が減少することから反応性が低下する。また、過剰気体を供給することになり、気体の回収や廃棄が課題となる（**図9**

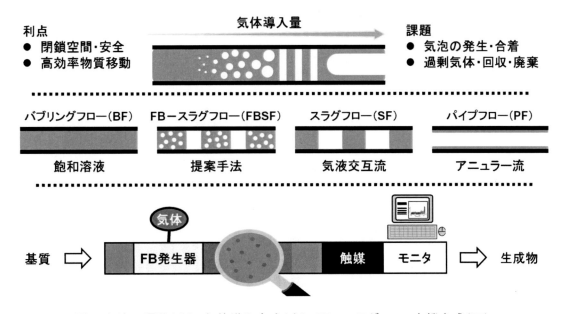

図9．気泡の遷移（上）、気体導入方式（中）、FB－スラグフロー有機合成（下）

上）。これらの課題を克服するために、物質移動が効率的であることから気相－液相マイクロフロー反応で一般的に採用されるスラグフロー（SF）の液相部に、FB を含有する FB－スラグフロー（FBSF）を新たに提案した（**図9中**）[23]。研究室レベルで必要最小量の気体導入量によるフロー合成を実施するには、気体と液体の導入量を精緻に制御可能、かつ 100 mL/min 以下で FB 溶液を発生する装置が必要である。そのため、2019 年に開発した FB 発生装置（**図1右上**、FB 発生能力 2〜75 mL/min）をフロー反応システムに組み込み評価した（**図9下**）。まず、増感剤（Rose bengal）と 1 当量の酸素－FB 存在下、γ-テルピネンに対して光励起酸化的脱水素化反応を検討した結果、酸素飽和溶液を通液するバブリングフロー（BF）手法より FBSF 手法が 6.8 倍の反応性を示した。SF と比較しても、2 倍以上の効率化が達成されており、FB－光－フローの組み合わせは有効である（**図10上**）。続いて、Pd 触媒存在下、1 当量の水素－FB を用いて、シンナミルアルコールの二重結合の接触水素化反応を検討した結果、酸化的脱水素化反応と同様に、FBSF 手法が最も反応効率が良いことが明らかになった（**図10下**）。BF 法では水素が関与しない Pd 触媒反応由来の副生成物が顕著に検出されていることから、FB 手法による液相中水素量の高濃度化は反応選択性に大きく影響する。また、1 当量の水素しか用いていないことから、水素消費効率は収率と同じであり、廃棄される水素の削減に大きく貢献できる。

　続いて、FB による反応性向上と、フロー法による滞留時間の精密制御を利用して、過剰反応の抑制によるフェノール誘導体のケトン選択的水素還元反応を検討した（**図11**）。その結果、BF 法では 0.1%、SF では 46% 収率、ケトン **2** と過剰還元体 **3** の生成比は 81：19 であった。一方、FBSF 法では 88% 収率、90：10 まで生成比が向上した。反応式で示された化合物以外のピークが GC で確認されなかったことから、転化率と収率の差は基質や生成物の触媒への吸着が原因と考えられるが、FBSF 法では吸着が 2% まで抑制されていた。一般的にフェノール誘導体の水素還元反応は 1 MPa 以上の高圧を必要とするのに対し、0.8 MPa で反応が進行し、さらに最低必要量である 2 当量の水素の 91% が還元反応で消費されている。このように、過剰な気体供給を要しない低環境負荷型プロセスであることから、工業スケールでの利用およびファインケミカルズ合成プロセスへの貢献が期待される。なお、バッチ系で進行する反応のフロー系への適用は可能であり、安全性の観点からもフロー系への移行が望まれる。

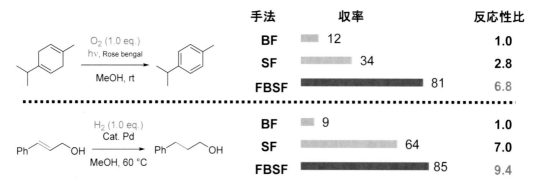

図10. FB手法によるフロー合成：酸化的脱水素化（上）と水素化反応（下）

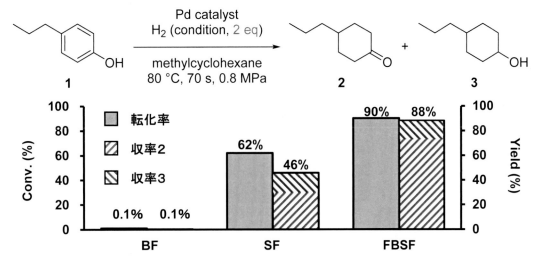

図11. FB－スラグフロー合成：フェノール誘導体の選択的還元

１１．ファインバブル手法の将来展望

　経済産業省による技術戦略マップ 2010 のグリーン・サステイナブルケミストリー分野におい
て、FB を用いたクリーン酸化プロセスの開発は省エネ、資源多様化、産業競争力という面で二
酸化炭素削減効果が大きいと期待されている。その関連市場分野は化粧品、医療品、電子材料、
接着剤、封止剤、環境浄化触媒と多岐にわたり、年 1000 億円の市場規模で 2015 年ごろ、または
2020 年以降の実用時期として開発が進められてきた。本書でも紹介されている通り、FB の実用
化はこの 20 年間で着実に進んでいる。しかし、有機合成化学を基盤としたグリーンものづくり
への FB 手法の展開は、2006 年に FB 有機合成を着想し、2009 年に研究室スケールの FB 発生装
置を開発し、2010 年に学会発表、2011 年に論文発表をしたばかりである。それにもかかわらず、
FB 法を適用できる有機溶媒、反応の種類は着実に増えており、複数グループから FB 有機合成
例が報告されるようになっており、我々の報告以外にも、酸素－FB によるアルデヒドからカル
ボン酸への酸化反応や[24]、向山エポキシ化[25]、二酸化炭素－FB によるカーボネート合成[26] が
報告されるなど、本手法の一般性は高いと言える。さらに、有機溶媒中で FB を発生できること
から、FB 燃料への応用も検討されており、軽油、灯油、ガソリン中に FB を発生できることも
確認されている。また、スケールアップに伴って増加する制御流路数や背圧の課題は、社会実装
する上で解決しなければならない。しかし、最近、ハニカム構造触媒を利用したシンナミルアル
コールの二重結合選択的接触水素化において、1 kg/day 以上の生産性が達成された[27, 28]。また、
セラミック微細孔方式、MSE（Multi-stacked elements）撹拌方式、噴霧方式など、スケールアッ
プを指向した FB 有機合成手法の開発が急速に進められており、近い将来、FB 有機合成の実用
化が期待される。なお、実用化に目を向けられる機会が多い FB 技術ではあるが、今後、FB に
よるグリーンものづくりの社会実装化に向けて、FB による化学反応促進理由の体系化を学術的
に進める必要があることを付記しておく。最後に、本研究を実施するにあたり、日夜研究に励ん
でくれた静岡大学の学生諸氏に深く感謝する。

参考文献

1) ホームページ Transforming our world: the 2030 Agenda for Sustainable Development (https://sdgs.un.org/2030agenda)

2) ホームページ MASE Laboratory@Shizuoka University (https://wwp.shizuoka.ac.jp/mase/)

3) マイクロバブル・ナノバブルの技術と市場2021, シーエムシー出版 (2021).

4) 小田島博道, 間瀬暢之, "混合器、ファインバブル含有流体生成装置、気液混相流体流れ形成方法及びファインバブル含有流体生成方法," 特許出願2018-138004 (2018).

5) Alheshibri, M., Qian, J., Jehannin, M., Craig, V. S. J., "A history of nanobubbles," *Langmuir*, **32**, 11086 (2016).

6) German, S. R., Edwards, M. A., Chen, Q. and White, H. S., "Laplace pressure of individual h2 nanobubbles from pressure–addition electrochemistry," *Nano Letters*, **16**, 6691 (2016).

7) Mase, N., Nishina, Y., Isomura, S., Sato, K., Narumi, T., Watanabe, N., "Fine-bubble-based strategy for the palladium-catalyzed hydrogenation of nitro groups: Measurement of ultrafine bubbles in organic solvents," *Synlett*, **28**, 2184 (2017).

8) 柘植秀樹, *日本海水学会誌*, **64**, 4 (2010).

9) Mase, N., Mizumori, T., Tatemoto, Y., "Aerobic copper/tempo-catalyzed oxidation of primary alcohols to aldehydes using a microbubble strategy to increase gas concentration in liquid phase reactions," *Chemical Communications*, **47**, 2086 (2011).

10) Mase, N., Isomura, S., Toda, M., Watanabe, N., "Micro and nanobubble based strategy for gas-liquid-solid multiphase reactions: Palladium-catalysed hydrogenation of carbon-carbon unsaturated bonds," *Synlett*, **24**, 2225 (2013).

11) 永野利久, 金光将樹, 元山隆志, 間瀬暢之, "基質と水素との反応生成物の製造方法," 特許出願2011-158551, 登録5936027 (2011).

12) 宮本正教, 樋田幸三, 間瀬暢之, "芳香族アミン化合物の製造方法," 特許出願2012-140292 (2012).

13) 間瀬暢之, 谷地義秀, "アミン化合物の製造方法," 特許出願2020-052830 (2020).

14) 間瀬暢之, 谷地義秀, "高分子化合物水素化物の製造方法," 特許出願2020-052823 (2020).

15) 間瀬暢之, 井上貞人, 松本純一, 赤石良一, "過酸化水素合成方法," 特許出願2013-152163 (2013).

16) 間瀬暢之, 高木斗志彦, 玉谷弘明, "過酸化水素の製造方法," 特許出願2017-054025 (2017).

17) 間瀬暢之, 松本純一, 赤石良一, "気相-液相-液相化学反応を用いた有機合成法," 特許出願2015-138175 (2015).

18) 間瀬暢之, 松本純一, 赤石良一, "光酸素酸化による酸化生成物の, 改良された製造方法," 特許出願2014-046542, 登録6282005 (2014).

19) 間瀬暢之, 柴山勝弘, "スルホン化合物の製造方法," 特許出願2017-099472 (2017).

20) 間瀬暢之, 柴山勝弘, "スルホン化合物の製造方法," 特許出願2017-028851 (2017).

21) 間瀬暢之, 白井淳, 黒木克親, "有機化合物の製造方法," 特許出願2019-22160 (2019).

22）Dallinger, D., Kappe, C. O., "Why flow means green - evaluating the merits of continuous processing in the context of sustainability," *Current Opinion in Green and Sustainable Chemistry* **7**, 6 (2017).

23）Iio, T., Nagai, K., Kozuka, T., Sammi, A. M., Sato, K., Narumi, T. and Mase, N., "Fine-bubble-slug-flow hydrogenation of multiple bonds and phenols," *Synlett*, **31**, 1919 (2020).

24）Fujita, H., Fukuju, T., Matsuda, T., Hata, T., Nishiuchi, Y., Sakamoto, M., "Oxidation of benzaldehyde to benzoic acid using O_2 fine bubbles," *Journal of the Japan Petroleum Institute*, **64**, 10 (2021).

25）Fujita, H., Yoshimatsu, H., Miki, C., Shirai, T., Hata, T., Sakamoto, M., "Acceleration of Mukaiyama epoxidation using O_2 fine bubbles," *Chemistry Letters*, **50**, 1066 (2021).

26）宇留野学, 高橋賢一, 木村千也, 武藤多昭, 谷川昌志, 花田和行, "5員環環状カーボネート化合物の製造方法," 特許出願2015-070786, 登録6483499 (2015).

27）水上友人, 齋藤祐介, 間瀬暢之, "ファインバブルを用いた反応装置及び反応方法," 特許出願2018-169969, 特許6712732 (2018).

28）水上友人, 齋藤祐介, 間瀬暢之, "ファインバブルの製造装置及びファインバブルの製造方法," 特許出願2018-169968 (2018).

第13章　ファインバブルの晶析技術への利活用

松本　真和

（日本大学）

1．はじめに

　一般に化学工学分野では，化学プロセスにおいて均質な製品を得たい場合，完全混合状態を達成するなどの対策によって反応系内の不均一性の解消，すなわち，温度・濃度分布の改善が不可欠となる．しかし，系内に不均一場が存在する場合においても，系全体に微視的な不均一場が多量に分散した状態を保持できれば，マクロな観点から系全体を見かけ上「均一」な系として取り扱うことができる．

　気泡の微細化は，i)気–液界面積の増大にともなう物質移動・反応吸収の促進，ii)浮力の減少にともなう気泡の平均滞留時間の増大，iii)気泡の負の表面電位による気–液界面での相互作用などの現象・効果を引き起こす[1,2]．その結果，表面電位を有するファインバブルが液相内に長時間留まることで擬似気–液混合流体相（液相に気相が均一分散した流体相）が創成され，微細な気–液界面での局所的な濃度不均一場を結晶化が進行する過飽和場として積極的に利活用できる．ここでは，気–液界面現象に着目したファインバブル技術と晶析技術の接点および微細な気–液界面の晶析技術への利活用例について述べる．

2．ファインバブル技術と晶析技術の接点
2．1　晶析操作の原理に基づくファインバブルの導入効果

　晶析操作は，非平衡状態での結晶化現象を利用した単位操作の一つであり，物質の分離・精製と粒子群製造の二つの側面をもつ．結晶化の推進力は基本的に晶析対象物質の操作濃度と平衡濃度（溶解度）の差で示される過飽和（比で表示される場合には過飽和比）であり，得られる結晶粒子群の品質は過飽和に依存する．例えば，晶析操作において過飽和の増加によって核発生を支配的に生じさせれば，有効核数の増大にともなう単位結晶あたりの成長速度の低下により微粒子が生成する[3]．晶析対象物質が複数の結晶構造（多形）を有する場合，晶析操作の初期段階で核発生する多形は過飽和の増加に応じて安定型，準安定型，不安定型の順に変化する（オストワルドの段階則[4]）ため，過飽和制御によって析出多形をコントロールできる．したがって，晶析操作において結晶粒子群に品質を作り込むためには，晶析対象物質の過飽和の操作戦略が重要となる[5]．

　図1i)にバルク溶液全体に過飽和を生成する場合の晶析操作の原理を示す．晶析対象物質である溶質 A が熱的安定性に優れ，易溶性（溶解度が 0.1 mol/L 以上が目安）である場合，溶解度曲線上の a_1 点にある溶液の冷却操作または a_2 点にある溶液の加熱濃縮（溶媒蒸発）操作によって b 点の溶液とすることで，バルク溶液全体に操作濃度 C とその温度における飽和濃度 C^* との差 ΔC_{bulk}（$= C - C^*$）の過飽和を生じさせ，結晶 A を析出させる（冷却または蒸発晶析）．この際，冷却または加熱濃縮操作は，溶質 A の溶解度の温度依存性を基準として選定する．また，晶析対象物質が陽イオン A^+ および陰イオン B^- から成る難溶性塩（溶解度が 0.1 mol/L 以下）である

場合では，結晶化の推進力は A^+ および B^- のイオン濃度積 $[A^+][B^-]$ と溶解度積 K_{SP} の差で表される．この場合では，バルク溶液全体において K_{SP} を超えるように A^+ および B^- の濃度を設定することで b 点とし，$([A^+][B^-] - K_{SP})_{bulk}$ の過飽和を得ることで結晶 AB を晶析させる（反応晶析）．その他，溶質 A の熱的安定性が低い場合には，第 3 成分 X を添加し，溶媒組成や pH の変化によってバルク溶液全体における A の溶解度を低下させ，過飽和を得ることで結晶 A を析出させる手法（非溶媒晶析）などもある．

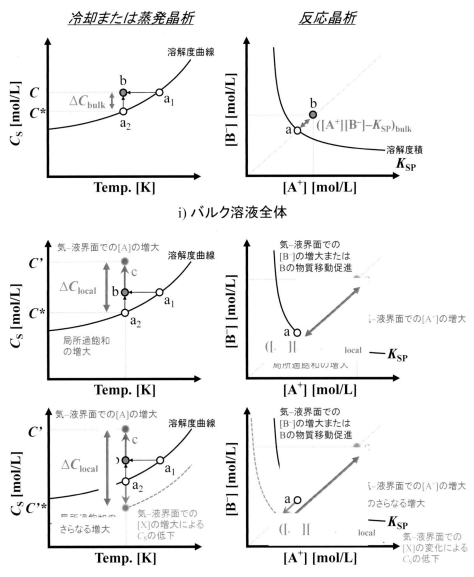

図 1　晶析操作の原理

上述の冷却・蒸発または反応晶析にファインバブルを導入した系では，気泡の負の表面電位特性や気泡内ガスの液相への物質移動の促進効果を利用することで気–液界面近傍で局所的にAやA$^+$，B$^-$濃度が増大し，b点を見かけ上c点にできる（**図1 ii)**）．すなわち，気–液界面近傍でΔC_{local} = $C' - C^*$（ $> \Delta C_{bulk}$ ）または$([A^+][B^-] - K_{SP})_{local}$（ $> ([A^+][B^-] - K_{SP})_{bulk}$ ）の過飽和が得られる．さらに，微細な気–液界面近傍で非溶媒やpH調整剤であるXを共存させることで微細な気–液界面近傍でXも濃縮し，AまたはABの溶解度または溶解度積を低下させれば，より高い局所過飽和を達成することができる．したがって，バルク溶液全体の過飽和が低い場合においても，気–液界面近傍に創成される局所的な高過飽和場を積極的に活用することで，バルク溶液全体が高過飽和である場合と同様の晶析現象を生じさせることができる．

２．２　微細な気-液界面における局所過飽和場の概念

　図2にファインバブルの気–液界面現象に着目した局所過飽和場の概念を示す．易溶性の結晶Aを晶析させたい場合（①の系），晶析対象物質である溶質Aを含む液相中にファインバブルを導入すれば，ファインバブルの負の表面電位特性によってAを気–液界面近傍に濃縮することで局所過飽和の増大が図れる．晶析対象物質ABの陽イオンA$^+$および陰イオンB$^-$を含む液相から結晶ABを晶析させたい場合（②-1の系），ファインバブルを導入すれば，気–液界面近傍に濃縮されたA$^+$と周囲のB$^-$とのイオン濃度積を局所的に増大できる．また，B$^-$が気相から供給できる場合（②-2の系）では，気–液界面近傍のA$^+$濃縮場へのBの気相からの物質移動によっても局所的に高い濃度積を達成できる．さらに，気相Bの液相への物質移動にともなう気泡の収縮により，気泡の微細化効果を顕在化できる．ただし，晶析条件をB$^-$の供給律速とする必要がある．

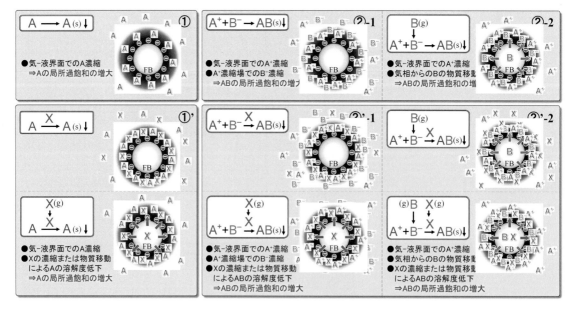

図2　微細な気–液界面における局所過飽和場の概念

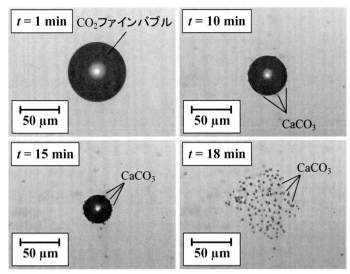

図3 気–液界面での結晶化の様子

　ここで，②-2の系において実際にファインバブルの気–液界面近傍で生じた結晶化の様子を**図3**に示す．Ca^{2+}を含有する水溶液中に滞留させた単一のCO_2ファインバブルがガス溶解にともない縮小し，$CaCO_3$の核発生が気泡周囲で進行していることがわかる．さらに，上述の①，②-1，②-2の系において，結晶粒子群の生産効率の向上や結晶品質の改善を図るためにさらなる局所過飽和の増大が必要な場合，第3成分Xを添加し，Xも気–液界面近傍に濃縮すれば，AまたはABの溶解度または溶解度積を局所的に低下させる（①'，②'-1，②'-2の系）ことができる．成分XにはAまたはABに対する非溶媒だけでなく，AまたはABの溶解度がpHに依存する場合にはpH制御剤を用いることもできる．また，微細な気–液界面近傍での成分AまたはABの溶解度を低下させる手法として，局所的な温度を意図的に変化させることも考えられる．溶解度の温度依存性が負である場合には局所的な温度の増大を図れるマイクロ波や超音波照射の併用も有効な手段となりうる．

　以下では，②-1の系，②-2の系，①'の系，および②'-2の系において，微細な気–液界面の晶析技術への利活用例ついて紹介する．

3．微細な気-液界面の晶析技術への利活用
3．1　模擬関節液へのN_2ファインバブルの導入による尿酸ナトリウムの核発生および結晶成長制御（②-1の系）

　尿酸ナトリウム（$C_5H_3N_4NaO_3$：MSU）一水和物は，関節液中の尿酸イオン（$C_5H_3N_4O_3^-$：HU$^-$）とナトリウムイオン（Na^+）の反応によって関節腔の壁面で結晶化し，成長した針状結晶が壁面から剥離することで白血球の貪食・自壊による痛風発作を引き起こす[6-11]．そのため，結晶核数の増加にともなう単位結晶あたりの成長速度の低下による粒径の変化，または特定の結晶面の成長速度の制御にともなう形状の変化によって関節腔の壁面からのMSU結晶の剥離が抑制できれば，痛風発作を遅延できる可能性がある．著者らは，ファインバブルの気–液界面でのMSUの

核発生の促進による結晶成長の抑制を試みている[12].

　常温下において，140 mmol/L の Na⁺を含む pH7.4 のリン酸緩衝液に 3.6 mmol/L の尿酸を溶解させた模擬関節液[13)]に図4 の循環型の加圧溶解式ファインバブル発生装置[12)]（Sigma Tech.製）を用いて N_2 ファインバブルを発生させる．本装置では，気–液混合槽へ同時に供給した液相および気相を加圧し，高圧下において気相を液相に飽和溶解させる．その後，ノズル内での圧力開放および流体力学的キャビテーションによってファインバブルを得る．ここでは，ファインバブルの供給時間を 0–60 min に変化させることで，液相中に滞留するファインバブルの体積密度（η_{bbl}）を 0.0–2.0 vol%の範囲で変化させる．個数基準で算出した平均気泡径は約 300 nm である．η_{bbl} が異なる模擬関節液 70 µL を各々ホールスライドガラスに採取し，4 辺にワセリンを塗付したカバーガラスで密封する．その後，ホールスライドガラスを 298 K で静置することで MSU を結晶化させる．静置時間（t_r）は 170 h 以内とし，t_r が 0 h では η_{bbl} によらず MSU の結晶核の生成は確認されない．

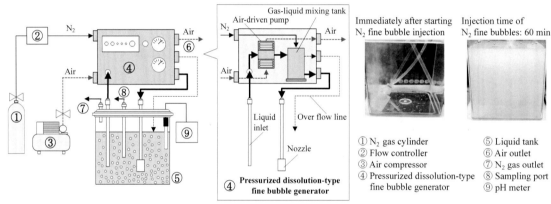

図4　加圧溶解式ファインバブル発生装置の概要

　η_{bbl} が 0.0–2.0 vol%の模擬関節液を静置させ，MSU を結晶化させると，η_{bbl} の増加にともない核発生誘導期（核発生が認められるまでの待ち時間）が短縮され，MSU の生成重量が増大する．t_r が 170 h において，η_{bbl} が 0.0–2.0 vol%で得られる MSU 結晶の様子を図5 に示す．η_{bbl} が高い条件下ほど均一で微粒な MSU の針状結晶が多数生成することがわかる．

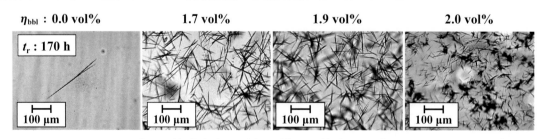

図5　ファインバブルの体積密度の異なる模擬関節液から結晶化した MSU の様子

図6はMSUの核発生速度（r_n）と平均結晶成長速度（r_g）をη_{bbl}で整理した結果である．r_nはMSUの生成重量と平均長径・短径より求めた生成結晶数の時間変化の初期の傾きより，r_gは平均長径の時間変化の傾きより算出している．η_{bbl}の増加にともなうr_nの増大およびr_gの減少が確認できる．上述のファインバブルの導入効果を明らかにするため，N_2ファインバブルをイオン交換水および140 mmol/L-NaCl水溶液に供給した場合のゼータ電位を測定すると，NaCl存在下でのN_2ファインバブルのゼータ電位の値は−35～0 mVを示し，イオン交換水（−80～−40 mV）に比べ小さくなる[12]．これは，模擬関節液にN_2ファインバブルを導入すると，気泡の負の表面電位によって気–液界面近傍でNa^+が濃縮されることを示す．したがって，ファインバブルの滞留数の増加は，気–液界面近傍でのNa^+濃縮により創成される局所過飽和場の面積を増大させ，MSUの核発生の促進にともなう有効核数の増加によって単位結晶あたりの結晶成長を抑制できる．

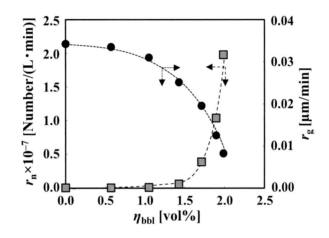

図6　ファインバブルの体積密度とMSUの核発生および結晶成長速度の関係

３．２　製塩脱K苦汁へのCO_2ファインバブルの導入による$CaMg(CO_3)_2$の製造（②-2の系）

　製塩プロセスでは，膨大なエネルギーを投じて原料である海水を濃縮した後，NaClを蒸発晶析させ，濃縮海水（苦汁）を排出している．製塩プロセスの高効率化を図るためには，苦汁中のKをKClとして回収した後の脱K苦汁中に高濃度で溶存する資源の新規回収・高品位化法を開発する必要がある．脱K苦汁中の溶存Ca，Mgの効果的な分離・回収法としては，CO_2との反応晶析によって炭酸塩を生成する手法が考えられる．特に炭酸カルシウムおよび炭酸マグネシウムの複塩であるドロマイト（$CaMg(CO_3)_2$）は耐火材，充填剤，食品および医薬品添加物として幅広く用いられており[14]，用途に応じて高機能化を図るためには結晶中のMg/Ca比が高く，微粒な$CaMg(CO_3)_2$の製造が望まれている．一般に，$CaMg(CO_3)_2$の合成ではバルク溶液の過溶解度積の増加によりMg/Ca比が増大し，粒径が減少することから[15,16]，高いMg/Ca比を有する$CaMg(CO_3)_2$微粒子の生成を促進するためには，高いCa^{2+}，Mg^{2+}およびCO_3^{2-}濃度が必要となる．そこで，系内に局所過飽和場を創成できるCO_2ファインバブルを脱K苦汁からの$CaMg(CO_3)_2$の反応晶析に適用する．

製塩企業より提供を受けた脱 K 苦汁に平均気泡径（d_{bbl}）の異なる CO_2 気泡を連続供給し，$CaMg(CO_3)_2$ を反応晶析させる．d_{bbl} が 40 μm の CO_2 ファインバブルはモーターの回転によってインペラー背面に生じる負圧とインペラーの剪断力を利用した自吸式ファインバブル発生装置[17-22)]を用いて発生させ，d_{bbl} が 200 – 2000 μm の CO_2 気泡は細孔径の異なる分散器を用いて発生させる（撹拌速度：800 min^{-1}）．CO_2 のモル供給量は 11.9 mmol(L·min) で一定とし，反応時間（t_r）は 120 min 以内である．図 7 a)に $CaMg(CO_3)_2$ 収量（$C_{dolomite}$）および $CaMg(CO_3)_2$ 中の Mg/Ca 比の時間変化を示す．

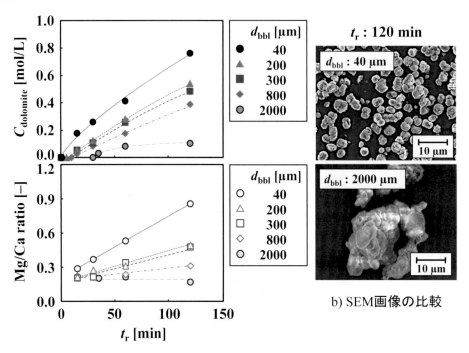

a) $CaMg(CO_3)_2$収量およびMg/Ca比の時間変化

図7　平均気泡径を変化させた場合の a) $CaMg(CO_3)_2$ 収量および Mg/Ca 比の時間変化
b) SEM 画像の比較

　$CaMg(CO_3)_2$ 中の Mg/Ca 比は，XRD パターン中のカルサイト（2θ = 29.4 °）から $CaMg(CO_3)_2$（2θ = 30.7 °）へのピークシフトより算出している [16,17,23)]．CO_2 気泡の微細化にともない核発生誘導期（結晶核の発生が認められるまでの待ち時間）が短縮され，$C_{dolomite}$ が増大することがわかる．また，d_{bbl} が 2000 μm での Mg/Ca 比はいずれの t_r においても 0.20 でほぼ一定であるのに対して，d_{bbl} を 40 μm まで減少させると Mg/Ca 比は直線的に増大し，120 min で 0.86 に達する．t_r が 120 min で得られる $CaMg(CO_3)_2$ の SEM 画像の比較を図 7 b)に示す．d_{bbl} が 2000 μm では 20 μm 程度の凝集体が得られるのに対し，d_{bbl} が 40 μm では凝集の程度が緩和され，2 μm 程度の球状粒子が生成する．0.1 mol/L の $CaCl_2$ または $MgCl_2$ 水溶液中でのファインバブルのゼータ電位の測定結果より，Ca^{2+} または Mg^{2+} が存在することで負のゼータ電位の絶対値が減少することから [17)]，CO_2 気泡の微細化にともなう気-液界面積および平均滞留時間の増加による CO_2 物質移動

量の増大，および気泡の表面電位特性に起因する Mg^{2+}，Ca^{2+} の濃縮により気–液界面において局所的に高いイオン濃度積が達成され，Mg/Ca 比の高い $CaMg(CO_3)_2$ 微粒子の収率向上が図れる．

3．3　N_2 ファインバブルと非溶媒の併用によるグリシンの多形制御（①'の系）

　最も単純なアミノ酸であるグリシンには，安定な γ 型，準安定な α 型，不安定な β 型の三つの多形が存在し，常温・常圧におけるグリシン多形の熱力学的安定性は，γ 型 ＞α 型 ＞β 型の順である [24-26]．これらの多形により溶解度や溶解速度，バイオアベイラビリティーが異なるため [27]，所望多形を高収率で得るための晶析技術の開発が望まれる．晶析プロセスでは，オストワルドの段階則に従い，バルク溶液の過飽和の増加に応じてより不安定な多形が優先的に核発生することから，高い溶解性を持つ準安定型や不安定型多形の晶析には，高い過飽和を達成する必要がある．

　溶液温度が 303 K のグリシン飽和溶液に非溶媒であるアルコールを添加すると同時に，自吸式ファインバブル発生装置 [28] を用いて d_{bbl} が 10 μm の N_2 ファインバブルを連続供給し，グリシンを晶析させる．非溶媒としてのアルコールには，炭素数が異なるメタノール（MeOH），エタノール（EtOH），またはイソプロパノール（IPA）を用いる．ここでは，グリシンの析出多形を評価するための一つの指標として，グリシンの操作濃度（C）および溶解度（C_S）から決定したバルク水溶液中の過飽和比（C/C_S）を用いる．C_S はいずれのアルコールにおいてもアルコールの添加割合（V_{anti}）の増加にともない減少し，V_{anti} に対する C_S の依存性は IPA＜EtOH＜MeOH の順で顕著になる [28,29]．そのため，炭素数の低いアルコールほど C/C_S が高まることになる．**図 8** に N_2 ファインバブルを供給した場合における各多形の初期生成速度（r_i, i＝α-form, β-form, γ-form）を非溶媒の種類および C/C_S で整理した結果を示す．比較として，N_2 ファインバブルを供給しない場合の結果も示す．IPA 系（炭素数：3）において非溶媒のみを添加する場合，C/C_S が 2.7 で $r_γ$ が極大を示し，C/C_S が 3.6 では $r_α$ が $r_γ$ を上回る．この系で N_2 ファインバブルを併用すると，C/C_S が 1.4 では γ 型と α 型の生成が確認され，C/C_S が 2.0 – 4.7 では α 型，C/C_S が 5.9 では β 型が主生成物となる．さらに，EtOH 系（炭素数：2）では，C/C_S が 6.6 以下での β 型の生成は確認できないが，N_2 ファインバブルの導入により β 型の生成領域が 3.9 まで拡大する．また，MeOH 系（炭素数：1）では，非溶媒と N_2 ファインバブルの併用により β 型を選択的に結晶化させるために必要な C/C_S を 7.1 から 3.0 に低減できることがわかる．上述の N_2 ファインバブルの併用効果より，アルコールの炭素数の違いによって析出多形が変化する要因を検討するために，イオン交換水または 2.0 mmol/L のグリシン水溶液中での N_2 ファインバブルのゼータ電位を測定した結果（**図9 a)**），グリシンの共存によりファインバブルの負のゼータ電位が 0 mV に向かって増大する知見を得ている [30,31]．さらに，N_2 ファインバブルを V_{anti} の異なる MeOH，EtOH，または IPA 水溶液に供給した場合のゼータ電位を**図9 b)**に示す．いずれのアルコールにおいてもファインバブルのゼータ電位は V_{anti} の増加よって 0 mV に近づき，各 V_{anti} におけるゼータ電位の絶対値は IPA＜EtOH＜MeOH（炭素数：3＜2＜1）の順で増大することがわかる．したがって，ファインバブル導入とアルコール添加の併用は，気–液界面近傍でのグリシン濃縮のみならず，アルコール濃縮によるグリシン溶解度の低下を引き起こす．さらに，添加するアルコールの炭素数を変えれば，気–液界面近傍でのアルコール分子の濃縮挙動の変化にともなう局所過飽和の変化により，グリ

シンの析出多形が制御できる.

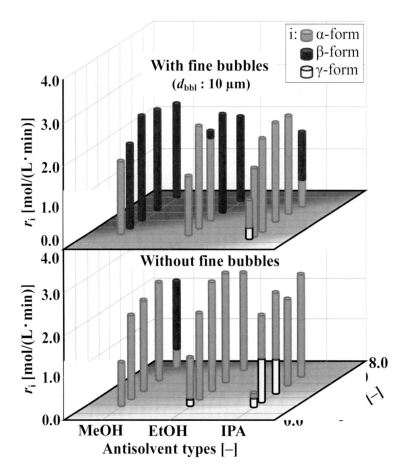

図8　非溶媒の種類および過飽和比によるグリシンの析出多形の整理

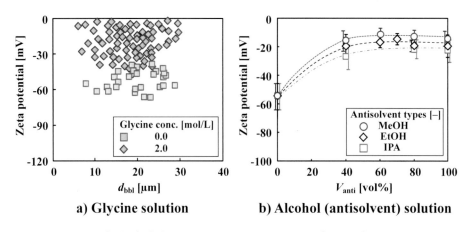

a) Glycine solution　　　　b) Alcohol (antisolvent) solution

図9　各水溶液中における N_2 ファインバブルのゼータ電位

３．４　CO₂/NH₃ ファインバブルを用いた炭酸カルシウムの多形制御（②'-2 の系）

　炭酸カルシウム（CaCO₃）は，製紙，顔料，塗料，プラスチック，ゴム，織物などの様々な産業において充填剤として広く用いられており，このような産業への適用では，微細な粒径，狭い粒径分布，均一な形状や多形からなる CaCO₃ が求められている [32,33]．CaCO₃ には，安定型のカルサイト，準安定型のアラゴナイト，不安定型のバテライトの三つの多形が存在し，溶解度や密度などの物理化学特性や形状は多形に依存することから，晶析プロセスにおいて多形制御が望まれている．

　反応温度が 298 K，水溶液 pH が 9.0 または 10.5 の条件下で，0.1 mol/L の Ca(NO₃)₂ 水溶液に d_{bbl} が 40 または 2000 μm の CO₂/NH₃ 混合ガス気泡を連続供給することで CaCO₃ を反応晶析させる．d_{bbl} が 40 μm の気泡は自吸式ファインバブル発生装置 [17-22)] を用いて，2000 μm の気泡は分散式装置を用いて発生させる．反応原料である CO₂ モル供給速度（F_{CO2}）は 0.22 mmol/(L·min)，pH 調整ガスである NH₃ のモル供給速度（F_{NH3}）は 1.12 mmol/(L·min)，および CO₂/NH₃ モル比（$\alpha_{CO2/NH3}$）は 0.20 である．晶析中の pH は HNO₃ および NH₄OH 水溶液の滴下により 9.0 または 10.5 で維持する．図 10 に得られる CaCO₃ 多形収量（C_i：i = total，calcite，aragonite，vaterite）の時間変化を示す．

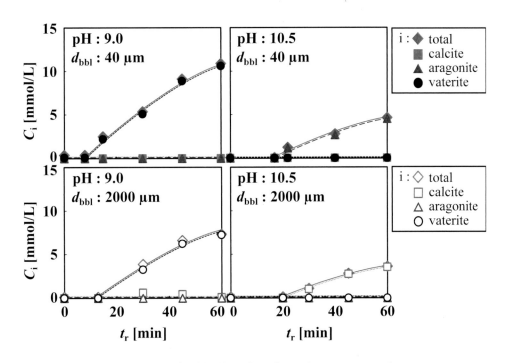

図 10　CaCO₃ 多形収量の時間変化（$\alpha_{CO2/NH3}$：0.20）

　pH が 9.0 では，d_{bbl} を 2000 μm から 40 μm に減少させると核発生誘導期が短縮され，不安定型バテライトの収量が増大することがわかる．pH が 10.5 では，d_{bbl} が 2000 μm で安定型のカルサイトが得られるが，d_{bbl} が 40 μm では準安定型のアラゴナイトが高選択的に生成する．CO₂/NH₃

気泡の微細化は，CO_2 物質移動の促進，負の気泡表面電位による局所的な Ca^{2+} 濃度の増大，NH_3 の優先溶解にともなう気–液界面近傍での局所的な pH の増大と気泡径のさらなる縮小をもたらす．結果として，微細な気–液界面近傍での局所過飽和が変化することで，特定多形の収率向上や析出多形の制御が可能となる．

４．おわりに

気泡の微細化にともなう気–液界面積，滞留時間，帯電性の増大により創成される気–液界面近傍での局所的な濃度不均一場を結晶化が進行する過飽和場として活用することで，見かけの晶析現象を変化させることができる．ファインバブルの導入による気–液界面近傍での溶質およびイオン濃度の増加および気泡内ガスの液相への物質移動の促進を利用すれば，気–液界面近傍での局所過飽和の増大にともなう核発生および結晶成長現象の変化によって，「結晶収率の増大」，「結晶組成・多形の変化」，および「粒径の微細化・均一化」が図れる．さらに，第 3 成分の導入により晶析対象物質の溶解度を気–液界面近傍で局所的に低下させれば，さらなる局所過飽和の増大によって上述の結晶収率の増大や結晶品質の変化を顕在化できる．

したがって，ファインバブルの微細な気–液界面に生じる局所過飽和の操作戦略を設計すれば，結晶粒子群の生産効率の向上と品質（結晶組成・多形・粒径など）の改善を同時に達成可能な晶析操作法が確立できる．

参考文献

1) 松本真和, 和田善成, 尾上 薫, “マイクロバブル（ファインバブル）のメカニズム・特性制御と実際応用のポイント 第 4 項 微細気泡の晶析技術への利活用”, 情報機構 (2015) 207.

2) 尾上 薫, 松本真和, “微細気泡の最新技術 –マイクロバブル・ナノバブルの生成・特性から食品・農業・環境浄化・医療への応用まで– 第 5 章 環境分野への応用技術”, NTS (2006) 123.

3) N. Kubota, T. Sekimoto, K. Shimizu, *J. Cryst. Growth*, 102 (1990) 434.

4) W. Ostwald, *Zeitschrift für Physikalische Chemie,*, 22 (1897) 289.

5) 滝山博志, “晶析の強化書”, サイエンス＆テクノロジー (2010) 1.

6) N. Dalbeth, T.R. Merriman, L.K. Stamp, *Lancet*, 388 (2016) 2039.

7) M. A. Martillo, L. Nazzal, D. B. Crittenden, *Curr. Rheumatol. Rep.*, 400 (2014) 1.

8) E. Roddy, M. Doherty, *Arthritis Res. Ther.,*, 12 (2010) 21.

9) H. K. Choi, D. B. Mount, A. M. Reginato, *Ann. Intern. Med.,*, 43 (2005) 499.

10) X. W. Wu, D. M. Muzny, C. C. Lee, C. T. Caskey, *J. Mol. Evol.*, 34 (1992) 78.

11) P. A. Dieppe, J. Shah, *Prog. Cryst. Growth Charact.*, 3 (1980) 17.

12) M. Matsumoto, Y. Wada, R. Otsu, N. Kobayashi, M. Okada, *J. Cryst. Growth*, 539 (2020) 125622.

13) C. Ozono, I. Hirasawa, F. Kohori, *Chem. Eng. Technol.*, 40 (2017) 1231.

14) E. Usdowski, *Naturwissenchaften*, 76 (1989) 374.

15) H. Fujimura, T. Oomori, S. Kochi, T. A. Prolla, S. Someya, *Food Chem.*, 99 (2006) 15.

16) T. Oomiri, Y. Kitano, *Geochem. J.*, 21 (1987) 59.

17) Y. Tsuchiya, Y. Wada, T. Hiaki, K. Onoe, M. Matsumoto, *J. Cryst. Growth*, 469 (2016) 36.

18) K. Onoe, M. Matsumoto, "Micro- and nanobubbles -Chapter 6.2 Development of antisolvent and reactive crystallisation technique-", *Pan Stanford Publishing* (2014) 181.

19) M. Matsumoto, T. Fukunaga, K. Onoe, *Chem. Eng. Res. Des.*, 88, 1624-1630 (2010).

20) 松本真和, 尾上 薫, "基礎分離精製工学 第 11 章 マイクロ・ナノバブル", 三恵社 (2010) 155.

21) 尾上 薫, 松本真和, "マイクロバブル・ナノバブルの最新技術 II 第 3 章 工業分野", CMC (2011) 151.

22) 尾上 薫, 松本真和, "マイクロバブル・ナノバブルの最新技術 第 7 章 マイクロバブル・ナノバブルの応用 3 工業分野", CMC (2007) 178.

23) J. R. Goldsmith, O. I. Joensuu, *Geochimica et Cosmochimica Acta*, 7 (1955) 212.

24) K. Srinivasan, *J. Cryst. Growth*, 311 (2008) 156.

25) Y. Iitaka, *Acta Cryst.*, 11 (1958) 225.

26) P. G. Jonsson, A. Kvick, *Acta Crystallogr.*, B28 (1972) 1827.

27) M. Blanco, J. Coello, H. Iturriaga, S. Maspoch, C. Pérez-Maseda, *Anal. Chim. Acta.*, 407 (2000) 247.

28) M. Matsumoto, Y. Wada, S. Maesawa, T. Hiaki, K. Onoe, *Adv. Powder Technol.*, 30 (2019) 707.

29) T.E. Needham, *Open Access Dissertation in University of Rhode Island*, 159, (1970) 10.

30) M. Matsumoto, Y. Wada, A. Oonaka, K. Onoe., *J. Cryst. Growth.*, 373 (2013) 73.

31) M. Matsumoto, Y. Wada, K. Onoe, *Adv. Powder Technol.*, 26 (2015) 415.

32) D. Chakraborty, V. K. Agarwal, S. K. Bhatia, J. Bellare, *Ind. Eng. Chem. Res.* 33 (1994) 2187.

33) C. Y. Tai, F. B. Chen, *AIChE J.*, 44 (1998) 1790.

第14章　ファインバブルの水系洗浄への応用

第14章　ファインバブルの水系洗浄への応用

山口庸子

（共立女子短期大学）

1．はじめに

　水系洗浄では、多量の水やエネルギー、洗剤や漂白剤など多くの薬剤が使用・廃棄されており、環境保全の立場から節水や低温洗浄への移行、薬剤使用量削減の必要性が広く認識されている。この対策の一つとして、マイクロからナノレベルの微細気泡を扱うファインバブル（FB）の水系洗浄への活用が期待されている。これまで FB の水系洗浄への応用に関する研究では、Karasawa ら [1]は、交番流方式の洗浄装置 [2,3]を用いて、気泡混入による洗浄効果と動的表面張力の関係を、牛田ら [4-6]は、交番流におけるナノバブルと界面活性剤混合液の洗浄効果の向上と静的表面張力の関係を報告している。さらに、藤本らは [7,8]、ガラス管を用いてマイクロバブル洗浄への界面活性剤の添加効果や肌を対象とした界面活性剤の除去効果を報告している。布を基質とした FB 水の洗浄力評価では、水晶振動子法 [9]やフーリエ変換赤外分光光度計（FT-IR）[10]を利用した油汚れの除去評価やアデノシン三リン酸（ATP）を指標としたタンパク質の除去評価 [11]から，FB 水の洗浄効果を報告している。田川らは、FB 水のすすぎ過程での利用効果を報告している [12]。

　一方、空気以外の気体を用いて機能性を高めた FB 水が作られるようになり、実用的な利用を目指す試みが盛んに行われている。特にオゾン FB 水は、強力な殺菌効果が報告されており、塩素系薬剤に代わり野菜 [13]やトイレや壁面の洗浄 [14]、タオルの漂白処理 [15,16]など実用化が始まっている。また、FB 機能を搭載した洗濯機 [17]も販売されているが、繊維基質を対象とする衣類洗浄における FB 水のメカニズムや機能の解明には多くの検討が必要である。

　本章では、FB 水の気泡サイズの影響に着目し、衣類洗浄に関わる性能や洗浄効果について、モデル汚れの選定からアデノシン三リン酸（ATP）を指標とした清浄度や洗浄率の測定を通して述べる。また、オゾン FB 水のオゾン濃度や界面活性剤の併用からオゾン FB 水の汚れの除去効果を示し、FB の水系衣類洗浄への応用について述べる。

2．FB 水の洗浄に関わる特性

　粒子径サイズ 100μm 未満の気泡の FB を浮遊させた水を FB 水、1〜100μm の気泡のマイクロバブル（MB）を浮遊させた水を MB 水、1μm 以下の気泡のウルトラファインバブル（UFB）を浮遊させた水を UFB 水と呼ぶことにする。FB 水の気泡の表面は負に帯電していることや、UFB 水は無色透明であることが知られている。また、ナノサイズの気泡や密度の測定が可能となったことから、気泡サイズによってその挙動は大きく異なり、ファインバブル化することで気体の溶存量の増加や気液界面の面積拡大 [18], 表面張力の低下 [1,4,7,19]などが報告されている。さらに、UFB は水中に長く留まり長期保存が可能であり [20]、溶質とみなされ溶媒で希釈できることが報告されている [21]。

　洗浄に使用される代表的な陰イオン界面活性剤である直鎖アルキルベンゼンスルホン酸塩（LAS）を、FB 水（微細気泡発生装置・ASK3 型・(株) アスプ製）に添加した場合の静的表面

張力を**図1**に示す。この FB 水の表面張力は 54.5mN/m、LAS 添加時よりもやや高い値を示す。静的表面張力の測定は、**図2**に示すように、ニードル状のプローブ（直径 0.5 ㎜）をサンプルに浸して表面張力の測定を行う高速表面張力計（キブロン社製・AquaPi）を使用した。UFB 水や界面活性剤の洗浄系では動的表面張力の測定が行われており[1]、表面張力の低下をより顕著に示すことが報告されている。

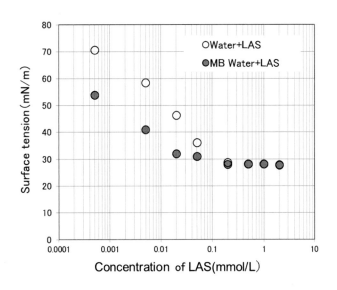

図1 界面活性剤（LAS)の添加が FB 水の表面張力に及ぼす影響

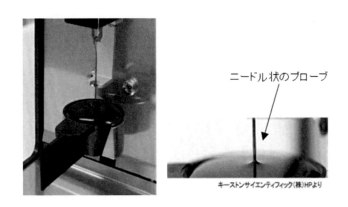

図2 高速表面張力計（キブロン社製・AquaPi）による表面張力の測定

3．FB 水の洗浄効果

3．1 FB 水の洗浄力評価

FB 水の洗浄力評価は、湿式人工汚染布（JISC9606）を用いた方法、水晶振動子法[9]や FT-IR[10]を利用した油性汚れの除去法、アデノシン三 リン酸（ATP）を指標とした方法等が挙げられる。ここでは、ATP を指標とした FB 水のタンパク質汚れの除去について示す。ATP の測定は、ATP

およびアデノシン一リン酸（AMP）を指標とした「ATP ふき取り検査法」に準じて、固体表面の ATP の拭き取りを行う方法と液体中の ATP を測定する方法を用いた。**表 1** に ATP の測定に適した主な汚れと ATP を示す。ATP は、ATP と酵素であるルシフェラーゼを反応させることによって生じる発光量 RLU 値（Relative Light Unit）で示したものである。各種汚れモデルの実測値より、ゼラチン（MP Biomedical 社製）と血液汚染布（CFTCS-1，綿布）をモデル汚れとして、FB 水による洗浄力を測定した。洗浄実験は、**図 3** に示したゼラチンを汚れモデルとした汚染試料（スライドガラス、綿布、ポリエステル布）を作成し、**図 4** のスターラーを用いた簡易装置で洗浄（25℃， 10min）を行い、洗浄後の残液に含まれる ATP の測定から洗浄力を評価した。各種ゼラチン汚染試料の洗浄残液の RLU 値を、イオン交換水の洗浄残液と比較して**図 5** に示す。RLU 値が高いものほど洗浄効果が高いことを示す。スライドガラスを基質とした汚染試料では、明らかに MB の剥離による洗浄効果が確認できるが、汚れモデルを固定しないで洗浄を行った汚染布では、顕著な洗浄効果は得られなかった。

表1　ATP の測定に適した汚れと人工汚染布の RLU 値

		3M　クリーントレース（ATP）		K Co. ルシパック Pen（ATP+AMP）	
		拭き取り UXL100	水中 AQT200	拭き取り	水中 AQUA
人工汚染布	湿式人工汚染布（JISC 9606）	34		499	
	血液（CFT CS-1）	2,005		917,114	
	赤ワイン(CFT CS-3)	152		324	
	ミルクココア（CFT CS-2）	120		6,420	
	ココア（EMPA112）	95		5,311	
	カーボン、鉱物油（EMPA106）	29		42	
牛乳（市販牛乳、成分無調整）			10,313		2,718
ウーロン茶（市販飲料）			295		36,554
紅茶（市販飲料、無糖）			14,379		41,148
緑茶（市販飲料）			142,806		273,975
ゼラチン(7%水溶液、30℃)			8,706		65,369

単位：RLU値

スライドガラス(2.5×7.5cm)

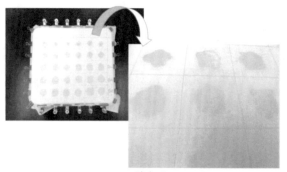

綿布 (5×5cm)

図3　ゼラチン汚染試料の作成

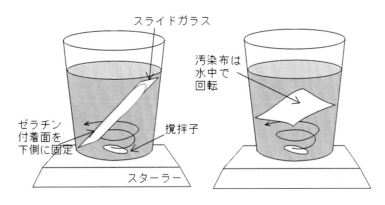

図4 スターラーを使用した洗浄装置

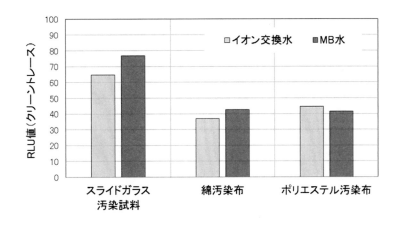

図5 各種ゼラチン汚染試料による FB 水の洗浄効果の比較

３．２ FB 水と界面活性剤の添加効果

　界面活性剤の添加が FB 水の洗浄に及ぼす影響を評価した。7%ゼラチンを付着させたスライ
ドガラス汚染試料用いて洗浄（25℃、10min）を行い、残液中の RLU 値を測定した結果を図6に
示した。界面活性剤には、洗濯用洗剤として広く使用されている LAS と非イオン界面活性剤の
ポリオキシエチレンアルキルエーテル（AE）の２つを用いた。臨界ミセル濃度（cmc）以下の低
濃度で残液の RLU 値はピークを示したことから、FB 水に AE0.11mmol/L を添加して洗浄力を評
価した結果を図7に示した。FB 水の洗浄効果は，汚れモデルを固定したスライドガラスの汚染
試料では、AE の添加によって向上する。しかし、複雑な繊維基質構造を持ち、固定しないで洗
浄するゼラチン汚染布では、明らかな洗浄効果はみられなかった。洗浄条件は異なるが、先行研
究では界面活性剤と組み合わせることにより洗浄効果の改善が報告されている。特に、交番流に
おけるナノバブルと界面活性剤混合液の洗浄では、LAS の添加により顕著な洗浄率の向上を報
告している [4,5]。藤本らも [7]、ガラス管内に牛脂をモデル汚れとして付着させた洗浄系において、

臨界ミセル濃度よりも低濃度の陰イオンまたは非イオン界面活性剤の添加により洗浄効果の向上を報告している。FB 水の洗浄効果は、界面活性剤の極性や親水性などを考慮して適合する活性剤を使用することや、洗浄に適した気泡サイズや密度、表面張力などの関係を明らかにしていくことで改善していくことができると考える。

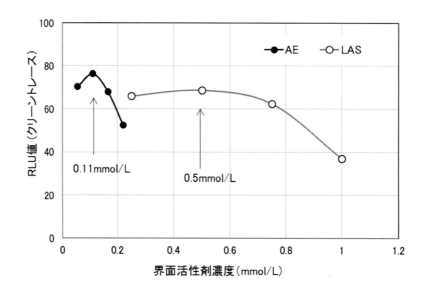

図6　界面活性剤濃度と洗浄残液の RLU 値の関係
（ゼラチンスライドガラス汚染試料を使用）

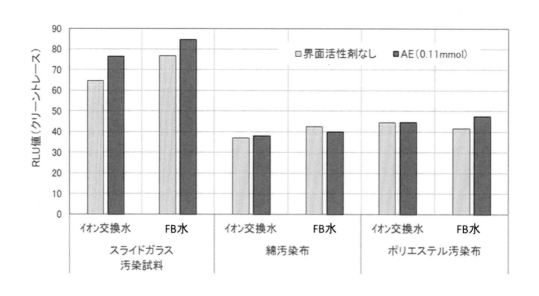

図7　FB 水の洗浄に及ぼす界面活性剤添加の影響

４．オゾン UFB 水の洗浄効果
４．１　UFB 水の安定性

　オゾンや酸素などの気体を封入した UFB 水は、気体を水中に長く留め長期保存することができることから機能水として新たな活用が期待できる。加圧溶解式の発生装置（FZIN-GA0043-07H、IDEC）を用いて生成した曝気時間と保存方法の異なる UFB 水の経過日数と積算濃度の関係を**図8**に示す。生成直後は気泡サイズ、密度ともに不安定で、２〜３日程度の経過後に安定する。粒子径 0.08〜0.4μm、積算濃度 1e〜4e＋08（個/mℓ）程度のバブルは、２ヶ月程度経過しても保存方法に関わらず存在する。**図9**に、生成直後とボトルに保管した UFB 水の粒子径分布と積算個数濃度を示す。保存によって気泡は粒子径の小さいものから減少する傾向にあるが、２ヶ月程度経過しても１μm 以下の粒子径分布であることが分かる。さらに、保存用のボトルに入れて輸送を行っても、粒子径分布と積算個数濃度に大きな影響はないことも確認できる。

　ナノ粒子径分布測定装置（SALD-7500nano・SHIMADZU）を用いて、UFB 水の気泡サイズを示す粒子径分布と気泡の密度を示す個数濃度を測定した。測定は、5ml の少量測定が可能な回分セル（SALD-BC75）の単回測定、撹拌レバー（スターラ）による撹拌の有無を条件に加えた定間隔連続測定が挙げられる。30 分間（30 秒間隔）、撹拌レバー（スターラ）による撹拌を行う定間隔連続測定と粒子径分布と積算濃度の測定値を**図10**に示す。UFB 水は、撹拌を行いながら一定間隔連続測定を行うと、比較的少ないサンプル量で、バラつきの少ない恒常的な測定を行うことができる。

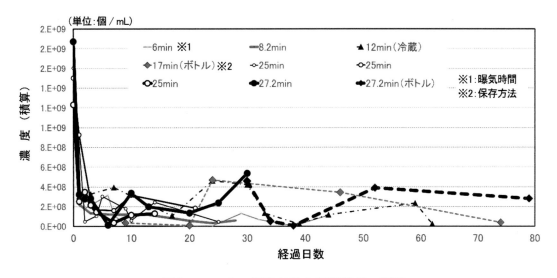

図8　UFB 水の経過日数と積算濃度の関係

161

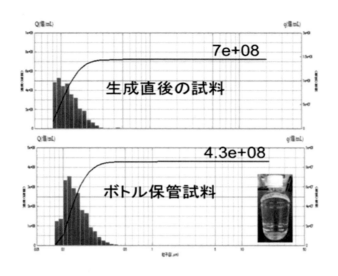

図 9   UFB 水の粒子径分布と積算個数濃度

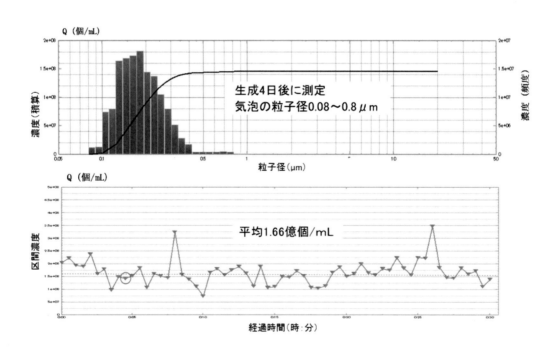

図 10   UFB 水の定間隔連続測定（30 分間）と粒子径分布

４．２ オゾン UFB 水の除去効果

　水系洗浄では、次亜塩素酸ナトリウムを用いた洗浄は、除菌効果が高く低コストであることから殺菌やリネンサプライなどの業務用として広く利用されてきた。しかし、特有の臭気などの問題が指摘されている。これに代わるものとして強力な酸化力を持ち反応後は酸素に戻るため残

留物を残さないなど廃棄物削減に大きく貢献できるオゾンの利用が注目され、高度浄水処理や
カット野菜の洗浄[13]、タオルの漂白処理などで実用化されている。

　一方，UFB水は溶質とみなし溶媒で希釈できるとされることから、オゾンUFB水（REO研究
所製）の希釈倍率とオゾン濃度の関係を**図11**に示した。使用したオゾンUFB水は、電解質（鉄、
マンガン、カルシウム、その他のミネラル類）を加えて水溶液の電気伝導度を3mS/cm以上に調
整することで長期使用を可能としたものである。希釈倍率とオゾン濃度は比例関係を示すこと
から、オゾンを溶質とみなし希釈利用することができる。また、AEを加えてもオゾン濃度の測
定に大きな影響を及ぼさないことが分かる。また、電解質を添加することでUFBを長期利用で
きることが知られている。ここで使用したUFB水にも微量の電解質が加えられているが、希釈
しても影響を受けることなく利用できる。しかし、適量以上に電解質を添加すると水中オゾン濃
度の低下を招くことが報告されており[16]、実用化には注意が必要である。なお、**図11**に示した
水溶液中のオゾン濃度の測定は、紫外線吸収式のオゾン濃度計（オキトロテック社製）を用いて
測定したものである。

　オゾンUFB水の洗浄（除去）は、モデル汚れとして血液汚染布（CFTCS-1）を用いて洗浄し
た血液汚染布のRLU値と残液のRLU値を、FB水とイオン交換水を比較に用いた結果を**図12**に
示す。血液汚染布のRLU値は、**図13**に示すように拭き取りを行い測定した。RLU値が低いも
のほどATP量は少なく除去効果（清浄度）が高いことを示す。

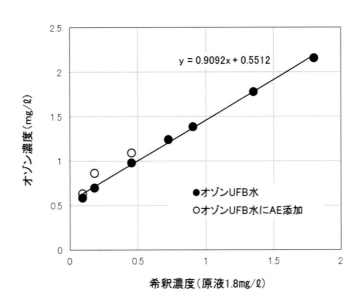

図11　オゾンUFB水の希釈倍率とオゾン濃度（実測値）の関係

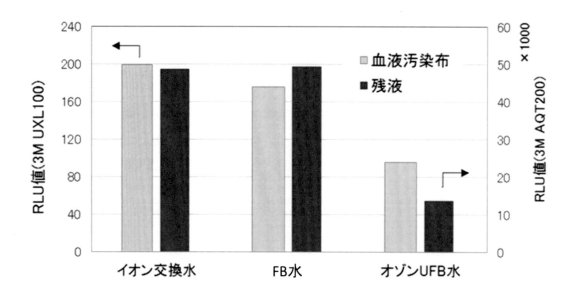

図 12　オゾン UFB バブル水の洗浄（除去）効果

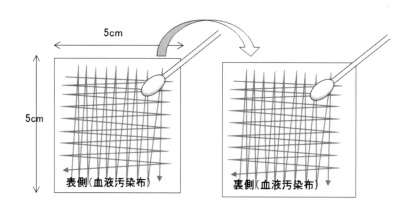

図 13　汚染布の RLU 値の測定方法（拭き取り方法）

　オゾン UFB 水は、洗浄後の血液汚染布の RLU 値および残液の RLU 値ともにイオン交換水に比べて非常に低い値を示し、オゾンの酸化によって血液汚染布および残液中の ATP ともに除去効果が大きいことが分かる。また、僅かであるが FB 水による血液汚染布の汚れ除去効果も認められる。さらに、オゾン UFB 水の濃度と界面活性剤 AE 添加の影響を図 14 に示す。残液に比べて血液汚染布の RLU 値は、オゾン濃度 0.45 mg/ℓ 以上で一定値を示し、繊維基質からの ATP 除去に限界がみられる。AE の添加により RLU 値を大きく低下させ、ATP の除去を向上することができるが、オゾン UFB 水の濃度が増加しても繊維基質からの ATP 除去の不良を改善すること

はできない。先行研究においても界面活性剤と組み合わせることによるオゾン UFB の性能改善が報告されている。渡部らは[13,22]、トリアセチンの添加によって微細気泡の生成と動的表面張力の低下を確認しており、オゾン UFB にトリアセチンを添加することで、気泡サイズの小さいものほど高い殺菌効果を示すことを報告している。これは、気泡径が小さいものほど水中での滞留時間が長くなり、さらに単位体積あたりの表面積が増加することで、微生物との接触効率が上がるためと考察している。このトリアセチレンを添加する技術によって低濃度のオゾン（1mg/ℓ 以下）で次亜塩素酸ナトリムと同等の殺菌洗浄効果を達成し、カット野菜の殺菌洗浄技術を実用化している。

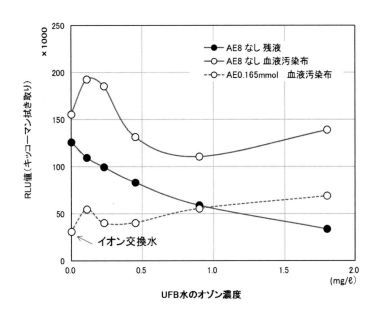

図14　オゾン UFB 水のオゾン濃度と洗浄・除去効果の関係

5．おわりに

　FB の水系洗浄への応用は、資源やエネルギーの削減と高機能付与を同時に実現できる方法として大きな可能性を秘めており、生活分野の洗浄をより機能的で効率的なものにする新技術として期待できる。しかし、FB 技術の水系洗浄への応用はスタートしたところであり、 FB 水のメカニズムや機能を明らかにしていくことは新たな利用方法の提案に繋がるものであり、実用化へ向けて多くの解決すべき課題がある。また、FB を利用した家庭用製品が増えていることから、消費者へ確かな情報を分かりやすく伝えていく啓蒙も生活分野における FB 技術を研究する者の役割と考える。

謝辞

　測定に当たり協力をいただいた本学元助手の中村弥生氏、助手の伊波樹里氏に感謝する。また、本研究は、科学研究費基盤（B）（24300249）及び基盤（A）（17H00814）の助成を受けて行ったものである。

参考文献

1) Masahiro Karasawa, Tomiichi Hasegawa, Motoko Komaki and Takatsune Narumi, " Washing Method by Introducing Air into an Alternating Flow System" J.Oleo Sci., Vol. 55, No.10, pp. 521-527(2006)

2) 長谷川富一，"洗液の交番流による洗浄法の開発"鳴海敬倫，近野正昭，多田千代，油化学，Vol.36, No.6, pp. 418-425 (1987)

3) 長谷川富一，"洗浄における機械力オレオサイエンス"，Vol.8, No.11, pp. 495-501 (2008)

4) 牛田晃臣，長谷川富市，天木桂子，中島俊之，高橋尚幸，鳴海敬倫，"交番流におけるナノバブル/界面活性剤混合液の洗浄効果の検討日本機会学会論文集（B編）" Vol. 77, No.5, pp.1219-1228(2011)

5) Akiomi Ushida, Tomiichi Hasegawa, Naoyuki Takahashi, Toshiyuki Nakajima, Shotaro Murata, Takatsune Narumi, Hiroshige Uchiyama, "Effect of mixed nanobubble and microbubble liquids on the washing rate of cloth in an alternating flow" J Sufact Deterg, Vol. 15, pp. 695-702 (2012)

6) Akiomi Ushida, Tomiichi Hasegawa, Keiko Amaki and Takatsune Narumi, "Effect of microbubble mixtures on the washing rate of surfactant solutions in a swirling flow and an alternating flow" Tenside Surf. Det. Vol. 50, pp. 332-338 (2013)

7) 藤本弘明，服部香名子，大矢勝，"マイクロバブル洗浄への界面活性剤の添加効果"繊消誌，Vol. 67, No. 11, pp. 838-843 (2016)

8) 藤本弘明，服部香名子，大矢勝，"マイクロバブルシャワーによる皮膚表面に吸着した界面活性剤の除去性"日本家政学会誌，Vol. 67, No. 9, pp. 491-496 (2016)

9) 下村久美子，"マイクロナノバブル水による洗浄効果の検討 湿式人工汚染布と水晶振動子法による洗浄結果"日本家政学会第66回大会研究発表要旨集，p.81 (2014)

10) 木村美智子，"マイクロバブルを用いた布の洗浄性"日本家政学会第66回大会研究発表要旨集，p.82 （2014）

11) 山口庸子，中村弥生，"ATP 測定法を用いたマイクロ・ナノバブルの洗浄力評価"共立女子短期大学紀要，Vol.58, pp. 57-65(2015)

12) 田川由美子，西村恵理菜，後藤景子，"洗濯におけるすすぎへのファインバブル水の適用"日本家政学会誌，Vol.70, No.4, pp. 195-203(2019)

13) 渡部慎一，"マイクロバブルオゾン殺菌技術のカット野菜洗浄への応用" 第51回洗浄に関するシンポジウム要旨集，pp.19-22 （2019）

14) 寺坂宏一，"ファインバブルを用いた壁面付着物の洗浄" 第51回洗浄に関するシンポジウム要旨集，15-18 （2019）

15) 榎本一郎，武田浩司，長尾梨沙，添田心，星幸則，高橋芳郎，渋谷良一，増子富美，美谷千

鶴, "オゾン・マイクロバブルによる綿布の漂白効果" 東京都立産業技術研究センター研究報告, Vol.8, pp. 84-87 (2013)

16) 榎本一郎, "染色加工におけるオゾン・マイクロバブルの活用" 繊維と工業, Vol. 70, No.2, pp. 46-49 (2014)

17) 内山具典, "ウルトラファインバブル洗浄を搭載した洗濯機の開発" 第 51 回洗浄に関するシンポジウム要旨集, pp. 23-26 (2019)

18) 柘植秀樹, "マイクロバブル・ナノバブルの基礎" 日本海水学会誌, Vol.64, No.1, pp. 4-10 (2010)

19) 山口庸子, 中村弥生, "マイクロ・ナノバブル水の洗浄に関わる基本性能" 共立女子短期大学紀要, Vol.57, pp.15-21 (2014)

20) 安井久一, "ウルトラファインバブルの安定化機構" 混相流, 30(1),19-26(2016)

21) 池田亜希子, 科学と工学, pp.853-839(2016)

22) Lion Science Journal, Vol.8, March, p.10 (2014)

第15章　ファインバブルによる油分洗浄と使用事例

篠原　尚也、加藤　克紀、青木　克己

（大生工業株式会社）

1．はじめに

ファインバブルとは非常に微細な泡のことであり、2017年6月、国際標準化機構（ISO・TC281）で、マイクロメートルサイズの気泡とナノメートルサイズの気泡を総称して「ファインバブル」と称し、「気泡径 $1\,\mu$m 未満をウルトラファインバブル（UFB）」そして「気泡径が $1\,\mu$m から $100\,\mu$m 未満の泡をマイクロバブル（MB）」と定義している。近年では、ファインバブル（以下、FB と略す）の持つ物理的、化学的及び生理活性的特性が、あらゆる産業分野で有用に活用できることが注目され、学術的観点からも究明されてきている[1,2]。

一方、現在の産業洗浄の分野においてはその洗浄メカニズムから、分離型洗浄、溶解型洗浄、分解型洗浄の3タイプに分類され、また、汚れはその性状から、水溶性汚れ、油溶性汚れ、固体汚れの3種に分けられ[17]、種々の分野における汚れに対し、相応しい洗浄方式のもとに効果を上げてきている。しかしながら、その多くは溶剤や溶液の使用によるものであり、近年ではこれらによる環境破壊や人体への影響により、種々の観点から問題提起されている[3]。このような現状において、FB の性能を利用することにより、溶剤・洗剤レス洗浄が期待されている。これまでも、FB を使用した洗浄として、浸漬洗浄[17~19]、噴流による水中洗浄[6~9,17,20]、スプレー洗浄等[4]、及び添加剤との相乗効果[5,20]など様々な観点から検討が行われてきた。

本稿では、工業洗浄分野における、FB の特性と要素を解説し、当社が独自に開発し商品化した FB 発生器を用いた工業洗浄の基礎実験、予備実験を重ね、工業分野へ展開した応用事例を紹介する。

2．工業洗浄における環境問題

これまで工業分野における洗浄作業では、主力洗浄液としてフロンやトリクロロエタン等の溶剤が多く使用されてきた。しかしこれらの洗浄液はオゾン層を破壊する物質として、先進国では 1995 年末に生産、販売が全廃されている。これらの洗浄液の代替として塩素系、フッ素系、臭素系などが用いられるようになってきたが、人体への毒性や環境汚染などの問題により使用が制限されているのが現状である。PRTR 法*の導入など環境保全の意識が高まる中、化学物質を用いる化学洗浄から、それらを用いない洗浄液の利用や物理洗浄への転換が望まれている[10]。このような背景もあり FB の利用は新たな洗浄手段の一つとして注目されている。

*PRTR 法：Pollutant Release and Transfer Register：特定化学物質の環境への排出量の把握等及び管理の改善の促進に関する法律

3．洗浄におけるファインバブルの特性と要素
3．1　ファインバブルの特性

環境や人体に配慮した化学物質を使用しない洗浄手段において、懸念される点は洗浄力の低下であるが、以下に記す FB の特性や洗浄の要素を利用することで補うことが出来る。

（1）洗浄における主なファインバブル特性
　　①同じ容積内を満たす通常気泡とFBを比較した場合、FBの方が比表面積は大きい。その為、表面張力による気液界面での物理的吸着が向上する。
　　②FBはマイナス電荷を帯びており、FB同士は結合せずプラス電荷物質（汚れなど）に吸着する。
　　③FBは固体表面で消滅するときに発生する衝撃波が、汚染膜を剥離させ洗浄効果を高める。
　　上記の特性が組み合わさることによって油分の剥離、吸着、浮上を助長し、洗浄力を向上させることができる。

（2）ファインバブルの洗浄効果
　FB水の中に浸漬する条件での脱脂洗浄試験が報告されている[19]。洗浄物として、ステンレス板にサンプル油を塗布し、FBを混入させた水中に10分間静置させ洗浄を行う。洗浄前後をフーリエ変換赤外分光光度計（FT-IR）にて測定比較している。図1はFT-IR測定結果であり、サンプル油の付着量を赤外吸収スペクトルで表わしている。縦軸は吸光度、横軸は波長である。図1.a)はFBの含まれない水道水に浸漬した結果、図1.b)はFB水に浸漬した結果であり、図1.b)の方が洗浄後の赤外吸収スペクトルが小さくなっている。FB水に浸漬することでステンレス板上の油分が減少しており、脱脂洗浄効果が得られていることがわかる。尚、界面活性剤を利用した場合や、FB水流を直接当てた場合には、より洗浄効果が向上することも報告されている。

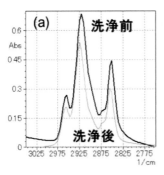 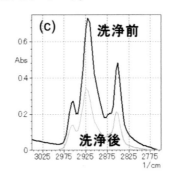

a)水道水の洗浄結果　　　　　　　b)FB水の洗浄結果
図1　FB水浸漬洗浄前後のFT-IR測定結果[20]

３．２　ＦＢを利用した洗浄法
　実際の工業現場において、FBを利用した洗浄には、浸漬洗浄と噴射洗浄とに分けられる。ここでは、これら洗浄法の特徴と効果について述べる。

（1）浸漬洗浄法
　浸漬洗浄は図2.a)の様にFBを含む水中に洗浄物体を浸漬（しんせき）させて、FBの物理特性により、洗浄物体表面の油汚物(＋電荷)にマイクロバブル、ナノバブル(－電荷)が付着し、バブルの浮力により汚染物を洗浄物体から剥がし、バブルに付着したまま浮上し水面へと運ばれる。

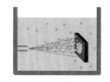
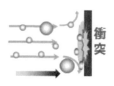

a)　浸漬洗浄　　　　　　　　　　　　b)　水中噴射洗浄

図2　FB による洗浄方法例

　このように、FB の一連の動作が水中において連続的に行われる洗浄法を「浸漬洗浄法」と呼んでいる。また、FB が洗浄物体近傍で崩壊するとき、バブル内外の圧力差により発生する衝撃波（マイクロジェット）が剥離作用を助長し洗浄効果を高めるとも考える。したがって、汚れの解離と分散を促して、最終的な平均状態に早く剥離させるためには、下記の攪拌、揺動により洗浄体表面に対する FB の適切な流動(界面流動)や洗浄物表面の乱流効果を高めることにより洗浄効果を高めることができる。

　①攪拌：洗浄槽中の洗浄液に適当な流動状態を与える。
　②揺動：洗浄体を洗浄液中で移動させることで乱流を得る。

（2）噴射洗浄法

　図2.b)に示すように、水中に FB 噴射洗浄器から一定な距離に洗浄物体を置き、一定な駆動圧力のもとに洗浄物体表面に FB ジェット水流を衝突させる。FB ジェットは洗浄物体表面あるいは近傍で FB バブルが圧壊し、汚染物は剥離し、物体より解離、FB に付着し浮上していく。このように一連の作用が連続で行われる洗浄法を噴射洗浄法と呼んでいる。噴射洗浄法は浸漬洗浄法より油汚れのような粘性の大きい汚れに対して効果的であり、比較的短時間で除去することが出来る。

　噴射洗浄により洗浄効果を高めるために、洗浄物体表面の流れの乱流化、および効果的剥離のためのジェットの衝突向き等は大事である。

（3）洗浄物体表面の汚物を剥がす乱流効果と噴流傾角

　一般にノズルから噴射された流速は、ノズル直後の流速を維持するポテンシャルコア領域（初期流速を維持する領域）、流速が徐々に変化する遷移領域、及び噴流速度が距離に対し一定の割合で減速する発達領域（速度分布に相似性が成り立つ領域）が存在する。ポテンシャルコア領域では速度変化がなく、乱れが全く無い領域である。遷移領域は噴流の速度変化、せん断力、乱れ度が大きく、乱れの最大値を持つ領域である。発達領域は噴流の下流域の距離変化に対する速度変化が一定であり、この領域での速度分布は相似性を持ち、速度の減少と共に乱れ度も限りなく小さくなる領域である [16]。このような噴流構造を洗浄に生かす場合、乱れ度の大きい遷移領域に洗浄対象物を設定することにより、大きな乱れ、強いせん断力により汚れを剥離除去する力は大きくなる。また、洗浄物に対し、噴流の傾斜角を付けることにより、前述と同様な効果を得ることができる。図3 は水中に置かれた平板状の洗浄物に対して、一定なノズル噴射距離において、噴射角度を付けた場合の汚れの洗浄率の関係を示したものである。これにより、ノズルから斜角度で噴射した場合に、あるノズ

ル距離において最大の汚れの除去率が得られている。

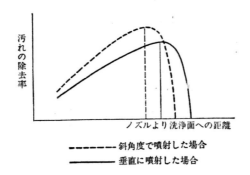

図3　斜め噴射と垂直噴射による汚れの除去率

4．工業洗浄におけるファインバブルの効果と基礎実験

　工業洗浄においてFBを利用した洗浄の一つに水中噴射洗浄がある（**図2**）。この水中噴射洗浄では、強い旋回流を伴うバブルジェット水流を用いることで、洗浄力を向上させられることが報告されている[6～8]。また、バブルジェット水流を用いた種々の洗浄試験も行われ効果が報告されている[6,7]。

4．1　当社製ファインバブル発生器

　FB効果の基礎となる実験は、**図4**に示すFB発生器を用いた。図5にFB生成の構造を示す。入口からの供給された作動流体は、独自の発生方式「自吸剪断混合」によって吸引気体と内部で混合し、FBを生成する。FBは旋回流を伴いながらFBジェットとして噴射される。なお、FBの発生では吸引気体量を調整することで不必要な大きな気泡の発生を防ぎ、液体中に存在するFBを最適な状態に保つように配慮することが重要である。（**図6**）

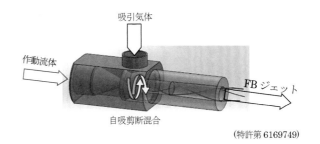

（特許第6169749）

図4　FB 発生器(当社資料より)　　　　図5　FB 生成の仕組み(当社資料より)

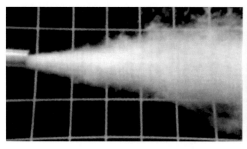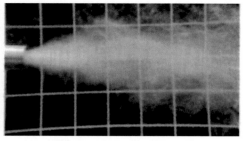

(a) 吸引気体量の多い場合 　　　　(b)吸引気体量の少ない場合

図6　FB ジェット水流による噴射試験の様子(格子間隔 50mm)

4．2　ファインバブル発生器の基本性能

　図7はFB発生器より生成されるバブルの粒径分布特性である。a)はノズル下流の位置100mmにおいて取水したときの粒径分布であり、b)は実験中に取水し24時間経過後に測定した粒径分布である。この発生器からは、気泡径0.1μmにピークを持つウルトラファインバブル（UFB）と、20μmにピークを持つマイクロバブルの2種の特異な粒径分布を生成することがわかっている[7]。

　発生するFBは、気泡内圧力と気泡周囲との圧力差による力（表面張力）より、次のYoung-Laplace の式より気泡内圧力が推定できる。

$$\Delta P = 4\sigma/d \tag{1}$$

ここで、d：気泡径、σ：表面張力である。

　気泡は周囲液体より加圧された状態にあり、 気泡径が小さいほど ΔP は増大する。すなわち、気泡径が小さいほどより強い衝撃波を発生させる。尚、実際の汚染物に対する洗浄においては、気泡数量が重要になる。小さな気泡であっても数量を増やすことで洗浄対象に連続的な効果を与えることが出来、より強力な洗浄効果が得られる。

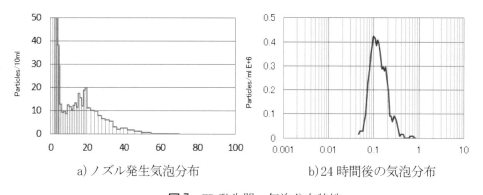

a)ノズル発生気泡分布　　　　　　b)24 時間後の気泡分布

図7　FB 発生器　気泡分布特性

　図8はFB発生器に与える水圧変化に対して駆動流量・吸気量及び負圧の関係を示している。ノズル内部の自吸剪断混合によって得られるFBジェット水流は、流体圧力Pj及び吸引気体の調整によって可変させられ、旋回流を伴うFBジェット水流は洗浄物に対して乱流効果を与えることができる。

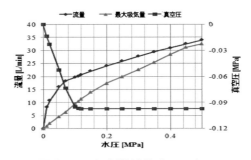

図 8 FB 発生器性能(TH-05)

４．３　ファインバブルジェット水流の衝突圧力

　水流が洗浄物に衝突するときに、FB の存在によって洗浄効果が得られることがわかっている。洗浄効果の確認として洗浄物表面に作用する衝突圧力の測定を行った。**図 9** は、FB ジェット水流が衝突時に発生する供試板上の表面圧力を、感圧紙法により可視化した結果である[7,9,11〜15]。水中における FB ジェットが下流の位置（x=50、100、150mm）に供試板を設置したときの供試板表面の最大圧力を可視化により示している[9]。気泡を含まないジェットでの衝突板の表面圧力は全く可視化表示できないほど弱い圧力であった。しかし、微細気泡を含んだ FB ジェット水流の衝突では、表面が特徴ある等高圧分布状に圧力分布を示し、外周に行くに従い圧力が徐々に低下していることがわかる。ノズル下流下 x=50mm　では中心に近いところが黄色(約 0.24MPa）で非常に高い圧力で、その周囲は濃赤色、外側に行くに従い薄赤色からグリーン色と変化し、圧力分布の変化がよくわかる。このように FB ジェットではキャビテーションバブルの崩壊時に壁面表面で高圧化するのと同様に衝突板表面も高圧分布になり、表面流動していることがわかる。

　FB ジェット水流による洗浄物表面への衝突圧力の発生は、汚染物質の剥離・除去に効果的に作用することが推測できる。

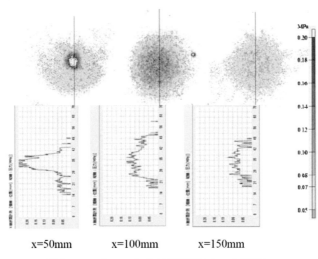

x=50mm　　　x=100mm　　　x=150mm

図 9　FB ジェット水流衝突圧力の可視化

（上側：衝突表面の圧力の可視化分布、下側：最大圧力を含む断面の圧力分布）

5．工業洗浄に対する予備実験
　前項で説明した性能を有するFB発生器を利用して、工業分野における実用的洗浄の予備実験とし、種々の供試素材に対する洗浄効果を確認した。

5．1　種々の供試素材に対する油汚れの洗浄効果
　洗浄対象となる供試素材に、種々の油を塗布し、水中にてFBジェット水流を一定時間噴射し洗浄効果を測定した[8]。

　図10に実験装置の概要を示す。水中に固定した種々の洗浄物に対し、FBジェット水流での洗浄を行い洗浄効果の比較を行った。それぞれの被洗浄物は100mm×100mmの正方形供試平板である。これを前述の装置のFBノズル先端より10cmの位置に固定し、水を循環させる方式で3分間洗浄する。洗浄後に重量測定により洗浄率（%）を求めた。

$$洗浄率(\%) = \left(1 - \frac{W_3 - W_1}{W_2 - W_1}\right) \times 100 \tag{2}$$

　図11は種々の供試素材、図12は洗浄結果である。これらより金属系の洗浄では92%以上の平均洗浄率を記録した。ガラスは95%以上、塩ビの場合は89%以上となった。

　FBを洗浄に使用することにより、工業分野で想定される油分汚れの除去に効果があることが確認された。更に、吸引気体を調整することによりFBジェット水流は見た目の衝撃圧力が高まり、より洗浄効果が高まることも明らかになった。

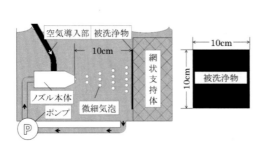

図10　洗浄実験装置概要

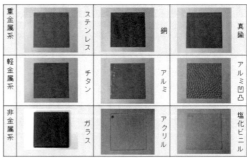

図11　種々の供試素材

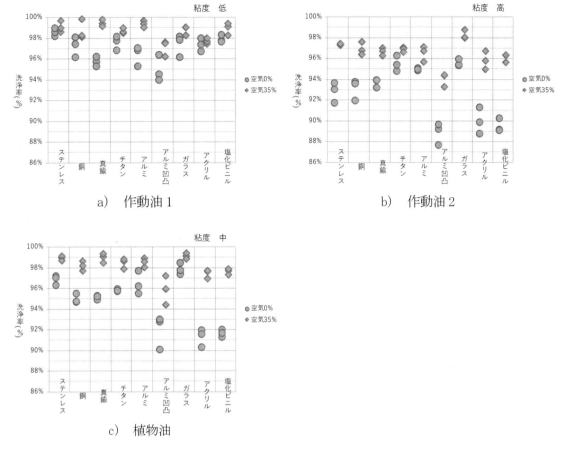

a)　作動油1

b)　作動油2

c)　植物油

図12　種々の供試素材に対する油汚れの洗浄結果

５．２　工業部品に対する油汚れの洗浄効果

　実際の工業分野で使用されるオイルフィルタ部品を使用し、油分洗浄を想定した予備実験を行った。**図13.** a)はFBを使用した水中洗浄実験の様子を示している。水中に設置したFB発生器から噴射されるFBジェット水流中に、作動油で汚れたオイルフィルタの部品をかざすと、30秒ほどで油分汚れを除去することができている。

a)　洗浄実験の様子

b)　オイルフィルタ部品洗浄効果

図13　水中洗浄実験と洗浄効果 （当社での部品洗浄例）

175

図 13. b)に表すように、オイルフィルタの部品は凹凸があり複雑な構造をしているが、FB ジェット水流をあてることによって、構造の内部まで洗浄することができている。このときの洗浄条件は、水圧 0.24MPa、水温 40℃、洗浄時間 30 秒、洗浄距離 20cm、油汚れ作動油 VG46、洗浄剤無しである。

これらの予備実験によって、本 FB 発生器を使った部品洗浄、油分洗浄において FB による洗浄力の向上が確認された。

6．工業分野への応用事例

FB 発生器を使用し、実際の工業分野での応用事例を紹介する。

6．1　シャワーリング洗浄機への導入効果

図 14 は製品の製造工程で使用している部品洗浄装置の例である。装置に FB 発生器を取付け FB 洗浄機として使用している。この装置は洗浄液を上下から噴射して吹きかけるシャワーリング洗浄装置であり、洗浄条件は、液温 50℃、洗浄時間 3 分間、洗浄液はアルカリ洗浄液である。装置に内蔵された洗浄液タンクに発生器を取付け、バイパス循環で洗浄液を FB 化する構造になっている。FB 化された洗浄液を使用することで洗浄能力を向上させ洗浄時間を短縮させるのが目的である。

通常の洗浄液と FB 洗浄液での効果を比較したシャワーリング洗浄結果を図 15 に示す。（洗浄物：ボルト M6×25、汚染物：作動油 VG46、残留油分計にて効果測定）FB 化した洗浄液の方が汚れ落ちの早いことがわかる。ここでは、FB の持つ吸着・剥離の効果が作用していると考えられる。

FB 発生器導入前の部品洗浄時間は 180 秒であったが、導入後では 120 秒になり約 30％の洗浄時間短縮ができている。わずかな時間差ではあるが組立工程でのリードタイム短縮という見方をすれば大きな効果といえる。

図 14　部品洗浄装置と FB 発生器の設置^{（当社での設備事例）}

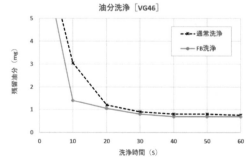

図 15　シャワーリング洗浄機の洗浄結果

６．２　三層式洗浄装置への導入効果

　アルカリ液による洗浄は多くの利点を有しているが、共通した問題点は、洗浄物に付着したアルカリ液のすすぎ性が悪い事である。ガラスや金属に対してアルカリ液は親和力を持っており、吸着被膜を作りやすい。また、金属などと反応して生成した水酸化物の水溶性は必ずしも良くない。この点から、アルカリ洗浄後のすすぎ工程は特に十分なすすぎを行わなくてはならない。

　大量の部品を連続的に洗浄する設備として**図16**のような三層式洗浄装置が用いられている。一槽目アルカリ洗浄槽（アルカリ洗浄液 66℃、30 分）、二槽目純水すすぎ槽（オーバーフロー式循環濾過、30 分）、三槽目乾燥槽（30 分）と、連続した洗浄工程である。

　一層目のアルカリ洗浄液で油分を溶解し、二層目の純水ですすぎ落とす工程となっているが、FB導入前の状況では洗い上がりの部品に 6.2mg の残留油分が見られた（**図17**）。これを改善するために二槽目の純水すすぎ工程に FB 発生器を導入した。すすぎの効果を向上させることで洗い上がりの改善を狙ったものである。その結果、洗い上がりの残留油分は 0.6mg となった。すすぎ槽には揺動機構が備わっており、導入された FB の吸着・剥離の効果をより助長しているものと考えられる。

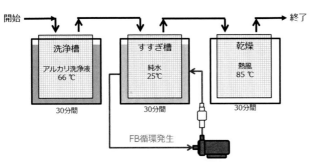

図16　三相式洗浄装置略図（当社での設備事例）

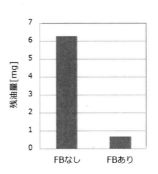

図17　洗浄効果比較

６．３　洗浄力向上による作業工程の改善

　図18のようなステンレス製の薄板部品（0.3mm）をプレス加工した部品洗浄での利用例である。プレス加工では、プレスオイルを塗布した薄板部品を数十枚重ねて型抜き加工をおこない、その後脱脂洗浄を行う工程となっている。従来の工程では浸漬洗浄で超音波による洗浄を実施していた。しかしプレスオイルの付着した薄板部品は、オイルの粘着性により剥離しにくい状態になっているため、作業員が 1 枚ずつ手作業で剥がしながら洗浄を行う必要があった。それでも薄板部品の間に洗い残しが発生すると二度洗いを実施しなければならない状態であった（**図19**）。洗い残しがあると次工程の自動搬送機で 2 枚張り付いて搬送され、トラブルの原因となっていた。

　この洗浄工程を改善するため、浸漬洗浄設備に FB 発生器を導入した（**図20**）。浸漬洗浄機の洗浄槽内で FB を循環発生させ、ジェット水流を槽内に沈めた薄板部品に当てて使用した。従来の超音波洗浄に比べて、FB を導入することで以下のような作業改善効果を得られた。

・FB 洗浄の効果のみで洗浄できるようになり。手作業で剥がす作業が削減された。

・二度洗いがなくなり作業時間が大幅に短縮された。

・搬送機でのトラブルが解消された。

FBの微細な気泡は薄板部品の間に入り込みやすく、吸着と剥離の作用は油分洗浄の効果も高い。本使用例のような狭い隙間が多い部品において、FBジェット水流は洗浄に有効であることが確認された。

図18　ステンレス薄板部^(当社資料より)

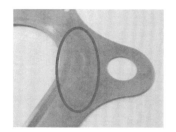

図19　洗い残し^(当社資料より)

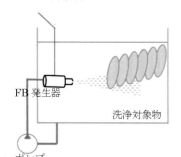

洗浄条件	
仕様ノズル	TH-03 × 2本
水圧	0.24 （MPa）
温度	50 （℃）
洗浄液	脱脂洗浄液
汚れ	プレスオイル

図20　洗浄機へのFB導入略図^(当社資料より)

６．４　浸漬洗浄機へのFB導入効果

　図21は、メッキ工場の工程でFB浸漬洗浄を利用している例である。金属部品のメッキ処理では、仕上がりの精度を向上させるために工程間での水洗い洗浄が重要になっている。FBを混入させた純水中に浸漬し揺動させることで前工程に付着した脱脂液や汚れを洗浄している。従来の純水のみの洗浄時より洗い上がりが良くなり、メッキ不良の発生を削減することが出来ている。

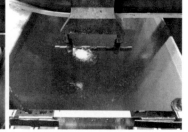

a)洗浄槽への設置　　　　b)槽内FB発生の様

図21　メッキ工程での利用^(当社資料より)

　更に、図22は油圧機器の部品を洗浄する工程で使用する浸漬洗浄装置での導入例である。図23は洗浄対象の油圧フィルタ部品であり、加工の工程で機械加工油や金属粉等の汚れが付着しており、組み立て前に脱脂洗浄を行う必要がある。この装置では中性洗浄液を使用して洗浄している。

中性洗浄液はアルカリ洗浄液に比べて油脂の溶解力が劣ることから、その洗浄力強化と洗浄時間の短縮を目的としてFB発生器を槽内に複数設置している。槽内でFBジェット水流を洗浄物に当てることで衝突圧力の効果が得られ、且つ槽内を攪拌させることで吸着・剥離の効果を助長させている。これにより、従来のアルカリ洗浄と同等以上の洗浄力と洗浄時間の短縮が達成されている。

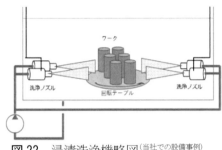

図22　浸漬洗浄機略図^(当社での設備事例)　　図23　油圧フィルタ部品

7．おわりに

　本稿ではFBの特性と効果について述べるとともに、工業分野への応用事例を通して次の事項が得られた。

　　①旋回を伴うFBジェット水流は、水中での油分洗浄において高い洗浄効果が得られる。

　　②工業分野の洗浄作業において、FBの効果を利用することで洗浄力が向上し作業性が改善される。

　　③FBの効果特性を洗浄に用いることで、溶剤溶液の使用を削減し、環境・人体への影響の少ない洗浄方法が実現できる。

　あらゆる分野の洗浄で使用される多くの洗剤や溶剤の成分中には、環境に悪影響を及ぼす物質も少なくない。今後の社会において環境の改善や安全性の確保は重要な課題の一つである。

　ところで、本稿で紹介したように工業洗浄の実現場において、FBによって洗浄の効果をより一層高めることが出来ていることをご理解頂けたと考えるが、ファインバブルそのものの特性並びに機能については十分に解明されていない。今後も当社では、多くの産業分野などで貢献できるように努めていく所存である。

参考文献

1)　寺坂宏一, 氷室昭三, 安藤景太, 秦隆志, "ファインバブル入門,", ファインバブル学会連合, 日刊工業新聞社, (2016).

2)　青木克己, 加藤克紀, 奥津俊哉, 篠原尚也, "ファインバブル生成の基本原理と生成装置の特性," 日本設計工学会誌, 52巻5号, 275〜285, (2017).

3)　宮本誠, "マイクロバブルを用いた環境配慮型洗浄技術," 素形材, 2007.10月.

4)　増田暁雄, 柴田洋平, 樋野本宣秀, "マイクロバブル洗浄装置の小型化・高速化による適用拡大と環境負荷低減," 三菱電機技法 2014, vo188, No.12.

5)　藤本明弘, 服部香名子, 大矢勝, "マイクロバブル洗浄への界面活性剤の添加効果," 繊維製品消費科学, 2016. vo157.

6) 加藤克紀, 奥津俊哉, 篠原尚也, 沖真, 青木克己, "旋回流型マイクロバブルジェット洗浄装置の特性と衝突圧力の可視化," 可視化情報全国講演会, 2015.

7) 加藤克紀, 奥津俊哉, 青木克己, "旋回流型マイクロバブルジェット洗浄装置の特性と衝突圧力の可視化," 混相流シンポジウム, 2015.

8) 奥津俊哉, 加藤克紀, 篠原尚也, 青木克己, "旋回流型マイクロ・ナノバブル生成ジェット装置の洗浄効果," 洗浄シンポジウム, 2015.

9) 青木克己, 加藤克紀, 奥津俊哉, 沖真, "旋回流型マイクロバブルジェットの特性と衝突圧力の可視化," 機械学会流体工学部門講演, 2015, 0202.

10) 監修 角田光雄, 先端産業分野における洗浄技術, 日本産業洗浄協議会, シーエムシー出版, 第4章, PP51.

11) 新版 流れの可視化ハンドブック, 流れの可視化学会編集, 朝倉書店, PP128-130.

12) 興津史郎, 青木克己, 斜流ポンプ水車のキャビテーション係数とキャビティ崩壊に伴う翼面上の衝撃圧力分布の影響, 日本機械学会講演論文集, No. 780-15(1978), 58.

13) 青木克己, 太田紘昭, 中山泰喜, 興津史郎, 斜流ポンプ水車のキャビテーション係数とキャビティ崩壊に伴う翼面上の衝撃圧力分布の影響(第2報), 日本機械学会講演論文集, No. 800-17(1980), 149.

14) Y. Nakayama, K. Aoki & H. Ohta, Visualization of Pressure Distribution due to Impact Accompanying COllapse of Cavity on the Vance of Mixed Flow Pump-Turbine, Int. Symp. on Physical and Numerical Flow Visualization(Albuquerque)(1985), 101.

15) 武井幸雄, 右近良孝, 黒部雄三, 新しいソフト・サーフェスによるプロペラ・エロージョン試験, 第34回秋期船舶技術研究所研究発表講演集(1979), 23.

16) 噴流[TURBULENT JETS], N. ラジャラトナム原著, 野村安正訳, 森北出版㈱.

17) 大矢 勝, 表面技術(解説), 洗浄のメカニズム, Vol. 60, No. 2, 85(2009).

18) 南川久人, 杉本健太, 栗本遼, 安田孝宏, "マイクロバブル水を用いた浸漬洗浄に関する基礎的研究," 実験力学 Vol. 17, No. 4, pp298-303(2017).

19) 大森和宏, 桐原広成, "ファインバブル水を用いた脱脂洗浄の検討," 栃木県産業技術センター研究報告, No. 17(2020).

第16章 ファインバブルの食品・飲料の殺菌・酵素失活への応用

小林　史幸

（日本獣医生命科学大学）

1．はじめに

　食品の殺菌・酵素失活は通常、加熱により行われており、その技術も日々進化しているが、少なからずその熱により食品本来の風味は変化する。そのため、現在においても多くの非加熱技術が研究・開発されている[1]。その中で、加圧二酸化炭素（超臨界二酸化炭素）を利用した殺菌・酵素失活技術が開発され[2]、国内においても1990年代から研究が始まり[3,4]、今日まで続いている。筆者も超臨界二酸化炭素を用いた食品の殺菌・酵素失活の研究を数年間行ったが、食品を処理した際の香気の損失および装置の高圧に伴う高価格化および装置部品の劣化から実用性について懸念していた。そこで、ファインバブル技術を利用することで臨界圧力よりも低い圧力下で効率的に二酸化炭素を利用できる低加圧二酸化炭素ファインバブル(CO_2FB)装置を考案した[5,6]。

　本章では、CO_2FB装置の概要およびCO_2FBによる食品の殺菌・酵素失活の実施例について紹介する。

2．低加圧二酸化炭素ファインバブル(CO_2FB)装置

　CO_2FB装置の概略図を図1に示す。まず、混合槽内に殺菌対象溶液を入れて10℃以下の低温にした後、ヘッドスペースにCO_2を入れることで目的の圧力まで加圧する。次に、循環ポンプにより試料を循環させつつCO_2をFB発生装置を介して供給することによりCO_2FBを発生させる。試料中のCO_2FBが飽和に達した時点で加圧ポンプにより試料を加温処理槽(コイル状配管)に送液し、背圧弁から回収する。試料によっては、加温処理槽の後に冷却処理槽(コイル状配管)を設けて試料を冷却して回収することで、香気成分がCO_2に吸着して損失することを防止できる。

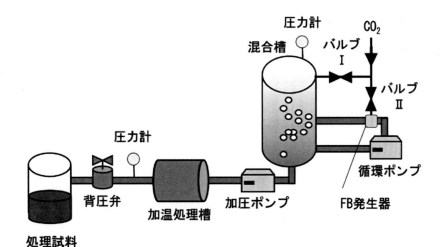

図1　低加圧二酸化炭素ファインバブル(CO_2FB)殺菌装置の概略図

これまでに、CO_2FB による *Escherichia coli* (大腸菌)、*Saccharomyces cerevisiae* (酵母)、*S. pastorianus* (ビール酵母)、*Lactobacillus delbruckii* subsp. *lactis* (乳酸菌)、*L. fructivorans* (火落菌)、*Micrococcus luteus*、*Fusarium oxysporum* f.sp. *melonis* の胞子および *Pectobacterium carotovorum* subsp. *carotovorum* に対する殺菌効果を確認している [7-11]。さらに、CO_2FB の殺菌効果は、温度、圧力、滞留時間などの処理条件ならびに微生物懸濁液のアルコール濃度、緩衝液の濃度・組成・初発 pH などの溶液の性質に影響を受けることが明らかとなっている(図2、3) [8-14]。微生物の CO_2FB に対する耐性は例外もあるが、概ね、黴(胞子)＞酵母≧グラム陽性細菌＞グラム陰性細菌の順となる。

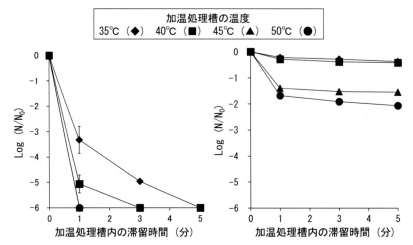

図2　CO_2FB (左)および加熱処理(右)による *S. pastorianus* の殺菌
CO_2FB の処理条件：混合槽の温度 10℃、圧力 2 MPa
　　　　　　　　加温処理槽の温度 35℃、40℃、45℃および 50℃、圧力 4 MPa
加熱処理の条件：35℃、40℃、45℃および 50℃

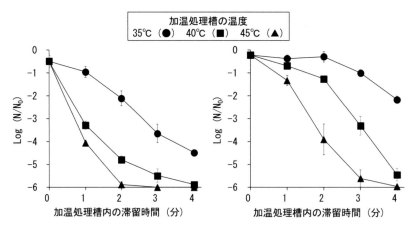

図3　CO_2FB による *E. coli* (左)および *L. delbruckii* subsp. *lactis* (右)の殺菌
CO_2FB の処理条件：混合槽の温度 10℃、圧力 1 MPa
　　　　　　　　加温処理槽の温度 35℃、40℃および 45℃、圧力 2 MPa
加熱処理の条件：35℃、40℃および 45℃

また、CO_2FB の酵素失活効果については、清酒中の α-アミラーゼ、グルコアミラーゼ、α-グルコシダーゼおよび酸性カルボキシペプチダーゼ、緩衝液に懸濁した α-アミラーゼおよびポリフェノールオキシダーゼならびに菌体内の各種酵素に対して確認している[7, 10, 14-18]。CO_2FB の酵素失活効果は酵素の種類により異なり、殺菌と同様に処理条件(温度、圧力および処理時間)および溶液の組成(アルコール濃度、緩衝液の濃度・成分および pH)に影響を受けること、基本的には1次反応式に従い生じることが明らかになっている(図4)[18]。

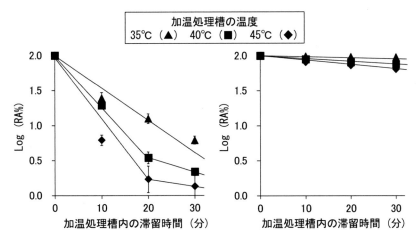

図4　　CO_2FB (左)および加熱処理(右)によるポリフェノールオキシダーゼの失活
CO_2FB の処理条件：混合槽の温度 10℃、圧力 2 MPa
加温処理槽の温度 35℃、40℃および 45℃、圧力 2 MPa
加熱処理の条件：35℃、40℃および 45℃

3．食品の殺菌・酵素失活
3．1　清酒 [14, 19]
　醸酵後の生酒中には乳酸菌の一種である火落菌および麹が生産する酵素が残存するため、生酒は保存・流通過程で品質低下を招く恐れがある。そのため、清酒は通常、65℃で3分程度の加熱処理を施すことで常温流通を可能にしているが、この熱により少なからず生酒本来の新鮮な香味が損なわれる。そこで、CO_2FB を用いて生酒の殺菌・酵素失活を行い、品質評価を行った。その際に、CO_2FB により生酒中の火落菌、α-アミラーゼ、グルコアミラーゼおよび酸性カルボキシペプチダーゼは素早く死滅・失活したため、α-グルコシダーゼを指標として最適処理条件の検討を行った。

　その結果、生酒中の α-グルコシダーゼは CO_2FB の加温処理槽の温度 45、55 および 65℃において 50 分、5分および 10 秒でそれぞれ失活し(図5、75℃は1秒以内に失活したためデータなし)、処理時間を加熱処理よりも著しく短縮可能であった。これらの CO_2FB 処理清酒の官能評価を行い、65℃で CO_2FB 処理した清酒の香味が最も優れていることが明らかとなった(図6)。さらに、CO_2FB 処理清酒中の吟醸香成分は概ね 70% 以上維持しており(超臨界二酸化炭素処理ではカ

プロン酸エチルは40%まで減少する[20])、65℃で3分間加熱処理した清酒(HTS)よりも多く残存した(**表**1)。この条件を元に作成した連続式CO_2FB装置を旭酒造株式会社(岩国市)に導入し、2016年からCO_2FB処理した清酒"獺祭早田"の製造・販売を開始した。このCO_2FB装置には香気成分の損失を防ぐために、加温処理槽の後に冷却槽を設けている。

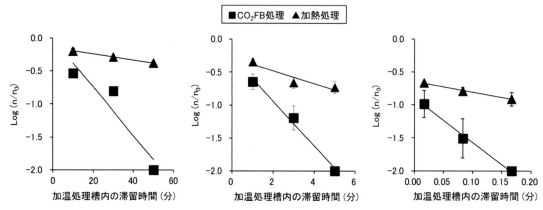

図5 CO_2FBおよび加熱処理による生酒中のα-グルコシダーゼの失活

CO_2FBの処理条件：混合槽の温度10℃、圧力2 MPa

加温処理槽の温度45℃ (左)、55℃ (真中)および65℃ (右)、圧力6 MPa

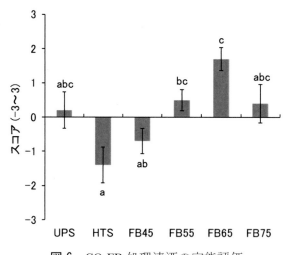

図6 CO_2FB処理清酒の官能評価

UPS：生酒、HTS：65℃で3分間加熱処理した清酒、FB45-75：CO_2FB処理清酒(混合槽の温度10℃、圧力2 MPa、加温処理槽の温度および滞留時間45℃で50分、55℃で5分、65℃で10秒および75℃で1秒、圧力4 MPa)

官能評価は10名のパネリスト(22～61歳、男女比1:1)により7段階評価法(3：非常に良い～-3：非常に悪い)を用いて実施した。異なる英小文字はTurkey-Kramer法における有意差を示す($p<0.01$)。

表1 CO$_2$FB 処理清酒中の吟醸香成分

	UPS		HTS		FB45		FB55		FB65		FB75	
酢酸エチル	32.4	c	21.8	a	25.5	ab	27.7	bc	25.7	ab	25.5	ab
	(100)		(67)		(79)		(86)		(79)		(79)	
酢酸イソブチル	0.35	c	0.20	a	0.25	ab	0.28	b	0.30	bc	0.26	ab
	(100)		(57)		(71)		(80)		(86)		(74)	
イソブチルアルコール	5.7	b	4.8	a	4.9	ab	5.0	ab	5.0	ab	5.1	ab
	(100)		(84)		(87)		(88)		(88)		(89)	
酢酸イソアミル	8.5	c	5.3	a	6.0	ab	6.5	ab	7.2	bc	6.4	ab
	(100)		(63)		(70)		(77)		(84)		(75)	
イソアミルアルコール	29.1	c	24.0	a	25.9	ab	26.7	abc	26.8	bc	26.0	ab
	(100)		(83)		(89)		(92)		(92)		(89)	
カプロン酸エチル	17.6	b	12.4	a	12.8	a	14.0	a	15.2	ab	13.7	a
	(100)		(70)		(73)		(79)		(86)		(78)	

測定試料は図6と同じ。単位は mg/L。

カッコ内は UPS 中の濃度を 100%としたときの相対値を表す。

異なる英小文字は Turkey-Kramer 法における各成分内での有意差を示す($p < 0.01$)。

３．２　ビール[21]

　ビールは通常、ろ過により醸酵に用いた酵母や固形分を取り除いているが、近年、クラフトビールの様な独特な香味を持つビールが酵母を残存した状態で飲まれている。しかしながら、このようなビールには生きた酵母が残存しているため常温で流通・貯蔵することができない。そこで、CO$_2$FB を用いて無ろ過ビール中の酵母を殺菌し、品質評価を行った。

　その結果、CO$_2$FB により生理食塩水中のビール酵母(*S. pastorianus*)および無ろ過ビール中の酵母は共に、50℃の加温処理槽で滞留時間1分以内に著しく減少した(図7)。無ろ過ビール中の酵母は 50℃で5分間の CO$_2$FB により殺菌可能であり、加熱により同程度の殺菌効果を得るためには 80℃必要であった。この CO$_2$FB ビールの官能評価を行った結果、加熱処理ビールよりも新鮮さが残ったが、苦味が低下した(図8)。苦味を表す苦味価は CO$_2$FB 処理ビールで有意に減少しており(図9)、この現象はイソフムロンなどの苦味物質が FB に吸着し、ビールから取り除かれたと示唆した。

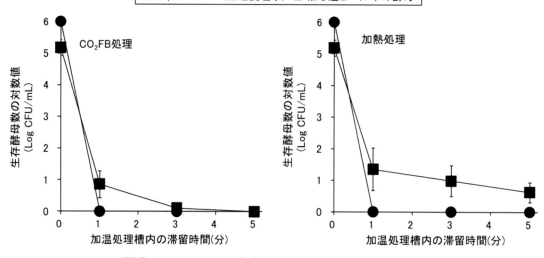

図7　CO₂FB および加熱処理によるビール酵母の殺菌

CO₂FB の処理条件：混合槽の温度 5℃、圧力 2 MPa

加温処理槽の温度 50℃、圧力 4 MPa

加熱処理の温度：80℃

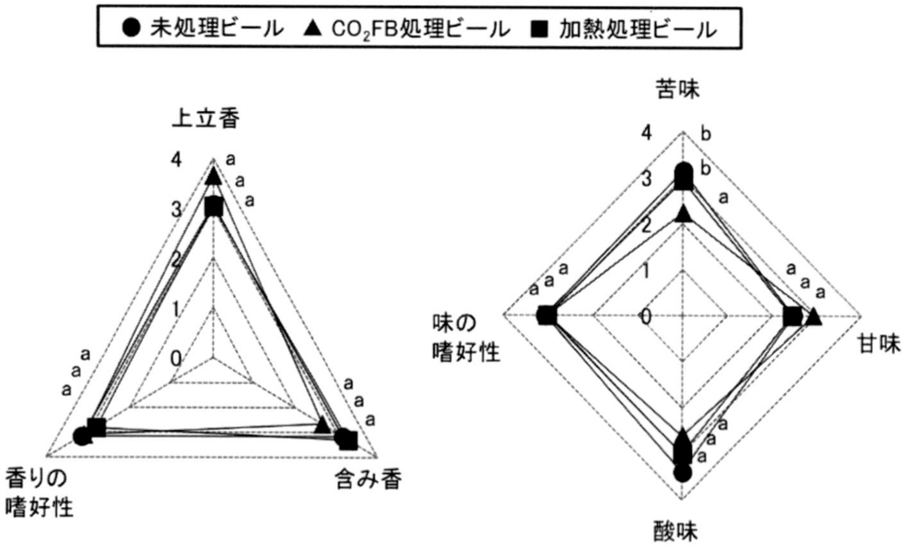

● 未処理ビール　▲ CO₂FB処理ビール　■ 加熱処理ビール

図8　CO₂FB 処理したビールの官能評価

CO₂FB の処理条件：混合槽の温度 5℃、圧力 2 MPa

加温処理槽の温度 50℃、圧力 4 MPa、滞留時間 5 分

加熱処理の処理条件：温度 80℃および滞留時間 5 分

官能評価は 22 名のパネリスト(21〜50 歳、男性 14 名、女性 12 名)により 5 段階評価法(4：非常に良い〜0：非常に悪い)を用いて実施した。異なる英小文字は Turkey-Kramer 法における各項目内での有意差を示す(p＜0.01)。

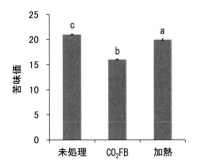

図9 CO_2FB 処理したビールの苦味価

測定試料は図8と同じ。異なる英小文字は Turkey-Kramer 法における有意差を示す($p < 0.01$)。

3．3　牛乳 [11)]

　牛乳の殺菌は食品衛生法により加熱殺菌しか認められていないが、CO_2FB の殺菌効果が牛乳のような高タンパク質・高脂質飲料に対してどのような影響を受けるかを検討した。まず、生理食塩水および市販の超高温短時間殺菌(UHT)乳に大腸菌(*E. coli*)を添加して CO_2FB の殺菌効果を比較すると、明らかに UHT 乳中で殺菌効果が低下した(**図10**)。よって、UHT 乳中のタンパク質や脂質などの成分は CO_2FB の殺菌効果を減少させることが認められた。

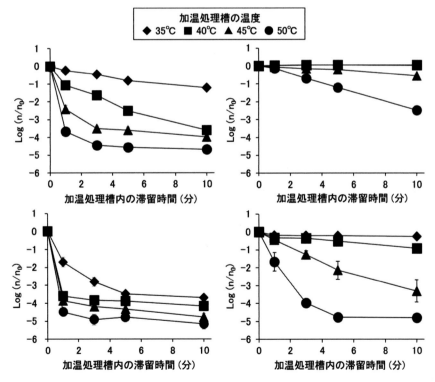

図10　CO_2FB による生理食塩水(右)および UHT 乳(左)に懸濁した *E. coli* の殺菌
CO_2FB の処理条件：混合槽の温度 10℃、圧力 1 (上)および 2 MPa (下)
加温処理槽の温度 35、40、45 および 50℃、圧力 4 MPa

さらに、45および55℃でのCO₂FBにより生乳を処理すると、一般細菌数は滞留時間1分で速やかに減少したが、その後はほとんど変わらなかった(図11)。また、CO₂FB処理後の牛乳中にはダマ状の凝集物が見られ、明らかな品質低下を生じた。この凝集物は、牛乳中のタンパク質が変性・不溶化したことにより生じたことを示唆した。

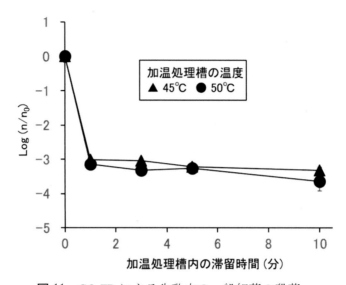

図11　CO₂FBによる生乳中の一般細菌の殺菌

CO₂FBの処理条件：混合槽の温度10℃、圧力2 MPa

加温処理槽の温度45および50℃、圧力4 MPa

3.4　カット野菜[22]

　カット野菜は手軽に利用することが出来ることから、年々消費が伸びている。その洗浄・殺菌には次亜塩素酸ナトリウム溶液が安価で確実な効果が期待できるため用いられている。しかしながら、次亜塩素酸ナトリウムの使用は低濃度に維持されているにも関わらず、塩素臭や処理した野菜の品質などの面から課題が残されている。加えて、イチゴ、シソ、ネギ、パセリのような凹凸が大きく表面が毛状になっている野菜は薬剤が効きにくいことから代替技術の開発は行われている。そこで、**図12**に示すCO₂FB装置を用いてカットネギの殺菌を試みた。この装置は**図1**の混合槽のみを使用している。殺菌試験は、混合槽内の純水中のCO₂FBが飽和した段階でヘッドスペースに配置したカットネギを入れたステンレスネットを浸すことで行った。

　その結果、CO₂FBの処理圧力に伴いカットネギの大腸菌群に対する殺菌効果は高まったが(**図13**)、同時にネギの品質低下を生じた(**図14**)。この変化は、加圧することによりネギに水が浸透したことによると考えられることから、CO₂FBによるカット野菜を含む固形状食品の殺菌については、加圧せずに殺菌することができる方法の考案もしくは加圧しても品質を維持できる食材を選定する必要があると考えている。

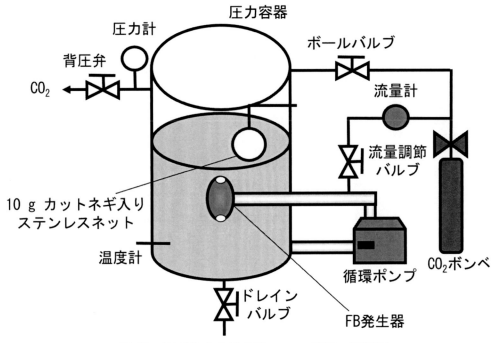

図 12 固形状食品処理用 CO₂FB 装置の概略図

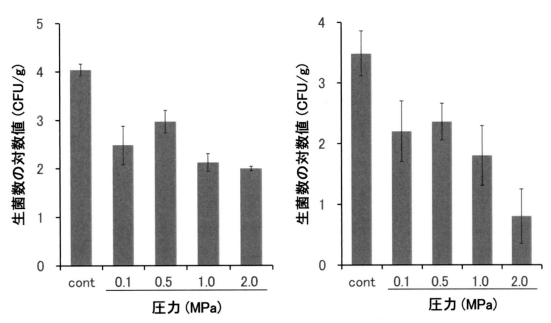

図 13 CO₂FB によるカットネギの殺菌における圧力の影響

左：一般細菌数　右：大腸菌群数

CO₂FB 処理：常温、10 分

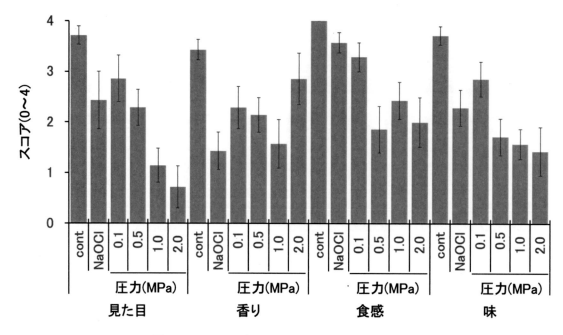

図14　CO₂FB 処理したカットネギの官能評価

CO₂FB 処理：常温、10 分

NaClO：100 ppm で 10 分間の次亜塩素酸ナトリウム溶液処理

官能評価は 10 名のパネリスト(22〜24 歳、男女比 1:1)により 5 段階評価法(4：非常に良い〜0：非常に悪い)を用いて実施した。

4．おわりに

　CO₂FB は従来の加熱処理よりも低温または短時間で殺菌・酵素失活することが可能であるため、熱による食品品質の低下を防ぐことが期待できる。しかしながら、従来よりも強力なタンパク質の変性を引き起こすことから、食品の種類によっては品質低下を招く恐れがあるため、CO₂FB を用いる際には処理条件や食品の種類などを検討する必要がある。

　CO₂FB による殺菌には微生物細胞内に存在する酵素の失活が関与していることを明らかにしており(論文投稿中)、殺菌と酵素失活のメカニズムを同時に解析していくことでさらなる発展が期待できると考えている。

　カットネギの殺菌に見られるように、CO₂FB による固形状食品の殺菌については圧力による食品の品質低下を生じるため、常圧で処理する必要がある。CO₂FB は殺菌剤の浸透性を高めることや高い洗浄効果が期待できることから [23]、現在、殺菌剤と常圧での CO₂FB の併用による洗浄・殺菌の可能性について検討している。

参考文献

1) Roobab, U., M. A. Shabbir, A. W. Khan, R. N. Arshad, A. E. D. Bekhit, X. A. Zeng, M. Inam-Ur-Raheem, R. M. Aadil: "High-pressure treatments for better quality clean-label juices and beverages:

Overview and advances," *LWT*, Vol. 149, 111828 (2021).

2) Fraser, D. "Bursting Bacteria by Release of Gas Pressure," *Nature*, Vol. 167, pp. 33-34 (1951).

3) Nakamura, K., A. Enomoto, H. Fukushima, K. Nagai, M. Hakoda: "Disruption of microbial cells by the flash discharge of high-pressure carbon dioxide," *Bioscience, Biotechnology, and Biochemistry*, Vol. 58, pp. 1297-1301 (1994).

4) 筬島豊: "ミクロバブル超臨界二酸化炭素法の開発とその展開," 食品機械装置, Vol. 37, pp. 47-56 (2000).

5) 早田保義, 小林史幸: "食品の処理方法及び食品の処理装置," 特許第 5131625 号.

6) 早田保義, 小林史幸: "処理方法および処理装置," 特許第 5716258 号.

7) Kobayashi, F., H. Ikeura, S. Odake, Y. Hayata: "Inactivation of enzymes and *Lactobacillus fructivorans* in unpasteurized sake by a two-stage method with low-pressure CO_2 microbubbles and quality of the treated sake," *Innovative Food Science and Emerging Technology*, Vol. 18, pp. 108-114 (2013).

8) Kobayashi, F., M. Sugiura, H. Ikeura, K. Sato, S. Odake, Y. Hayata: "Inactivation of *Fusarium oxysporum* f.sp. *melonis* and *Pectobacterium carotovorum* subsp. *carotovorum* in hydroponic nutrient solution by low-pressure carbon dioxide microbubbles," *Scientia Horticulturae*, Vol. 164, pp. 596-601 (2013).

9) Kobayashi, F., H. Ikeura, S. Odake, Y. Hayata: Inactivation of *Saccharomyces cerevisiae* by equipment pressurizing at ambient temperature after generating CO_2 microbubbles at lower temperature and pressure. *LWT - Food Science and Technology*, Vol. 56, pp. 543-547 (2014).

10) Kobayashi, F., M. Sugiura, H. Ikeura, M. Sato, S. Odake, M. Tamaki: "Comparison of a two-stage system with low pressure carbon dioxide microbubbles and heat treatment on the inactivation of *Saccharomyces pastorianus* cells," *Food Control*, Vol. 46, pp. 35-40 (2014).

11) Kobayashi, F., S. Odake, T. Miura, R. Akuzawa: "Pasteurization and changes of casein and free amino acid contents of bovine milk by low-pressure CO_2 microbubbles," *LWT - Food Science and Technology*, Vol. 71, 221-226 (2016).

12) Kobayashi, F., S. Odake: "Ethanol addition on the inactivation of *Saccharomyces pastorianus* by a two-stage system with low pressure carbon dioxide microbubbles can accelerate the cell membrane injury," *Biotechnology Progress*, vol. 34, pp. 282-286 (2018).

13) Kobayashi, F., S. Odake: "The relationship between intracellular acidification and inactivation of *Saccharomyces pastorianus* by a two-stage system with pressurized carbon dioxide microbubbles," *Biochemical Engineering Journal*, Vol. 134, pp. 88-93 (2018).

14) Kobayashi, F., S. Odake, "Temperature-dependency on cell membrane injury and inactivation of *Saccharomyces pastorianus* by low-pressure carbon dioxide microbubbles," *Journal of Food Science and Technology*, Vol. 57, pp. 588-594 (2020).

15) Kobayashi, F., H. Ikeura, S. Odake, Y. Hayata: "Inactivation kinetics of polyphenol oxidase using a two-stage method with low pressurized carbon dioxide microbubbles," *Journal of Food Engineering*, Vol. 114, pp. 215-220 (2013).

16) Kobayashi, F., H. Ikeura, S. Odake, H. Sakurai: "Quality evaluation of sake treated with a two-stage system of low pressure carbon dioxide microbubbles," *Journal of Agricultural and Food Chemistry*, Vol. 62, pp. 11722-11729 (2014).

17) Kobayashi, F., S. Odake, K. Kobayashi, H. Sakurai: "Effect of pressure on the inactivation of enzymes and *hiochi* bacteria in unpasteurized sake by low-pressure CO_2 microbubbles," *Journal of Food Engineering*, Vol. 171, pp. 52-56 (2016).

18) Kobayashi, F., R. Nakajima, A. Narai-Kanayama, S. Odake: "Inactivation and structural alteration of α-amylase by low-pressure carbon dioxide microbubbles," *Process Biochemistry*, Vol. 88, pp. 60-66 (2020).

19) 小林史幸, 桜井博志: "液状物の処理方法," 特許第 6089718 号.

20) Tanimoto, S., H. Matsumoto, K. Fujii, R. Ohdoi, K. Sakamoto, Y. Yamane, M. Miyake, M. Shimoda, M., Y. Osajima: "Enzyme inactivation and quality preservation of sake by high-pressure carbonation at a moderate temperature," *Bioscience, Biotechnology, and Biochemistry*, Vol. 72, pp. 70297-1-7 (2008).

21) Kobayashi, F., S. Odake: "Quality evaluation of unfiltered beer as affected by inactivated yeast using two-stage system of low pressure carbon dioxide microbubbles," *Food and Bioprocess Technology*, Vol. 8, pp. 1690-1698 (2015).

22) Kobayashi, F., H. Ikeura, M. Tamaki, Y. Hayata: "Application of CO_2 micro- and nano-bubbles at lower pressure and room temperature to inactivate microorganisms in cut wakegi (*Allium wakegi* Araki)," *Acta Horticulturae*, Vol. 875, pp. 417-424 (2010).

23) Tamaki, M., F. Kobayashi, K. Suehiro, S. Ohsato, M. Sato: "Germination and appressorium formation of *Pyricularia oryzae* can be inhibited by reduced concentration of Blasin®Flowable with carbon dioxide microbubbles," *Journal of Integrative Agriculture*, Vol. 17, pp. 2024-2030 (2018).

第17章　ファインバブル反応場へのエネルギー付与の応用

尾上　薫

（千葉工業大学）

1．はじめに

　ファインバブルが関与する反応場へのエネルギー付与により新規な反応場の創生を行う際には、エネルギー形態と相の関係を考慮した独立要素をもとに体系化を行う発想法が有効と考えられる。ファインバブルが関与する共通の反応場としては気-液二相系が不可欠であるが、エネルギーを付与する相の場合分けは気相、液相、固相のいずれに対しても可能である。

　本稿では、2節でファインバブルが関与する反応場の独立要素として、「エネルギー形態の種類」、「系内に存在する物質の相と種類」、「相へのエネルギー付与に関する操作法」に着目した体系化を行う。さらに、3節でエネルギー形態の種類と相の組み合わせで生じる現象について述べるとともに、4節でファインバブルが関与する反応場へのエネルギー付与の多面性で得られる効果を紹介する。

2．エネルギーの付与を考慮したファインバブル反応場の体系化

2．1　反応場を構成する独立要素

　分離操作を例として、独立要素に着目した場合分けを行う発想法について述べる[1]。同一容器内に溶存する液相のA、B二成分を分離する単位操作としては、「蒸留」、「吸着」、「晶析」などが既存の固有名詞として挙げられる。ここで、独立要素として「相変換をともなうか」、「エネルギーの付与を行うか」、「物質の添加は行うか」という発想に切り替えると、「液相から気相または固相への変換」、付与する「エネルギー形態の種類」、「添加物質の相と種類」が独立因子として選定できる。物質の添加は化学エネルギーの付与と見なせる。

　ファインバブルが滞留する反応場に電磁波、超音波などのエネルギーを付与して生じる現象は、バブルがどのような物理化学的変化に関与するかを理解する必要がある。そこで、エネルギーの付与を考慮したファインバブル反応場に対するさらなる研究開発を行うために、**図1**に示すエネルギー形態と相の相互関係に着目した[I]～[III]の三つの独立要素を選定した。三つの独立要素を骨格とする体系化について以下に述べる。

2．2　エネルギー形態の種類に着目した要素

　一般的なエネルギー形態としては「力学的エネルギー」、「電磁気エネルギー」、「熱エネルギー」、「化学エネルギー」、「光エネルギー」などに分類することができる[2]。このような分類法はエネルギーの蓄積がどのような形でなされているか、エネルギーを利用する際に生じるエネルギーの移動がどのような形かをもとに行われている。

　本稿では、我々の身の回りに存在する形態のエネルギーをファインバブル反応場へ付与する場合の効果に着目する。具体的には、電磁波としてのマイクロ波エネルギー、電磁波の一種である光エネルギー、波動としての超音波エネルギー、放電現象が創生可能な電気エネルギーの付与

を選択する。これらの形態の中で、エネルギー供給に対しては電気エネルギーを必要する場合が多いとともに、発生する熱エネルギーが化学現象に及ぼす影響が大きいと考えられる。ここでは操作法としてファインバブル反応場に対するエネルギーの付与を行った場合について述べる。

　波動は波長、振幅、周波数、周期、波の反射吸収など様々な指標がある。[I]について周波数 f の対数値で整理した電磁波の分類を図2に示す。電磁波を周波数が大きい（波長が小さい）順に大別すると、放射線（γ線、X線）、光（紫外・可視・赤外）、電波（マイクロ波、ラジオ波）となる。放射線は地球の大気層で吸収され地表にはほとんど到達しない。太陽光に代表される広義の光は周波数が放射線に比べ小さく、電波よりは大きい。また、周波数が大きいほどイオン化、結合振動、分子回転が生じやすい。

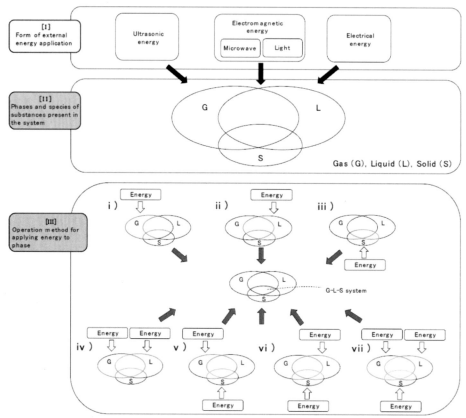

図1 エネルギーの付与を考慮したファインバブル反応場を構成する三つの独立要素

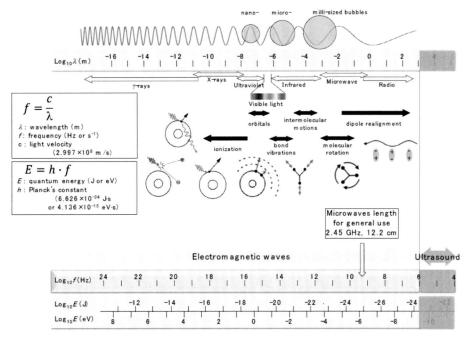

図2　周波数に着目した電磁波の分類

マイクロ波エネルギーおよび光エネルギーは電磁波エネルギーの一帯域と見なせる。また、電磁波と音波は波が空間を振動しながら伝播することにより生じる波動であり類似点も多い。両者の相違点は、電磁波には電界と磁界が存在し真空中でも伝播が可能であるのに対し、音波は音響エネルギーであり振動媒体を必要とすることが挙げられる。超音波の周波数は 10^4 ～10^6 Hz の範囲でありマイクロ波に比べ小さい。酸素の放電により生成するオゾンの高い酸化力を活用した化学反応の促進は、エネルギー供給の観点では電気エネルギーとの関連性が高い。

2.3　系内に存在する物質の相と種類に着目した要素

気-液-固三相が存在するファインバブル反応場を対象とする。系に存在する各相を細分化すると**図3**となる[3]。

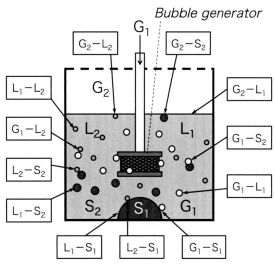

G_1 : Gas phase supply
G_2 : Gas phase atmosphere
L_1 : Liquid phase solvent
L_2 : Solute in liquid phase
S_1 : Fixed solid phase
S_2 : Suspended solid phase

図3　気-液-固三相系の反応場に存在する各相の細分化

G_1：バブルとして供給する気相成分を表す。G_1 の一部は液相に溶解する。

G_2：G_1 で液相上部に存在する成分である。開放系では上部の気-液界面で G_1 と異なる G_2 と接触している場合もある。上部の気-液界面近傍では擬似平衡が成立する。

表1　系内に存在する物質の相の場合分け

Interface	Phase					
	G_1	G_2	L_1	L_2	S_1	S_2
G - L	○	○	○			
	○	○	○	○		
G - L—S	○	○	○		○	
	○	○	○		○	○
	○	○	○	○	○	
	○	○	○	○	○	○

L_1：液相の溶媒である。溶質 L_2 が存在しない系では溶媒ではなく溶液と見なす。液相に気相を導入してファインバブルを発生させると G_1-L_1 間の物質移動現象が生じる。

L_2：液相の溶質を表す。L_2 成分の物質移動・反応現象は G_1-L_1 間のファインバブルの種類やサイズに依存する。

S_1：固定層の固相である。G_1 や液相成分に比べ固定層へのエネルギー吸収効果が大きい場合がある。

S_2：固相懸濁物である。固相粒子の微粒化にともない L_1-S_2 間の界面積が増す。

　系内に存在する物質の相の場合分けを示したのが**表 1** である。本稿では、気相で供給される G_1 で G_2 が満たされていると見なす。液相では L_1 または L_2 のいずれの成分が付与されるエネルギーの吸収効率が大きいかが焦点となる。固相では流動性を生かした S_2 がエネルギー付与効果をいかに高められるかが鍵となる。

２．４反応場へのエネルギー付与に関する操作法に着目した要素

　エネルギーを付与する相の成分の活性化が焦点となる。ファインバブルが関与する反応場へのエネルギーの付与に対しては、図1に示す気相、液相、固相に対して i）〜vii)の七通りの操作法が考えられる。

i)〜iii)　　一相のみにエネルギーを付与する

iv)〜vi)　任意の二相にエネルギーを付与する

vii)　　　三相すべてにエネルギーを付与する

　エネルギーの付与形態は任意での選択が可能である。最終的な反応場は気-液-固三相（G-L-S 系)の部分に位置する。

　i)、ii)、iv)の操作法による新規反応場の創生例を**図 4** に示す。ここで、気相成分には電気エネルギー、電磁波エネルギー、液相成分には電磁波エネルギー、超音波エネルギー、電気エネルギー、光エネルギー、固相成分には光エネルギー、電磁波エネルギーの付与による異相界面での化学反応の促進が期待できる。

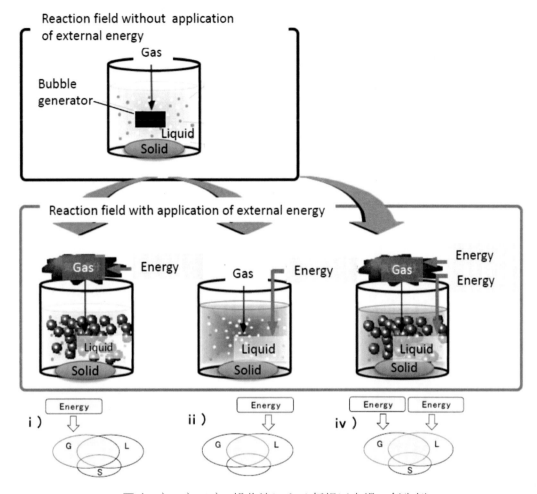

図4 i)、ii)、iv)の操作法による新規反応場の創生例

3．相に対するエネルギー付与で生じる現象

3．1　マイクロ波エネルギー付与の特徴

<u>a)　マイクロ波エネルギーの特徴</u>

　電磁波は波動性と粒子性の両者をあわせ持ち、周波数が大きいほどエネルギーが高い[4]。一方、周波数が小さくなると波長が長くなり回析現象や干渉現象などの波動性が表れてくる。電磁波としてのマイクロ波エネルギーの特徴をまとめると以下となる。

① 周波数は 300 MHz〜300 GHz（波長は 1 mm〜1 m）の帯域である。

②「マイクロ」という名称は超短波を上回る高い周波数の発振に成功した関係者が「波長が短い」ことを意味する名称として使用した経緯がある。

③産業、化学および医療用途のために ISM バンド（Industrial Scientific and Medical Band）が帯域として国別に指定されている。

④ 一般家庭に普及している電子レンジの周波数は 2.45 GHz であり、最近では 5.8 GHz の発振器

も使用可能となっている。

⑤ 米国では 915 MHz の工業用マイクロ波加熱装置が冷凍肉の解凍などに使用されている。

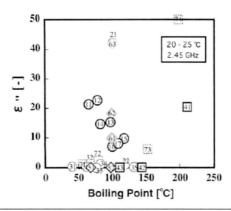

図 5 液相に存在する成分の沸点と誘電損失係数 ε " の相関

b) 相に対するマイクロ波エネルギーの付与効果

　気相に対しては、マイクロ波の付与により G_1 を励起するには、5 kPa 程度の減圧条件が必要である [5]。G_1 として用いられているオゾンは酸素への電気エネルギーの付与で生じる放電現象を活用している。

　液相および固相へのマイクロ波エネルギーの付与で注目されているのは、双極子分子がランダム運動のエネルギーを熱として放出し配向・会合する場合の熱出力効果である [6]。周波数を f [Hz]、電界の強さを E [V/m]、比誘電率を ε '[-]、誘電損失角を $\tan\delta$ [-]、誘電損失係数を ε "[-] とすると、熱出力 P [W/m³] は次式で与えられる。電界および角周波数が一定下では ε " が大きいほど熱出力が高い。

$$P = a \quad \varepsilon\ "\ \tag{1}$$

198

$$a = 0.556 \times 10^{-10} f E^2 \qquad (2)$$

$$\varepsilon'' = \varepsilon' \tan \delta \qquad (3)$$

　室温付近(293-298 K)の液相に 2.45 GHz のマイクロ波を照射した場合の誘電損失係数 ε'' を液相の沸点で整理し**図5**に示す。液相では溶媒 L_1 の種類、溶質 L_2 の種類と濃度に対するマイクロ波エネルギーの付与効果の把握が重要である。水（$\varepsilon'' = 9.89$）を基準にすると、0.5 mol/l の水酸化ナトリウム水溶液の ε'' は水に比べ約4倍大きい。溶媒の種類で比較すると、アルコール類の ε'' は炭素数が大きいほど減少し、芳香族化合物の ε'' は官能基の影響を受ける。

　固相について(3)式をもとに比誘電率 ε' と誘電損失係数 ε'' の相関を示したのが**図6**である。ファインバブル反応場では液相（L_1、L_2）または固相（S_1、S_2）の加熱が G_1 の現象に影響を及ぼす可能性がある。ここで、液相および固相へのマイクロ波エネルギーの付与効果を比較すると、固相の ε'' は 0.2 以下であり，液相に比べ 1/10〜1/100 の値である。すなわち、液相の方が固相に比べ発熱効果は高いと見なせる。S_1、S_2 の種類と濃度、溶媒 L_1 の物質の種類で見ると、無機化合物である金属酸化物や磁器はガラスや石英に比べて誘電損失角が小さいが、比誘電率は 3〜5 倍程度大きい。また、有機化合物では C-H 系化合物に比べて C-H-O 系化合物はマイクロ波を吸収しやすいことがわかる。

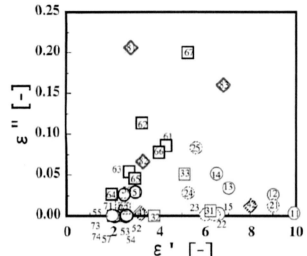

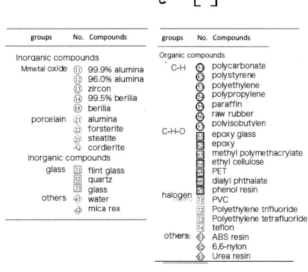

図6 固相の比誘電率と誘電損失係数の相関

３．２　光エネルギー付与の特徴

a) 光化学反応の特徴

　光エネルギーの付与で生じる物質の変化が光化学反応である。光化学反応の特徴は以下である。

① 初期過程では光エネルギーの照射により励起分子や遊離基などの反応中間体が分解生成することから、光化学反応を光分解と呼ぶ場合も多い。

② 光分解は光を吸収した物質を直接的に分解する直接光分解と、光を吸収した光増感剤からのエネルギー移動により他の分子がエネルギーを受けとり分解する光増感分解に大別される。

③ 光分解は光量子のエネルギーが結合解離エネルギーを上回る波長範囲の光を吸収した場合に生じる可能性が高く、分解収率が高い紫外や可視領域の光を用いた研究例が多い。

④ 電波に比べ周波数が大きい光エネルギーは、粒子性に着目して光子と呼ばれる。

b) 光エネルギーと振動数の相関

　光エネルギーの指標として波長が用いられることも多い。1個の光子エネルギー E と周波数 f の関係は(4)式で表される[7]。h はプランク定数、C は光速、λ は波長を表す。

$$E = hf = hC/\lambda \qquad (4)$$

電子の運動は原子核に比べて非常に速いので、E は(5)式で表される。

$$E = E_E + E_V + E_R \qquad (5)$$

　　E_E：原子核の平衡位置での電子状態エネルギー

　　E_V：平衡位置近傍の原子核の運動にともなう振動エネルギー

　　E_R：原子核の運動にともなう回転エネルギー

エネルギーの大きさは $E_E \gg E_V \gg E_R$ である。

c) 相に対する光エネルギーの付与効果

　光化学反応が対象となる物質を相の状態に着目して分類すると以下となる。

　気相への光エネルギー付与の特徴はラジカル生成が挙げられる。たとえば臭化水素（HBr）では(6)式にしたがい、水素ラジカル（H・）と臭素ラジカル（Br・）にラジカル的分解が進行する。

$$HBr = H\cdot + Br\cdot \qquad (6)$$

　一方、液相の臭化水素水に光エネルギーを付与すると、(7)式のイオン的分解が進行する。

$$HBr = H^+ + Br^- \qquad (7)$$

　固相に対しては、光の照射で生じる光触媒作用が知られている。光触媒作用は光化学反応の一種と定義され、酸化チタン（TiO_2）と酸化タングステン（WO_3）は光触媒として実用化されている

　酸化チタンにはアナターゼ型とルチル型が知られており、前者は後者に比べ低温で安定である。また、アナターゼ型（3.2 eV）とルチル型（3.0 eV）のバンドギャップ値を波長に換算すると 387 および 413 nm に相当する。

　バンドギャップ波長を調べるための紫外可

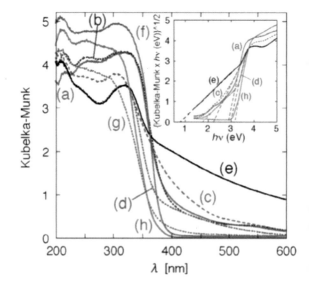

(a) mesoporous TiO₂
(b) N-doped mesoporous TiO₂
(c) SN-doped mesoporous TiO₂
(d) S-doped mesoporous TiO₂
(e) TiO₂ nanotube
(f) S-contained TiO₂ nanotube
(g) anatase type TiO₂

図7 紫外可視吸収スペクトルと吸光度の相関

視吸収スペクトルを図7に示す。横軸は光源の波長、縦軸は吸光度を表す[8]。界面活性剤を利用して合成した(a)メソポーラス TiO_2 のスペクトルは, (h)アナターゼ型の TiO_2 で測定したスペクトルに比べ 400 nm 以上の可視光領域でわずかに吸収する。

　酸化チタンの応用例として、酸化作用を利用した有害物質の分解処理法が挙げられる。酸化チタンに窒素などのドープや異種金属のイオン注入により、紫外線のみならず 400-600 nm の可視光で作用する光触媒も開発されている。

３．３　超音波エネルギー付与の特徴

a) キャビテーションとは

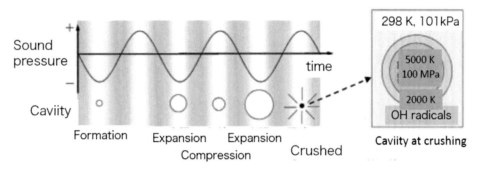

図8　超音波キャビテーションの模式図

　流体の流れの中で圧力差により短時間に泡の発生と消滅が起きる物理現象がキャビテーションである。**図8**に超音波キャビテーションの模式図を示す[9]。超音波エネルギーの特徴をまとめると以下となる。

① 超音波の周波数は 20 kHz ～ 3 MHz でありマイクロ波に比べ小さい。高周波超音波（200 kHz ～3 MHz）は電磁波の中波に相当する。

② 超音波の周波数は分子の振動に比べると低く、分子への超音波エネルギーの直接吸収による化学反応の進行の可能性は低い。

③ 超音波が溶液中を伝播する際に高圧域と低圧域が発生し、キャビテーションが生じる。超音波キャビテーションは、表面張力が大きく、低粘性の液体ほど生成しやすい。

④ 溶媒分子の分子間力を上回るほど低圧状態になるとキャビティ(空洞)が形成される。キャビティ内では、水分子、溶存気体分子、揮発性化合物が存在し、これらが高温・高圧のもとで熱分解する。

⑤ 水の熱分解により、ヒドロキシルラジカル（OH・）と水素ラジカル（H・）が生成する。

図 9 に空気で飽和した水のキャビテーションしきい値の周波数依存性を示す[10]。しきい値（点線）は 20 kHz 以下では低い値を示すが、周波数の増加にともない増大する。また、超音波の化学作用（実線）は 30 kHz 付近で極大を示す。

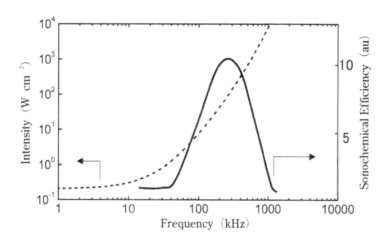

図 9 空気で飽和した水のキャビテーションしきい値の周波数依存性

b) 相に対する超音波エネルギーの付与効果

気泡に周波数 f の超音波を照射すると, (8)式に示すように周波数と共鳴気泡半径 R_r[m]の積が 3 付近で気泡は活発に振動することが知られている[11]。

$$f \cdot R_r = 3 \qquad (8)$$

たとえば, 半径が 100 μm の気泡が共鳴する超音波の周波数は 30 kHz である。圧壊時には, 気泡内部に数千度・数百気圧という高温・高圧・高速流動の極限状態がナノ秒オーダーで得られる。超音波の化学的作用は, 気泡圧壊に起因すると考えられる。

３．４　電気エネルギー付与の特徴

a) 放電の分類

放電とは、電極間の電位差を増加させると電極間に存在する気体が絶縁破壊され電流が流れる現象を表す。プラズマ生成過程における初期電子の放出法、電極の有無、電場の均一性に着目

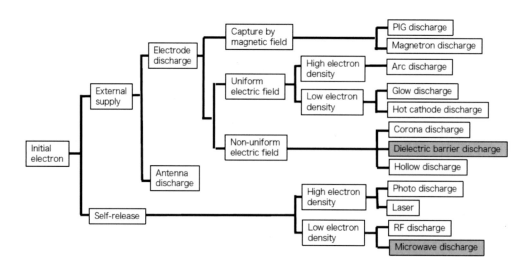

図 10 初期電子の放出法、電極の有無、電場の均一性に着目した放電の分類

した放電の分類を**図 10** に示す[12]。後述の誘電体バリア放電（Dielectric Barrier Discharge, 以下DBD）は、電場が不均一な電極放電に位置する。

b) 相に対する電気エネルギーの付与効果

　電気エネルギー付与は気相または液相を対象として行われる。気相に対する電気エネルギー付与法として、**図 11** に示す DBD 反応器を用いた酸素からのオゾン製造について述べる。パイレックスガラスの上下と外側に電極が設置されている。内部電極としてステンレス製のディスクが 5 mm 間隔で並んでいる。純酸素供給下で電圧を印加するとステンレスディスクとパイレックスガラスの間でパルス放電によりオゾン（O_3）が生成する。生成する気相のオゾン濃度はオゾンモニター、液相に溶解したオゾン濃度は比色法で定量する。

　液相への電気エネルギー付与法の特徴をまとめると以下となる。

① 液相内への電気エネルギーの付与法は液相内放電法と気液放電法がある。
② 液相内放電法では高電圧、パルス周期が必要であり、液相物性が放電に影響する。
③ 気液放電法では、液相放電法に比べ低電圧でプラズマ場の生成が可能であり、気相に加え液相からも酸素種活性種を生成させることができる。
④ 気液放電法では、バブル放電場を形成させることでプラズマ場に対する気-液界面の連続供給、気相で生成した活性種の液相への接触頻度の向上が期待できる。

4．エネルギーの付与形態に着目したファインバブル反応場の活性化
4．1　ファインバブル反応場へのマイクロ波エネルギーの付与効果
a) ファインバブル発生装置

　筆者らが使用している剪断式のファインバブル発生装置を**図 12** に示す[13]。インペラ

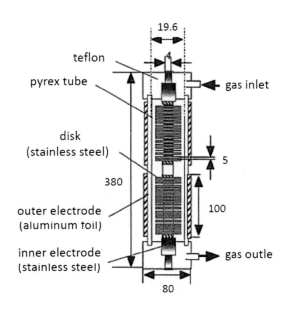

Unit [mm]

図 11 誘電体バリア（Dielectric Barrier Discharge, DBD)反応器

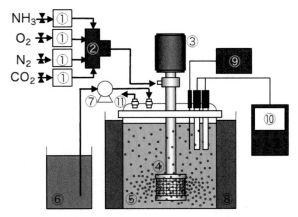

① Gas flow meter　　⑦ Pump
② Gas mixer　　　　⑧ Thermostat bath
③ Motor　　　　　　⑨ Thermocouple
④ Minute-bubble generator　⑩ pH/EC meter
⑤ Reaction vessel　　⑪ Gas exit
⑥ pH adjuster solution

図 12 剪断式のファインバブル発生装置

一背面部から生じる負圧により気相の吸引を行うとともに、複数回インペラーで気相剪断された気泡が多孔板を通過して、平均径 d_{bbl} が 25〜 100 μm のファインバブルが供給される。本装置の特徴は液相の循環を行わない方式であり、気相供給速度が一定の条件下でインペラーの回転速度の調節によりバブルサイズが制御可能であることが挙げられる。また、平均径が 250 μm を超える気泡を発生させる場合はガラスボールフィルターを使用している。

b) 導波管型マイクロ波照射装置

マイクロ波はファインバブルを連続供給している反応容器に照射する方法と、ファインバブル供給を停止した直後の反応容器に照射する二通りの方法が考えられる。ここでは**図13**に示すシングルモードの導波管型装置を用いて後者の方法でマイクロ波を照射する方法について述

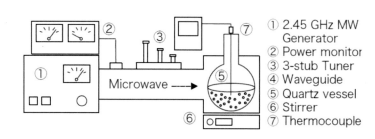

① 2.45 GHz MW Generator
② Power monitor
③ 3-stub Tuner
④ Waveguide
⑤ Quartz vessel
⑥ Stirrer
⑦ Thermocouple

図13 導波管型マイクロ波照射装置

べる。発振器にはマグネトロンを使用し、出力 P_W が 200〜400 W の条件下で 2.45 GHz のマイクロ波を発生させる。反応容器はマイクロ波の照射損失を低減するため石英製を用いる。

c) マイクロ波照射が炭酸リチウムナノ粒子の生成に及ぼす影響 [14]

以下のシステムである。

[I]　マイクロ波エネルギー

[II] G_1：二酸化炭素/窒素混合ガス（d_{bbl} は 25 μm）

　　 G_2：空気

　　 L_1：イオン交換水（水溶液温度 T_S は 289 K、水溶液 pH が 13.5）

　　 L_2：リチウムイオン（リチウム初濃度($C_{Li})_0$ は 1.0 mol/l)、炭酸イオン、ナトリウムイオン

　　 S_1：なし

　　 S_2：炭酸リチウムが生成

[III] iv)

硝酸リチウム水溶液に CO_2/N_2 ファインバブルを 40 min 供給後の水溶液に対しマイクロ波エネルギーを照射した場合の水溶液温度 T_L の時間変化を**図14** に示す。照射出力の増加にともない T_L の上昇速度 r_T [K/min] は増大するが、ファインバブル供給の有無が r_T に及ぼす影響は小さい。

CO_2 ファインバブルの気–液界面には Li^+ イオンが濃縮されると考えられるが、マイクロ波エネルギーの付与効果に及ぼす G_2 の影響は小さい。液相内に滞留する気相の誘電損失係数は液相である水に比べきわめて小さい。

各照射出力において液相温度が 313 K に達した時点で得られた炭酸リチウム粒子径 d_P の分布をレーザー式粒径装置を用いて測定した結果を**図15** に示す。比較として、バブル供給後に 240 min 静置しファインバブルを保持しない水溶液にもマイクロ波を照射した。CO_2/N_2 ファインバブルが滞留する気-液系で 300 W のマイクロ波エネルギーを照射した場合は全生成粒子に対する

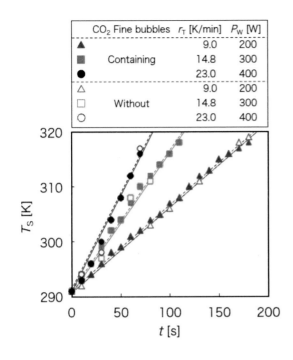

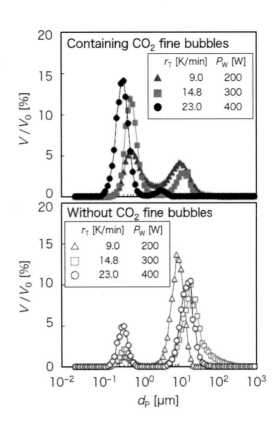

図14　CO₂/N₂ ファインバブル水にマイクロ波エ
　　　ネルギーを照射した場合の水溶液温度の
　　　時間変化

図15　液相温度が 313 K に達した時点で得られた
　　　炭酸リチウムの粒子径分布の比較

ナノサイズ粒子（1 μm 以下）の生成割合 $V_{np}/(V_{np})_0$ は 68%であり、ファインバブルを保持しない
場合（12%）に比べ顕著に増大する。核化したナノ粒子は、気−液界面での高濃度場の生成に付
随して創生されるバルク側の低濃度場の生成とファインバブルの滞留により凝集が抑制され、
炭酸リチウムナノ粒子が高選択的に晶析することが推察される。

４．２　ファインバブル反応場への電気エネルギーの付与効果

a) 大気圧半回分式放電装置がメチレンブルーの反応性に及ぼす影響 [15]

　以下のシステムである。

[I]　電気エネルギー

[II] G_1：酸素（d_{bbl} は 50 μm）

　　 G_2：空気

　　 L_1：イオン交換水（水溶液温度 T_S は 289 K）

　　 L_2：メチレンブルー（初濃度$(C_{MBi})_0$ は 10.0 mmol/l）、過酸化水素が生成

　　 S_1：なし、S_2：なし

[III] i) または ii)

大気圧半回分式放電法による有機物の反応装置の比較を図16に示す。反応器上部に2本の円筒型石英管（内径4 mm）を装填し、ガス供給部およびガス出口とした。プラズマ状態は反応部に設置した両電極間に周波数が10 kHzの交流2次電圧9.0 kV（1次電圧は100 V）を印加することで得た。気相原料である酸素の供給モル流速 F_0 は34.7 μmol/s、電極間距離 d は10 mm で一定である。焦点はガス供給部の位置が気-液界面を基準として上方をプラス、下方をマイナスで表示した ξ の依存性である。

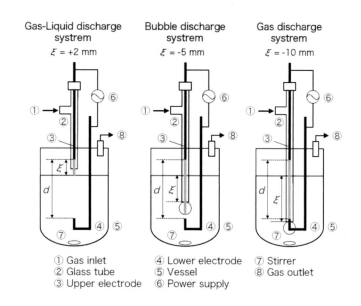

図16 大気圧半回分式放電法による有機物の反応装置の比較

気液放電法 ：ξ が+2.0 mm、電極間の気相で放電場が形成される

バブル放電法：ξ が-5.0 mm、電極間のバブル内で放電場が形成される

気相放電法 ：ξ が-10.0 mm、供給気相中でのみ放電場が形成される

いずれの放電形式においても放電時間 t によらず、両電極間でスパーク放電が確認される。

イオン交換水に対し放電を行い、得られた溶存オゾン濃度 $C_{L(O3)}$ および過酸化水素濃度 C_{H2O2} の時間変化を図17に示す。過酸化水素は(9)式の反応により酸化力の高いヒドロキシルラジカル（OH・）を経由して生成すると考えられる。

$$2OH \cdot \rightarrow H_2O_2 \qquad (9)$$

過酸化水素の生成濃度は溶存オゾン濃度に比べ高く、ξ を-5 mm に設定したバブル放電法での過酸化水素生成速度は気相放電法および気液放電法の10倍以上の値を示す。

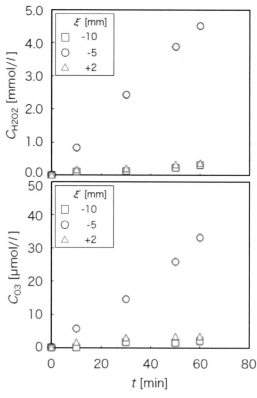

図17 溶存オゾン濃度および過酸化水素濃度の時間変化

メチレンブルー水溶液に対して同様の条件下で放電を行った場合のメチレンブルー濃度 C_{MB} の時間変化を**図18**に示す。バブル放電形式において C_{MB} の減少速度が最も大きい。これよりバブル放電法では他法に比べ酸素種活性種を含む気相と液相の接触効率が高まるため液相中の酸素種活性種の生成量が増加し、メチレンブルー反応速度が高まると推察される。

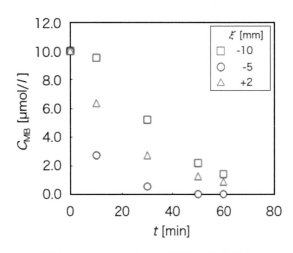

図18 メチレンブルー濃度の時間変化

b) オゾンバブルのファイン化がガスの溶解特性に及ぼす影響 [16, 17]

以下のシステムである。

[I] 電気エネルギー

[II] G_1：酸素/窒素混合ガス（d_{bbl} は 50 μm）

G_2：空気

L_1：イオン交換水（水溶液温度 T_S は 289 K）

L_2：オゾンが生成

S_1：なし、S_2：なし

[III] i)

誘電体バリア反応器用いたオゾン発生システムを**図19**に示す。反応装置容積基準の O_2/N_2 ガスの供給モル流速 F_T は 2.23 mmol/(l・min) である。本装置では混合ガスの供給モル流速、酸素モル分率、一次印加電圧などが硝酸イオンの生成に及ぼす影響が考えられる。**図20**に酸素/窒素混合ガス中の酸素モル分率 α_{O2} が溶存オゾン濃度および水溶液 pH の時間変化を示す。溶存オゾン濃度は約 0.4mmol/l で擬定常状態を示す。また一次印加電圧が 60 V の場合は窒素モル分率 α_{N2} が 50% を越えると硝酸イオンの生成による水溶液 pH の低下が確認さ

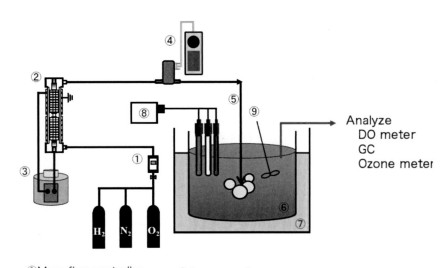

①Mass flow controller　④Ozone monitor　⑦Thermostat bat
②DBD device　⑤Minute bubble generator　⑧pH/EC meter
③Transformer　⑥Reaction vessel　⑨Rotor

図19 誘電体バリア反応器を用いたオゾン発生システム

れる。

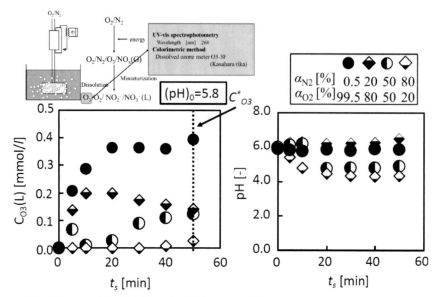

図 20 酸素モル分率が溶存オゾン濃度および水溶液 pH の時間変化に及ぼす影響

d_{bbl} が異なる純酸素バブルをイオン交換水に供給した際の酸素溶存濃度の比較を**図 21** に示す。酸素溶存濃度はガスクロマトグラフを用いて測定した。d_{bbl} の減少にともない擬定常状態における溶存酸素濃度が増大する傾向はオゾン溶解と同様である。d_{bbl} が 50 µm における擬定常濃度に対する注目すべき点としては、100 mol%の酸素の溶存濃度が 1.1 mmol/l であるのに対し、5 mol%のオゾンの溶存濃度は 0.4 mmol/l であり、単位モル濃度基準の溶解濃度はオゾンが酸素に比べ約 7 倍大きいことが挙げられる

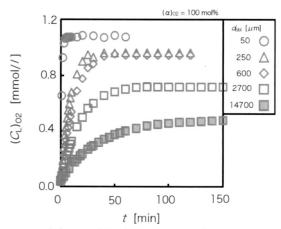

図 21 酸素の平均気泡径が溶存濃度の時間変化に及ぼす影響

4.3 反応場への電気エネルギー/紫外線エネルギーの付与効果

a) O_3/O_2 ファインバブルへの紫外線エネルギーの同時付与を行う反応装置 [18]

以下のシステムである。

[I] 電気エネルギー/紫外線エネルギー

[II] G_1：酸素/窒素混合ガス（d_{bbl} は 50 µm）

　　G_2：空気

L_1：イオン交換水（水溶液温度 T_S は 298 K）

L_2：フェノール（初濃度(C_{PHEi})$_0$ は 1.0 mmol/l）、ヒドロキノン、p-ベンゾキノン、
カテコールなどの副生成物が生成

S_1：なし、S_2：なし

[III] iv)

図22 に電気エネルギー/紫外線エ
ネルギーの照射システムによる反
応装置を示す。液相への紫外線エネ
ルギーの照射法として 185、254 nm
に極大波長を有する低圧水銀ラン
プを使用した。図ではランプを縦型
に 1 本設置しているが、ランプ本
数、設置箇所などの反応槽内の操作
条件の選定に対応するため、剪断式
バブル発生装置を反応槽下部に設
置した。オゾンモル濃度が 5 mol%
液相容積基準のモル流速 F_T が 0.28
mmol/(l·min)のオゾン/酸素混合ガス（d_{bbl} は
50 μm）を液相に供給した。ここでは O$_3$/O$_2$
混合ガスを供給する場合を O$_3$ 系で表す。

b) O$_3$/O$_2$ ファインバブルへの紫外線エネル
ギーの付与がフェノールの反応性に及ぼ
す影響

紫外線エネルギーの付与は電気エネル
ギー付与によるオゾン生成，過酸化水素な
どの物質の添加、光触媒の活用法などが検
討されている。図 23 に電気エネルギー/紫
外線エネルギーの付与における液相中の
残余フェノール濃度 C_{PHE} の時間変化を示
す。図中の a)は d_{bbl} が 50 μm、b)は 2000 μm
の結果である。k_1[min^{-1}]は、フェノール分解
反応がフェノール濃度に対し 1 次で進行す
ると仮定して算出した反応速度定数を表
す。いずれのバブルサイズおよび反応系に
おいてもフェノールの反応が進行し、ヒド
ロキノン、p-ベンゾキノン、カテコールな
どの副生成物が生成する。

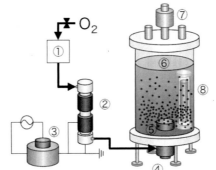

① Mass-flow controller
② DBD reactor
③ Transformer
④ Motor
⑤ Fine-bubble generato
⑥ Reaction vessel
⑦ Gas exit
⑧ UV lamp

図22 オゾン供給および紫外線照射の併用システムの反応装置

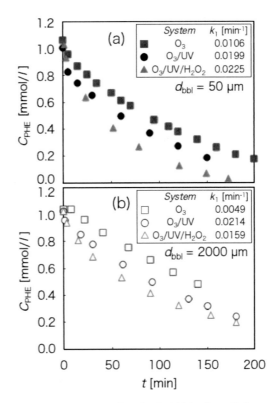

図23 O$_3$/UV/H$_2$O$_2$系における液相中の残余フェ
ノール濃度の時間変化

(a)の 50 μm の O_3/O_2 ファインバブルを供給した場合は、オゾン水への紫外線照射（O_3/UV 系）に加え過酸化水素を添加した O_3/UV/H_2O_2 系での k_1 が O_3 系および O_3/UV 系に比べ増大し、電気エネルギーと紫外線エネルギーの付与効果が確認できる。(b)で O_3 系でのオゾンバブルのファイン化の影響を k_1 で比べると約 2 倍となる。一方、O_3/UV/H_2O_2 系では d_{bbl} が 50 μm における k_1 の値は 0.0225

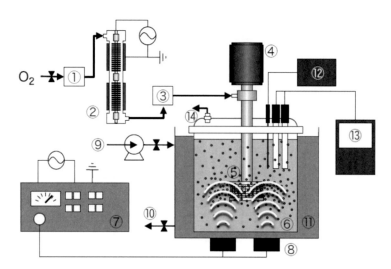

① Gas flow meter   ⑥ Reaction vessel   ⑪ Thermostat bath
② DBD reactor   ⑦ Ultrasonic controller   ⑫ Thermocouple
③ Ozone monitor   ⑧ Ultrasonic transducer   ⑬ pH/EC meter
④ Motor   ⑨ Cooling water inlet
⑤ Fine-bubble generator   ⑩ Cooling water outlet

図 24 オゾン供給および超音波照射の併用システムの反応装置

min⁻¹ であり、2000 μm における k_1 の値($0.0159\,\mathrm{min^{-1}}$)よりわずかに大きい。これより、本条件下ではバブルのファイン化に対する電気エネルギーの付与効果が紫外線エネルギーの付与効果を上回ると考えられる。O_3/O_2 ファインバブル供給下での H_2O_2 添加および UV 照射によるフェノール分解の促進は、バブルのファイン化にともなうオゾンガス溶解速度の増大に加え、O_3/H_2O_2 への紫外線エネルギーの付与で生成した OH ラジカルの作用によるフェノールの反応性増大が考えられる。

４．４ 反応場への電気エネルギー/超音波エネルギーの付与効果 [19)]

a) O_3/O_2 ファインバブルへの超音波照射による反応装置

図 24 にファインバブル発生器および超音波照射装置を組み込んだ実験装置を示す。誘電体バリア反応器を用いた 50 μm のオゾンファインバブルの発生法は図 19 と同一である。超音波装置の周波数は 25 kHz で一定とし、照射出力 P_W が 100-500 W の範囲で変化させた。50 μm または分散器で発生させた 2000 μm のバブルを反応槽内に吹き込んだ後、初濃度 C_{MB} が 0.1 mmol/l となるようにメチレンブルーを投入すると同時に超音波を照射する。

b) O_3/O_2 ファインバブルへの超音波照射がメチレンブルーの反応性に及ぼす影響

以下のシステムである。

[I] 電気エネルギー/超音波エネルギー

[II] G_1：酸素/窒素混合ガス（d_{bbl} は 50 μm）

  G_2：空気

L_1：イオン交換水（水溶液温度 T_S は 298 K）

L_2：メチレンブルー（初濃度$(C_{MB})_0$は 0.1 mmol/l）

S_1：なし、S_2：なし

[III] iv)

　O_3/US(超音波照射)系でのメチレンブルー濃度の時間変化を**図25**に示す。(a)の 50 μm のオゾンファインバブル水に超音波照射した系では照射出力 P_W によらずメチレンブルー濃度の減少が速まることを確認した。P_W が 250 と 500 W ではメチレンブルーの反応速度の促進効果が顕著には見られない。また、(b)の 2000 μm のオゾンバブルへの超音波照射によるメチレンブルーの分解促進効果は 50 μm に比べ些少である。

　電気エネルギー/超音波エネルギーを付与した系では、溶解オゾンの超音波キャビテーションによる酸素種ラジカルへの転換が推察される。超音波照射によりヒドロキシルラジカルが発生する機構については、Kamath らがアルゴンのファインバブルに圧力振幅を与えた場合のバブル内の中心温度とヒドロキシルラジカル濃度の変化を数値計算により解析している [20]。これらの知見より、超音波エネルギーをファインバブルに付与することでファインバブルの気-液界面近傍での局所的な温度、圧力の不均一化により特異的な物質移動および反応現象が進行することが示唆される。

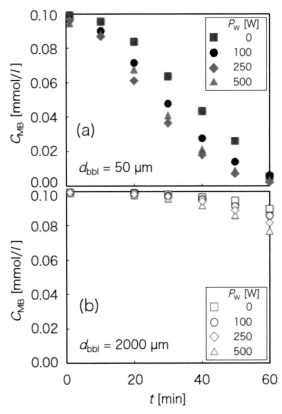

図25 O_3/超音波照射(US)系における液相中の残余メチレンブルー濃度の時間変化

5．おわりに

　ファインバブルの魅力の一つに液相内に局所的高濃度場を達成できる点がある。ファインバブルを化学反応に利用する場合は、外部エネルギー付与により反応性に富む活性種を効率的に生成させることも可能である。そこで、ファインバブルが関与する反応場へのエネルギー付与に対して、エネルギー形態の種類と相の組み合わせや操作法を選定すると、ファインバブル反応場の体系化にもとづく多面性が得られる。ここで、外部エネルギーの付与を応用する場合は、「反応速度、生成物の選択性、分離特性が著しく高まるというメリット」が「外部エネルギーの付与が必要である」という課題を上回ることを確認することが重要である。

参考文献

1) 尾上 薫, 日本海水学会誌, **68**(3), pp.170-171 (2014)

2) 向坊 隆, 青木昌治, 関根安次, エネルギー論, 岩波出版 (1976)

3) 尾上 薫, 和田善成, 松本真和, 混相流, **30**(1), pp.27-36 (2016)

4) 平田 仁, マイクロ波工学の基礎, 日本理工出版会 (2004)

5) K. Onoe, A. Fujie, T.Yamaguchi and Y. Hatano, *Fuel*, **76**(3), pp.281-282 (1997)

6) 尾上 薫, 松本真和, 小林基樹, 色材, **82**(3), pp.123-127 (2009)

7) 寺嶋正秀, 馬場正昭, 松本吉泰, 現代物理化学, 化学同人 (2015)

8) 泉 康雄, *J. Jpn. Soc. Colour Mater*., pp.306-310 (2013)

9) 安田 啓司, THE CHEMICAL TIMES, No.212 (2009)

10) 香田 忍, ファインケミカル, **36**(3), pp.5-10 (2007)

11) 飯田康夫, ソノプロセスのはなし −超音波の化学工学利用−, 日刊工業新聞社 (2006)

12) T. Fujiwara, M. Matsumoto and K. Onoe, The Proceeding of 11th Asian Pacific Confederation of Chemical Engineering Congress, No.263, Kuala Lumpur, Malaysia (2006)

13) 尾上 薫, 表面技術, **68**(6), pp.308-312 (2017)

14) 尾上 薫, 松本真和, 化学工業, **59**(7), pp.51-57 (2008)

15) T. Hamada, D. Fukuoka, M. Kobayashi and K. Onoe, The Proceeding of 15th Regional Symposium on Chemical Engineering, pp.593-596 (2008)

16) S. Itoh, Y. Wada and K. Onoe, The Proceedings of 23rd Regional Symposium on Chemical Engineering, S02-8, Vietnam (2016)

17) K. Ogane, H. Nagatake, T. Kaiho and K. Onoe, *Bull.Soc. Sea. Water, Jpn,* **73**(6), pp.352-353 (2019)

18) M. Matsumoto Y. Sato, K. Onoe and S. Okanishi, *Mater. Int.*, **22**(6), pp.41-47 (2009)

19) Y. Sato, M. Matsumoto and K. Onoe, The Proceeding of 15th Regional Symposium on Chemical Engineering,pp.717-722 (2008)

20) V. Kamath, A. Prosperetti and F.N. Egolfopoulos, *J. Acoust. Soc. Am.,* **94**(1), pp.248-260 (1993)

第18章　オゾンファインバブルを用いた海水資源回収

矢沢　勇樹

（千葉工業大学）

1．海水中に含まれる元素および資源回収

　海水は，96.6%の水と3.4%の塩，微量金属から構成される。密度は$1.02\sim1.03$ g/cm^3と水よりわずかに高い。**表1**に海水中の濃度[1),2)]，溶存形態[1),2)]，pHおよび電位（Eh）変化にともなう形態変化[3)]を周期表の形で示した。太枠で囲んだ10元素は主成分であり，このうちNa, Mg, Ca, K, Cl, SO_4の6元素は製塩化学工業において伝統的に扱われている。これらの成分は海水を蒸発濃縮（水を分離）することで析出させ，塩類結合形で生産している。陸上資源に乏しい我が国にとって海水資源あるいは海水溶存資源の回収・活用は何度も検討されているものの，製塩や造水を除けば工業的に実用化された事例は数少ない。その理由は多種多様に溶存している元素の中から希薄濃度の目的元素を回収するコストが市場価値に見合わないからである。海水溶存資源採取の経済性を評価する指標として，海水中溶存物質の濃度，市場価格をプロットした図が引用される[4)]（**図1**）。海水主成分であるNa, Mg, Ca, K, Br, Sr, Bに加え，Rb, Li, Iは陸上の鉱床資源と比較しても潜在的に有望な元素である。

　海水は河口沿岸，海底の限られた領域を除けば，海水組成は定常状態にあり，均一な液相状態にある。資源回収を課題とした場合，濃度が均一な状態から濃縮操作により不均一性を高めた成分をいかに有効に取り出すかがポイントである[5)]。均一な海水から目的の液相成分を分離する方法として，

i) 相変換を伴うか伴わないか，伴う場合はどのような相変換が考えられるか

ii) 第3成分を添加するかしないか，添加する場合はどのような相を添加するか

iii) 外部エネルギーを付与するかしないか，付与する場合のエネルギーの種類は何か

という項目に分けることができる。この3項目を既に製塩化学工業で行われている6元素の分離・回収を工程順に説明すると：

① NaとCl：海水を電気透析（[iii]電気エネルギー）で濃縮した後，[iii]熱エネルギーを付与することで蒸発晶析（[i]液相→固相）して得られる。ここでの残液を「苦汁（にがり）」という。また，NaCl水溶液を電気分解（[iii]電気エネルギー）することでCl_2（[i]液相→気相）単体が得られる。

② KとCl：苦汁を冷却することで晶析（[i]液相→固相）して得られる。

③ SまたはSO_4：苦汁に$BaCl_2$を添加（[ii]液相）することで晶析（[i]液相→固相）

④ Ca：中性から塩基性条件（[iii]液相）下でCO_2を苦汁に通気（[ii]気相）することで晶析（[i]液相→固相）して得られる。

⑤ Mg：K, S, Caを除いた後の苦汁を高塩基性（[iii]液相）条件にし，[iii]熱エネルギーを付与することで蒸発晶析（[i]液相→固相）して得られる。

表 1 海水の元素組成（濃度 1),2), 溶存形態 1),2), pH および電位 (Eh) 変化にともなう形態変化 3)）

凡例（セル内の情報）:
11Na / 10.78×10^9 Concentration (ng/kg) in seawater / Na+ Existence form in seawater

group period	1 IA	2 IIA	3 IIIA	4 IVA	5 VA	6 VIA	7 VIIA	8 VIII	9 VIII	10 VIII	11 IB	12 IIB	13 IIIB	14 IVB	15 VB	16 VIB	17 VIIB	18 O
1	1H 10.7×10^12 H2O																	2He 1.7×10^0 He
2	3Li 180×10^3 Li+	4Be 0.21 BeOH+											5B 4.5×10^6 B(OH)3	6C 27.0×10^6 HCO3-	7N 8.72×10^3 N2, NO3-	8O 2.8×10^9 O2	9F 1.3×10^6 F-	10Ne 160 Ne
3	11Na 10.78×10^9 Na+	12Mg 1.28×10^9 Mg2+											13Al 30 Al(OH)4-	14Si 2.8×10^3 H4SiO4	15P 62×10^3 NaHPO4-	16S 898×10^6 SO4 2-	17Cl 19.35×10^9 Cl-	18Ar 0.62×10^6 Ar
4	19K 399×10^6 K+	20Ca 412×10^6 Ca2+	21Sc 0.70 Sc(OH)3	22Ti 6.5 Ti(OH)4	23V 2.0×10^3 NaHVO4-	24Cr 212 CrO4 2-, Cr(OH)3	25Mn 20 Mn2+	26Fe 30 Fe(OH)3	27Co 1.2 Co(OH)2 ?	28Ni 480 Ni2+	29Cu 150 CuCO3	30Zn 350	31Ga 1.2 Ga(OH)4-	32Ge 5.5 H4GeO4	33As 1.2×10^3 HAsO4, As(OH)3	34Se 155 SeO4, SeO3	35Br 67×10^6 Br-	36Kr 310 Kr
5	37Rb 0.12×10^6 Rb+	38Sr 7.8×10^6 Sr2+	39Y 17 YCO3+	40Zr 15 Zn(OH)	41Nb <5 Nb(OH)6	42Mo 10×10^3 MoO4 2-	43Tc TcO4	44Ru <0.005 RuO4	45Rh 0.08 Rh(OH)3 ?	46Pd 0.06 PdCl4 ?	47Ag AgCl	48Cd 70 CdCl2	49In 0.01 In(OH)3	50Sn 0.5 SnO(OH)3	51Sb 200 Sb(OH)6	52Te 0.07 TeO(OH)5, TeO(OH)6	53I 58×10^3 IO3-, I-	54Xe 66 Xe
6	55Cs 306 Cs+	56Ba 15×10^3 Ba2+	57-71	72Hf 3.4 Hf(OH)4	73Ta <2.5 Ta(OH)5	74W 10 WO4 2-	75Re 7.8 ReO4	76Os 0.002 OsO4	77Ir 0.00013 Ir(OH)3 ?	78Pt 0.05 PtCl4 2- ?	79Au 0.02 AuOHH2O0 ?	80Hg 0.14 HgCl4 2-	81Tl 13 Tl+	82Pb 2.7 Pb(CO3)	83Bi 0.03 BiO(OH)	84Po PoO(OH)2 ?	85At	86Rn Rn
7	87Fr Fr+	88Ra 0.00013 Ra2+	89-103	104Rf	105Db	106Sg	107Bh	108Hs	109Mt	110Ds	111Rg	112Cn	113Nh	114Fl	115Mc	116Lv	117Ts	118Og

Lanthanoid series:

57La 5.6 LaCO3+	58Ce 0.7 Ce(OH)3, CeCO3	59Pr 0.7 PrCO3+	60Nd 3.3 NdCO3+	61Pm	62Sm 0.57 SmCO3+	63Eu 0.17 EuCO3+	64Gd 0.9 GdCO3+	65Tb 0.17 TbCO3+	66Dy 1.1 DyCO3+	67Ho 0.36 HoCO3+	68Er 1.2 ErCO3+	69Tm 0.2 TmCO3+	70Yb 1.2 YbCO3+	71Lu 0.23 LuCO3+

Actinoid series:

89Ac Ac	90Th 0.02 Th(OH)4	91Pa PaO2(OH)?	92U 3.2×10^3 UO2(CO3)3	93Np NpO2+	94Pu Pu(CO3)	95Am AmCO3+	96Cm

凡例:
□ : major element
variable / little / none : variable by pH
variable / little / none : variable by Eh
✓ : no information

214

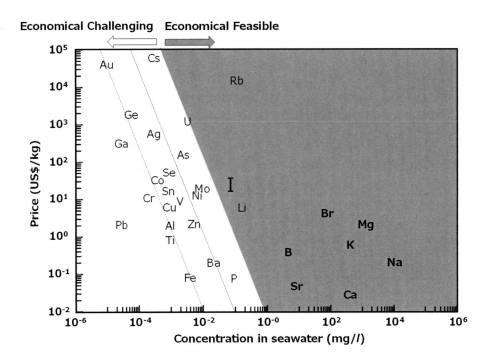

図1　海水中溶存物質の濃度と市場価格との関係[4]

となる。これら6元素は多段階的なプロセスにより分離・回収しているが，i)～iii)を体系的に整理してみると互いに統合し，高純度化することが可能となる。また，海水を濃縮することで得られる「かん水」または「苦汁」成分は8～数十倍近く濃度が高くなっており，図1の市場価格との関係性から副次的に回収されるレアメタルの期待は高くなってくる。

　ここで，表1の周期表に記載のpHおよびEh変化にともなう形態変化をもとに均一な海水から目的の液相成分を分離する方法を整理する。既に実用されている製塩化学工業においても液相成分から資源回収するために「液相から固相」もしくは「液相から気相」へのi) 相変換し，その反応場のアイデアとしてii) 第3 成分の添加，iii) 外部エネルギーの付与を行っている。ii)およびiii)についてはファインバブルの活用に期待するところが大きいが，液相（特に水相）からの相変換に及ぼす化学反応（酸-塩基反応，酸化還元反応）因子は系内の「pH」と「Eh」の限定領域で決定される。表中の色分けは，熱力学データベースから作成したX-H-O系（Xは各元素）のEh-pH図[3]より，$-0.060pH \leq Eh \leq 1.23 - 0.060pH$（水の安定域），$0 \leq pH \leq 14$における形態変化（相変化を含む）と対応している。第1族，第2族を除く大部分の金属元素は系内のpHとEhにより錯イオンやオキソカチオン，もしくは水酸化物など様々な溶解種を形成し，限定領域によって固相として安定状態を示す元素もある。第2 族のアルカリ土類金属は水の安定域においてほとんどEhの影響は受けないが，pHにより難溶性塩の水酸化物を形成する。第1 族のアルカリ金属は，LiがpHにより溶解種を変化させるが，それ以外はほとんど単元素イオンとして安定に存在する。一方，第13族から第16族までの非金属元素は電荷が大きく，イオン半径が小さいため，系内のpHとEhによりオキソアニオンから水酸化物まで様々な溶解種を形成する。第17

族であるハロゲン元素の F，Cl，Br は水の安定域においてオキソアニオンの生成はないが，I は低 pH，高 Eh の狭域において分子状 I_2（固相もしくは気相）およびオキソアニオンを生成する。

2．ヨードかん水からのヨウ素分離

　石油や天然ガスとともに得られる随伴水（かん水，化石海水ともいう）は海水と同様に塩濃度が高く，主成分の元素組成も似ている。しかし，一般の海水と異なり地下内部の閉鎖環境に賦存していることから，海底に堆積した有機・無機コロイド成分が還元状態で生化学反応し，希少元素を溶解種として高濃度含んでいる。

　東京湾東岸から房総半島中北部一帯にかけては，南関東ガス田と呼ばれる天然ガス鉱床地域である。採取される地層帯は地下 500〜2000 m の上総層群にあり，湧出地下水には高純度メタンがガス水比 2〜30 の割合で溶存している。この湧出地下水は海水組成と類似しており，高濃度のヨウ素を含むことから「ヨードかん水」と呼ばれている。一般海水と比べた場合 [6], [7]，Na，K，Cl は 0.90〜0.95 倍，Mg，Ca は 0.35〜0.55 倍であるのに対し，溶存無機炭素（DIC）は 8.8 倍，溶存有機炭素（DOC）は 49 倍，Br は 2.1 倍，Li は 4.6 倍，Fe は 151 倍，Ba は 310 倍，Mn は 470 倍，そして I は 2000 倍にもなる。pH は若干低く 7.9，Eh は −45 mV の還元状態にある。DOC の約半分は水溶性腐植物質（フルボ酸）の炭素に相当し，脂肪族性に富んだ化学構造をもっている [6]。ヨードかん水中のこれらの溶存元素は図 1 の市場価格に当てはめても十分に経済性が見込め

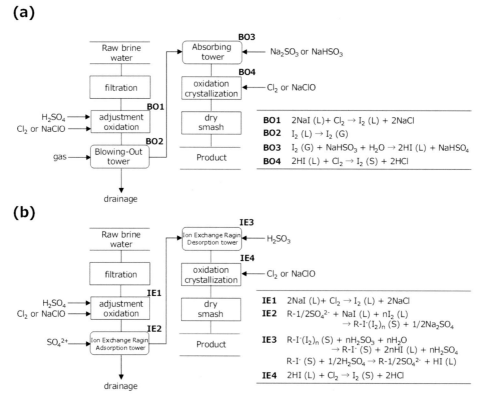

図2　ヨードかん水からのヨウ素の分離・製造方法（(a) ブローアウト法，(b) イオン交換樹脂法）[8]

る資源であり，この中でもヨウ素は1935年より量産化を開始した。それから，ヨードかん水を原料とするヨウ素生産は房総半島各地に広がり，世界第2位のヨウ素生産地となった。その製法は1960年代に開発された「ブローアウト法」や「イオン交換樹脂法」が主流となっている[8]。

ヨードかん水からのヨウ素の分離・製造方法を**図2**に示す。どちらの方法も大量の天然ガス（メタン）分離後のヨードかん水を連続処理できるプロセスであり，ヨウ素を遊離，かつ高濃度化することができる。まず，液相状態にあるI^-イオンを遊離するために両方法ともにCl_2もしくは$NaClO$の酸化剤を添加することにより酸化（部分酸化）させ，I_2分子を生成する（BO1，IE1）。他のハ

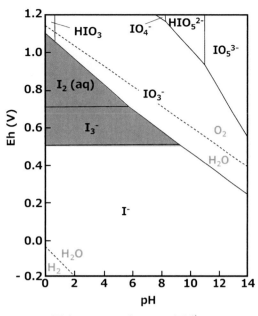

図3 I-H-O 系 Eh-pH 図 [9]

ロゲン分子が常温で気体か液体であるのと対照的に，I_2分子は黒紫色の安定な結晶（固体）で存在し，かつ昇華性（気体）が高い。したがって，ヨードかん水から酸化して得られたI_2分子は液相から固相もしくは気相に変化している可能性は高いが水和もしくはポリヨウ化物（I_3^-）イオンの溶解種（液相）として存在している（**図3**のI-H-O系Eh-pH図[9]を参照）。この酸化反応で留意しなければならないのは，過酸化にともなうヨウ素酸（IO_3^-）イオンの生成である。その理由は水に対する溶解度（$g/100\ cm^3$）にあり，20°CにおいてNaI，I_2，$NaIO_3$はそれぞれ179，0.0285，9.47のようにI_2に対しIO_3^-の溶解度は300倍以上に高くなるからである。また，I_2（I_3^-を含め）生成安定域はpH = 8のとき Eh = 0.52〜0.58 V，pH = 6のとき Eh = 0.52〜0.82 V，pH = 2のとき Eh = 0.52〜0.98 V と酸性ほど広くなる。よってIO_3^-を生成しないよう酸化反応を行うにはヨードかん水を酸性に調整することが望ましいことがわかる。液相内のヨウ素の遊離が完了した後は，高濃度化（濃縮）段階となる。ブローアウト法では，遊離I_2を含んだかん水を放散塔内で下から吹き込んだ空気で気散させ（BO2），このI_2ガスを吸収液（Na_2SO_3または$NaHSO_3$）でI^-イオンに還元すると同時に濃縮している（BO3）。一方，イオン交換樹脂法はI^-イオンを部分的に酸化し，I_3^-イオンの状態で強塩基性陰イオン交換樹脂に接触させて吸着させ（IE2），その後，還元性溶離剤（H_2SO_3）によりI^-イオンとして濃縮液が得られる（IE3）。最終的にCl_2もしくは$NaClO$でI^-イオンを酸化し，純粋なI_2固相成分を得ている（BO4，IE4）。

メタンガスとともに得られるヨードかん水中にはDOCに対し5～20%の揮発性有機物（VOC）と 50～60%の水溶性腐植物質を含んでいる。パージ＆トラップ GCMS によって原水および Cl₂ 酸化反応させた原水中の VOC の測定結果（**図4**）を比較すると，原水に検出された Br や I のハロメタンは減少し，逆に Cl と置換されたハロメタンが増加していることがわかる。同じように抽出して得られた水溶性腐植物質（フルボ酸）中の I と Cl の元素組成は，原水が I：15.2%，Cl：3.2%含有していたのに対し，Cl₂ 酸化したものは I：2.0%，Cl：10.5%と置換している[6]。有機物中の I を置換回収する目的においては酸化剤に Cl₂ を用いることは効果が大きいと考えられるが，排水にハロゲン有機化合物を生産する可能性を考えると BO1, IE1 における酸化剤の選択を検討すべきである。さらに原水中のヨウ素を過酸化させずに遊離するために BO1, IE1 において多量の H₂SO₄ で酸性域に pH 調整しているが，コスト面の低下や有用溶存有機物の分解抑制を考えると pH 調整操作を節減することが望ましい。また，酸化することで遊離したヨウ素を BO2 において相変化させて分離する工程を BO1 の酸化処理と同時に行えれば装置および工程の縮小につながると考えられる。これらの課題については事項で説明する。

3．オゾンファインバブルを用いた海水中ヨウ素の酸化および浮撰分離

　本書のテーマであるファインバブルを海水資源の回収に応用することを考えてみる。

　気泡径が 100 μm 以下のファインバブルは，気泡径の縮小にともない水中での上昇速度が二乗倍に遅くなることから水との接触時間が長くなるのと同時に気液界面積も増大するため，内包ガスの溶解速度を高めることができる[10]。また，気泡の自己加圧効果により気泡表面に接した液相部分にはガス成分が高濃度で溶解する。加えて気泡界面は負に帯電し，正に電荷した微粒子や陽イオンを引きつけることができる。

　均一な液相からなる A, B の2成分を分離する場合，第3成分の添加や何らかの外部エネルギーを付与することで A もしくは B 成分を相変換（不均一化）させることが有効であると 12.1 で述べた。ファインバブルの特徴から成分分離を考えてみると，気泡ガス成分は第3成分の添加に相当し，CO₂ や H₂S などの酸性ガスや NH₃ などの塩基性ガスを添加することで気泡界面におい

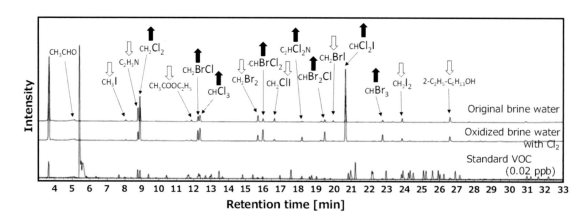

図4　原水および Cl₂ 酸化反応させた原水中 VOC の GCMS クロマトグラフ

て酸塩基反応（pH調整）を局所的に引き起こすことができる。また，Cl₂やO₃などの酸化性ガス，H₂，COなどの還元性ガスを添加した場合は酸化還元反応を局所的に起こすことが可能である。このような反応性ガスを液相内で効率的に溶解するためには，ファインバブルの気泡径を小さくし，気泡数密度を高めることが有効となる。このようなファインバブルを発生させるには加圧溶解式が最適のように感じるが，反応性ガスを気泡発生前に液相へと過飽和濃度域まで加圧溶解させるので，圧力解放時に微細な気泡は発生するものの狭域なpHもしくはEhの制御に不向きである。

　反応性ガスをファインバブルで供給し，気泡界面を介して反応系内のpHやEhを均一かつ微調整するのに有効なのは，吸引ガス塊を液相自身で発生した剪断流，もしくは機械的剪断により微細化するベンチュリー式，旋回液流式，エジェクター式，スタティックミキサー式などの発生方式である。ここでは，エジェクター式のファインバブル発生ノズルを取り扱う（図5）。エジェクター式ノズルはベンチュリー式ノズルと同様，流路の縮小による液流速の変化からベルヌーイの定理で生じる負圧を利用して気体を吸引する。すなわち下流での管路の拡大で生じた負圧により気体が吸引され，乱流およびキャビテーションの効果も利用し気体を微細化し，さらに下流の急拡大部で再微細化しマイクロサイズのバブルを生成させる。ファインバブルの発生様子（撮影領域10 mm以下）を観察するために同型の透明アクリル製ノズルを作製し，広角レンズと望遠レンズを組み合わせ顕微拡大した高速ビデオカメラで撮影した。気泡をトレーサーとしたPIV（粒子画像流速測定法）解析の結果を図5に示す。水の流速（Q_w）1000 ml/min，空気の流速（Q_g）4.0 ml/minのボイド率（α）0.4%において，流路下流の拡大部において中心から外側に流束5 m/sの渦流を生じ，そこを剪断面としガス塊が微細化されていることがわかる。

　エジェクター式により発生したファインバブルの気泡径はガス取込み量のボイド率の影響を強く受ける。**図6**にレーザ回折・光散乱粒度分布計により測定した気泡径分布を示す。αの増加

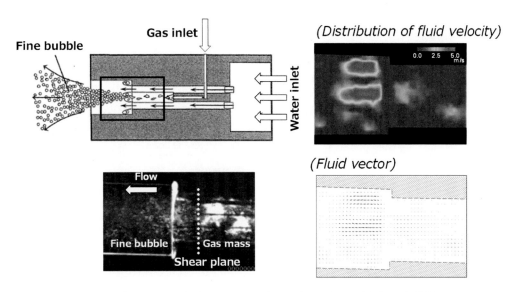

図5 エジェクター式ファインバブル発生ノズルの構造と流動様子

にともない気泡径分布は大きい方にシフトし，平均気泡径（d_{bbl}）は 0.47, 2.81, 8.21 μm と増加する。ここから供給気泡数密度（ρ_{bbl}）を算出すると 1.23×10^{12}, 4.44×10^{10}, 5.69×10^9 s^{-1} となる。発生ノズルの性質上，気泡径とガス取込み量とは相反する関係で連動するものの，供給気泡数密度はガス取込み量が 1/25 になっても逆に 200 倍以上に増加する。このことは気液界面積の増大に加え，系内に滞留時間が長く均一分散できることから，液相内に反応性ガスを効率的に溶解させるには有効である。

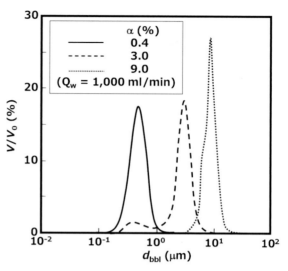

図6 ボイド率と気泡径分布との関係

　エジェクター式ノズルを用いた O_3/O_2 系でのファインバブル供給による液相ヨウ素の酸化反応の装置構成を図 7 に示す。円筒型反応槽（液相体積 1 l）下部の側面より同心円状に吐出液が流入するようエジェクター式ノズルを接続し，液流ポンプをもちいて模擬かん水（NaCl 27.7 g/l，NaI 0.118 g/l）を $Q_w = 1000$ ml/min で循環させる。ノズル内に生じた負圧から O_3/O_2 混合ガスが自吸され，流量計を介することでガス取り込み量，つまり α を調節することができる。O_3/O_2 混合ガスは無声放電式オゾン発生装置により O_2 を送入し，放電電極への印加電圧を可変することで O_3 供給量（F_{O3}）を設定し，生成する。反応槽上部からの排出ガスはガス洗浄瓶を連結し，浮撰分離された遊離ヨウ素（I_2）ガスをデンプン溶液で回収できるようにする。ここでの装置構成は，図 2 の「ブローアウト法」の BO1 お

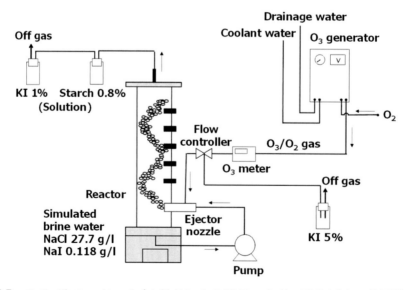

図7 O_3/O_2 系ファインバブル供給による液相ヨウ素の酸化反応の装置構成

および BO2 の反応系を想定したものとなる。

① 液相中の塩化物イオンおよび初期 pH の影響

　液相中の Cl イオンの影響を確認するために，初期 pH = 5，オゾン供給量 F_{O3} = 103.1 g/m³，ボイド率 α = 3.0%の条件で一定とし，NaI 単一系と NaI/NaCl 混合系について比較する。NaI 単一系と NaI/NaCl 混合系とで I イオンから遊離 I_2 への酸化反応はほとんど差がなく，O_3 による Cl イオンの酸化もみられない。表 1 に示すように水溶液系において Cl と Br は Eh と pH による形態変化はほとんどない。気相系において O_3 の分解に Cl が触媒としてはたらくことは考えられ[11]，液相系においても次の反応式のように逐次的に進行する可能性も示唆される。生成された次亜塩素酸ラジカル（ClO·）から二量体（ClOOCl）を形成するほか，ClO·と酸素ラジカル（·O），もしくは I と反応することで再び Cl を生成する触媒サイクルを示す。

$$Cl + O_3 \rightarrow ClO\cdot + O_2 \tag{1}$$

$$2ClO\cdot \rightarrow ClOOCl \tag{2}$$

$$ClO\cdot + \cdot O \rightarrow Cl + O_2 \tag{2'}$$

$$ClO\cdot + I \rightarrow Cl + IO \tag{2''}$$

表 2 に各種酸化剤の酸化ポテンシャルを示す。$I_2 < Cl_2 < O_3$ の順に酸化ポテンシャルが高いことから O_3 によって Cl_2 が酸化生成されれば，次の反応式のように Cl_2 によって I イオンから遊離 I_2 への酸化も考えられる。

$$O_3 + 2Cl^- + H_2O \rightarrow Cl_2 + O_2 + 2OH^- \tag{3}$$

$$Cl_2 + 2I^- \rightarrow I_2 + 2Cl^- \tag{4}$$

従って，液相中の Cl イオンは O_3 分解反応の触媒としてはたらく他，酸化ポテンシャルの高い O_3 の緩衝材としてはたらくことも考えられる。

　次に液相中の初期 pH の影響を確認するために，NaI/NaCl 混合系，オゾン供給量 F_{O3} = 103.1 g/m³，ボイド率 α = 3.0%の条件で一定とし，初期 pH = 2, 3, および 5 について I イオンから遊離

表 2　主な酸化剤の標準酸化還元電位 （1 atm, 298 K）

Oxidants	Reaction	Eh⁰ (V)*
Fluorine	$F_2(g) + 2e^- \rightarrow 2F^-$	3.03
Hydroxyl radical	$\cdot OH + H^+ + e^- \rightarrow H_2O$	2.80
Atomic oxygen	$\cdot O + 2H^+ + 2e^- \rightarrow H_2O$	2.42
Ozone	$\mathbf{O_3 + 2H^+\ 2e^- \rightarrow O_2 + H_2O}$	**2.07**
Hydrogen peroxide	$H_2O_2 + 2H^+ + 2e^- \rightarrow 2H_2O$	1.78
Perhydroxyl radical	$\cdot HO_2 + 2H^+ + 2e^- \rightarrow 2H_2O$	1.70
Permanganate	$MnO_4^- + 4H^+ + 3e^- \rightarrow MnO_2 + 2H_2O$	1.68
Chlorine dioxide	$ClO_2 + 2H_2O + 5e^- \rightarrow Cl^- + 4OH^-$	1.57
Hypochlorous acid	$HOCl + H^+ + 2e^- \rightarrow Cl^- + H_2O$	1.49
Chlorine	$\mathbf{Cl_2(g) + 2e^- \rightarrow 2Cl^-}$	**1.36**
Dissolved oxygen	$O_2 + 4H^+ + 4e^- \rightarrow 2H_2O$	1.23
Bromine	$Br_2(g) + 2e^- \rightarrow 2Br^-$	1.09
Iodine	$\mathbf{I_2(g) + 2e^- \rightarrow 2I^-}$	**0.54**

* Standard (1 atm, 298 K) harf-reaction potential relative to that of hydrogen

I_2 への酸化反応について比較する。初期 pH の調整には HCl 水溶液を用いた。液相への O_3 供給量（$C_{supply\,O3}$）に対する液相中の遊離 I_2 濃度（C_{I2}），Eh，および pH の変化を図8に示す。初期 pH を下げることで C_{I2} は増加するものの，最大値は pH = 2 より 3 の方が高くなる。これについて $C_{supply\,O3}$ に対する Eh および pH 変化を照合する。Eh はいずれの pH においても $C_{supply\,O3}$ にともない増加するものの，pH = 3 と 2 については二段階で増加していることがわかる。この Eh の二段階の増加は C_{I2} の増減と関係し，一段目は，

$$2I^- + O_3 + H_2O \rightarrow I_2 + O_2 + 2OH^-$$
(5)

の酸化反応による遊離 I_2 の生成が起こり，二段目は，

$$I_2 + 2O_3 + 2OH^- \rightarrow IO_3^- + I^- + H_2O + 2O_2$$
(6)

の過酸化反応にともなう遊離 I_2 の消失が起こっている。また，式(5)の酸化反応において OH^- イオンの生成が伴い，逆に式(6)の過酸化反応では OH^- イオンが消失する。従って，初期 pH の液相中 H^+ イオン量の当量点を越えると pH が上昇すると考えられ，実際に初期 pH = 5 と 3 において上昇している。pH の上昇は溶存 O_3 の自己分解速度を高め，実験式で整理すると次の通りである[12]。

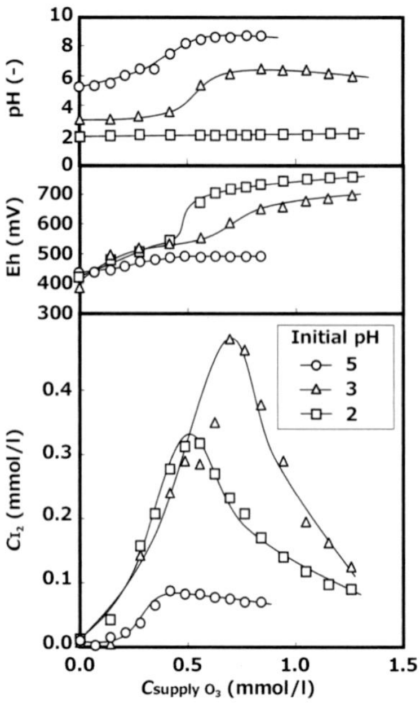

$$\frac{C}{C_0} = \left\{ \frac{\varepsilon}{(1+\varepsilon)\exp\left(\frac{k_b}{2}t\right)-1} \right\}^2$$
(7)

$$\varepsilon = \frac{k_b}{k_a\sqrt{C_0}}$$
(8)

$$k_a = 4.6 \times 10^{13}\exp(-17.9 \times 10^3/RT)[OH]^{0.23}$$
(9)

$$k_b = 1.8 \times 10^{18}\exp(-20.6 \times 10^3/RT)[OH]^{1.0}$$
(10)

ここで，C_0，C は $t = 0$，$t = t$ の溶存 O_3 濃度（mol/l），k_a は 3.5 次反応の見かけの速度定数（$mol^{-0.5}\,l^{0.5}\,s^{-1}$），$k_b$ は 1 次反応の見かけの速度定数（s^{-1}），R は気体定数（1.99 cal/(mol K)），T は絶対温度（K），および [OH] は pH から求めた OH^- イオン濃度（mol/l）である。式(7)～(10)より，C_0 = 0.1 mmol/l，T = 298 K，pH = 2, 4, 6, 8 のときの半減期 τ を求めると，それぞれ 5.30×10^4 s，1.46×10^4 s，3.70×10^3 s，3.29×10^2 s となる。この計算値から図8を考察すると，初期 pH = 5 と 3 は酸化反応にともない溶存 O_3 の自己分解速度が高まることが理解でき，特に pH > 6 では著しい。

図8 O_3 供給量に対する液相中の遊離 I_2 濃度，Eh，および pH の変化

初期 pH = 5 に限定し，F_{O_3} = 13.1〜103.1 g/m³，ボイド率α = 0.4〜9.0%でO_3ファインバブルを供給した場合の Eh と I⁻イオン，遊離 I_2，IO_3^-イオン濃度 C_{I^-}，C_{I_2}，C_{IO_3} との関係を図 9 に示す。合わせて，反応過程にともなう液相の色の変化も示す。Eh = 400 mV 以上から式(5)の I⁻イオン（無色透明）の減少，遊離 I_2（赤褐色）の生成が始まり，わずか Eh = 450 mV から式(6)の IO_3^-イオン（無色透明）の生成もみられる。I⁻イオンの減少曲線と IO_3^-イオンの増加曲線との交差するように Eh = 500 mV あたりで遊離 I_2 の最大値となり，Eh = 650 mV 以上で IO_3^-イオンが占有種となる。初期ヨウ素濃度 $C_{I^-,0}$ を基準とした場合，C_{I_2} が最大値のときの転化率は 60%，遊離 I_2 の選択率は 50%となり，残り 50%はすでに過酸化により生成した IO_3^-イオンとなる。さらに Eh = 650 mV 以上において転化率は 100%に達し，IO_3^-イオンの選択率は 80%となる。残り 20%は，並発的・逐次的に生成する IO⁻イオン，もしくは系外への遊離 I_2 の分離が考えられる。初期 pH = 5 における O_3/O_2 系ファインバブル供給による液相ヨウ素の酸化反応では，図 3 の I-H-O 系 Eh-pH 図からわかるように I_2（I_3^-を含め）生成安定域が極めて狭く，式(5)のように酸化にともなう OH⁻イオンの生成により pH が上昇することで遊離 I_2 を介さずに直接 I⁻イオンから IO_3^-イオンを生成すると考えられる。

$$I^- + 3O_3 \rightarrow IO_3^- + 3O_2 \qquad (11)$$

以上のことから，O_3/O_2 系ファインバブルによる遊離 I_2 の選択的な生成には液相 pH の調整が重要となる。

② O_3/O_2 系ファインバブルのオゾン濃度および気泡径の影響

NaI/NaCl 混合系の液相中初期 pH = 3 として，O_3/O_2 系ファインバブルの効果を検討する。気相中のオゾン濃度 C_{O_3} は無声放電式オゾン発生装置の印加電圧を 10〜100 V で調節することで 0.0〜103.1 g/m³ に設定した。気泡径 d_{bbl} はエジェクター式ノズルの水の流速 Q_w = 1,000 ml/min へのガス取込み量 Q_g を調節することでボイド率α = 0.4，3.0，9.0%とし，それぞれ 0.47，2.81，8.21 μm とした。図 10(a)に液相への O_3 供給量（$C_{supply\,O_3}$）に対する液相中の遊離 I_2 濃度（C_{I_2}）の変化を示す。

まず d_{bbl} = 2.81 μm（α = 3.0%）のとして C_{O_3} の影響（△▲●）を比較すると，低い C_{O_3} ほど C_{I_2} の最大値は高くなることがわかる。これは気泡界面の C_{O_3} が液相中の「I⁻イオンから遊離 I_2 の生成（式(5)）」と「遊離 I_2，も

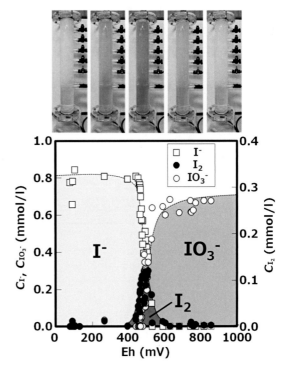

図 9 O_3 ファインバブル供給にともなう液相の色の変化，および Eh と I⁻イオン，遊離 I_2，IO_3^-イオン濃度との関係（初期 pH = 5）

しくはI^-イオンからIO_3^-イオンの生成（式(6), (11)）」との相互の酸化反応の有意性が生じるからである。$C_{supply\ O3}$に対する最大C_{I2}より遊離I_2生成のO_3効率を求めると，C_{O3} = 103.1 g/m^{3}では15%，C_{O3} = 13.1 g/m^{3}では100%となる。

次にC_{O3} = 13.1 g/m^{3}としてファインバブルのd_{bbl}の影響（○△□）を比較すると，低いd_{bbl}ほどC_{I2}の最大値は高くなることがわかる。特にd_{bbl} = 0.47 μmでは液相I^-イオンの100%が遊離I_2に転化したことになる。エジェクター式ノズルによるファインバブルの気泡径制御の場合，液相流量Q_wに対するガス取込み量Q_g，すなわちボイド率αが重要であることは既に説明したが，ここでのd_{bbl}の比較とは別に$C_{supply\ O3}$も合わせて異なることに注意が必要である。C_{O3}の比較の場合と同様に遊離I_2生成のO_3効率を求めると，d_{bbl} = 2.81 μmでは100%，d_{bbl} = 0.47 μmではC_{I2}は80%，そしてd_{bbl} = 8.21 μmについては未だC_{I2}の最大値に至らず増加しているものの，O_3効率は55%から15%へと減少傾向にある。ファインバブルのd_{bbl}は，気泡内のC_{O3}によるガス溶解・物質移動に加えて，気液界面積の増大と液相内での滞留時間・分散性によるガス溶解・物質移動に影響を及ぼす。従って，O_3/O_2系ファインバブルの気泡径が液相ヨウ素の酸化に及ぼす効果は，液相系内の広域にわたりO_3の溶解速度を著しく向上させ，気泡内のO_3濃度が液相系内に均一かつ精密に反映できる。

図10 (b)には，NaI/NaCl混合系の液相中初期pH = 3におけるC_{O3}およびd_{bbl}の影響について，液相EhとC_{I2}の関係を整理したものである。初期pH = 5の図9と比べても明らかのように遊離I_2の生成するEh域が広がり，かつC_{I2}の最大値（ほぼ全てのI^-が遊離I_2に転化）が向上している。特にO_3/O_2系ファインバブルのC_{O3}が低く，d_{bbl}が小さい気泡ほど選択的に遊離I_2を生成し，過酸化によるIO_3^-イオンの生成を制御できることがわかる。

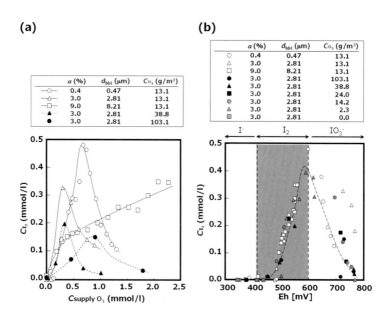

図10 O_3/O_2系ファインバブルのO_3濃度と気泡径が及ぼす(a) O_3供給量に対する液相中の遊離I_2濃度の変化，(b) Ehと遊離I_2濃度との関係（初期pH = 3）

初期 pH = 3 において，C_{I2} は Eh = 450～600 mV で増加し，600 mV 以上では減少する。酸化により遊離 I_2 の生成を行う際の Eh は，450～600 mV が好ましいといえる。また，C_{I2} が増加していく範囲（Eh = 450～600 mV）においては非常にばらつきが小さいのに比べ，減少していく範囲（Eh > 600 mV）はばらつきが大きい。これは遊離 I_2 から IO_3^- イオンへの転化以外に，液相中から系外への遊離 I_2 の浮上分離が考えられる。

同反応装置において初期遊離 I_2 濃度 $C_{I2, 0}$ = 0.48 mmol/l とし，O_2 系ファンバブル（d_{bbl} = 2.81 μm（α = 3.0%），ガス温度 T_g = 293 K）を供給した場合，系外への分離速度は 4.3 μmol/(l·min) である。気泡径の影響を比較すると d_{bbl} = 8.21 μm（α = 9.0%，T_g = 293 K）において 17.8 μmol/(l·min) となり，ボイド率αからのガス取込み量 Q_g を考慮すると 1.38 倍に分離速度は高くなる。このことから液相中に生成した遊離 I_2 を系外に浮上分離するにはファインバブルの気泡径が大きい方が有効である。次にエジェクター式ノズルに取り込む O_2 ガス温度を小流量気体加熱器により昇温（T_g = 333 K）し，d_{bbl} = 2.81 μm（α = 3.0%）で供給すると，系外への分離速度は 5.6 μmol/(l·min) のように T_g = 293 K の場合と比べ 1.30 倍に向上した。液相中に生成した遊離 I_2 の存在形態が固体水和物か，気体水和物か，もしくは三ヨウ化物（I_3^-）イオンかによって水への溶解平衡は大きく異なり[13]，とても複雑であるが，気泡温度を局所的に高くすることで液相内の遊離 I_2 の溶解度を低下させ，物質移動することも重要な知見である。

③ 水溶性腐植物質「フルボ酸」の影響

メタンガスとともに得られるヨードかん水にはヨウ素の他に水溶性腐植物質「フルボ酸」が高濃度溶存している[6]。その平均化学構造式は図 11(a)に示す通り，陸上で確認されるフルボ酸と異なり脂肪族性の骨格に富み，多くのカルボキシル基を有している。また植物に対する生理活性能が高いことからメタン，ヨウ素に次ぐ第 3 資源として注目している。またフルボ酸の構造内には質量基準で 15.2% もの I 元素も含まれることから，O_3 酸化によるヨウ素の回収と合わせてフルボ酸の影響も検討する必要がある。

O_3/O_2 系ファインバブルのエジェクター式ノズルおよび反応装置構成（図 5, 7）は同条件で，供給による液相ヨウ素の酸化反応の装置構成およびエジェクター式ノズルは図 7 と同様で，液相流量 Q_w = 600 ml/min，ボイド率α = 5.5%，無声放電式オゾン発生装置からのオゾン濃度 C_{O3} =103.1 g/m^3 とする。模擬かん水の組成は，NaI/NaCl（NaI 0.118 g/l，NaCl 27.7 g/l）系，NaI/NaCl/HS（NaI 0.118 g/l，NaCl 27.7 g/l，水溶性腐植物質（HS）0.142 g/l）系，NaCl/HS（NaCl 27.7 g/l，HS0.142 g/l）系で比較し，いずれも初期 pH = 5 に調整する。

図 11(b)に，O_3/O_2 系ファインバブルによって酸化したときの(i)I$^-$イオン，遊離 I_2，IO_3^- イオン

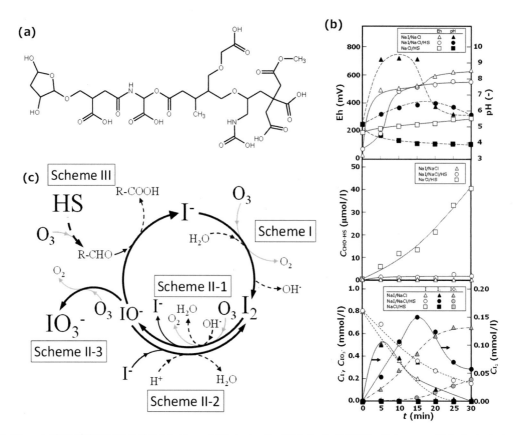

図 11　水溶性腐植物質共存によるヨウ素のオゾン酸化による影響（(a) ヨードかん水由来フルボ酸の平均化学構造，(b) O_3 ファインバブル供給にともなう各種ヨウ素濃度，腐植態アルデヒド基濃度，Eh/pH の時間変化，(c) オゾン-ヨウ素-腐植物質系の反応機構）

の各濃度 C_{I^-}，C_{I_2}，C_{IO_3}，(ii) 腐植態アルデヒド基濃度 C_{CHO-HS}，(iii) Eh，pH の時間変化を示す。また NaI/NaCl/HS 系での O_3 酸化によるヨウ素反応機構を図 11 (c) に併記する。C_{I_2} が最大となる到達時間は NaI/NaCl 系（▲）の 5 min から NaI/NaCl/ HS 系（●）の 15 min に遅延し，かつ C_{I_2} の最大値も上昇している（Scheme I）。また，NaI/NaCl 系（▲）では，25 min において，ほぼ全ての遊離 I_2 が IO_3^- へと過酸化される（Scheme II-1, II-3）のに対し，NaI/NaCl/HS 系（●）では初期 $C_{I^-,0}$ に対し 18% の遊離 I_2 が溶存していることが確認される。NaI/NaCl/HS 系の場合，O_3 は HS の酸化により優先的に消費されたため（Scheme III），遊離 I_2 から IO_3^- イオンへの過酸化が抑制されたと考える。Eh および pH の変化をみてみると，NaI/NaCl 系（△，▲）では反応初期で Eh，pH ともに急激に上昇し（Scheme I），15 min 以降から Eh は二段目の上昇，pH は減少し始めている（Scheme II-1）。NaI/NaCl/ HS 系（○，●）では，Eh，pH ともに緩やかな上昇を示し，特に pH は 7 以上に上昇せず，25 min 以降では減少し始めている。NaCl/HS 系（□，■）を確認してみると，Eh はわずかに上昇しているものの，pH はむしろ低下していく。図 11 (a)に示す通り，HS は多数のカルボキシル基をもつため，逐次的に H^+ が解離することで，式(6)の反応が抑制される

(Scheme II-2)，または IO_3^- イオンから遊離 I_2 への還元反応が優位となる。

$$IO_3^- + I^- + 2H^+ \rightarrow I_2 + H_2O + O_2 \tag{12}$$

　ここで，「ヨウ素」，「オゾン」，「有機物（腐植物質）」の相互影響を一般的な化学反応[14),15)]を例にあげ説明する。

　ヨウ素と有機物との反応では求核置換反応が代表的で，

$$HO^{\cdot\cdot}_{\cdot\cdot} \;+\; H_3C\!-\!I^{\cdot\cdot}_{\cdot\cdot} \;\rightleftharpoons\; HO^{\cdot\cdot}_{\cdot\cdot}\!-\!CH_3 \;+\; {}^{\cdot\cdot}_{\cdot\cdot}I^{\cdot\cdot}_{\cdot\cdot} \tag{13}$$

CH_3I は OH^- イオンと反応してメチルアルコールと I^- イオンを生成する。OH^- イオンは求核剤であり，基質の CH_3I と反応して脱離基 I^- イオンと置換する。この反応は不可逆的である。特にヨウ素は他のハロゲンと比べ電子雲が厚く，電気陰性度，結合エネルギーともに小さく，かつ結合距離が長いため，求核剤との反応性が高い。したがって，ヨードかん水中の有機ヨウ素（脂肪族性に富むフルボ酸も含む）の多くは OH^- イオンと容易に置換し，I^- イオンを脱離できると考えられる。

　次いでアルケンなどの不飽和炭化水素とオゾンとは素早く，定量的に反応する。アルケンに O_3 を付加するとモロゾニド（1,2,3-トリオキソラン）が生成し，速やかにオゾニド（1,2,4-トリオキソラン）へと転移する。アルケンの二重結合を開裂し，最終的にケトンやアルデヒドをつくる。

$$\tag{14}$$

また，水酸基を有するアルコール化合物の O_3 酸化の場合，一級アルコールの場合は，アルデヒドを生成し，さらに酸化が進むとカルボン酸が生成する。

$$\tag{15}$$

二級アルコールの場合も，O_3 酸化によりカルボニル化合物のケトンを生成する。

$$\tag{16}$$

図 11 (a)のヨードかん水フルボ酸には芳香環が乏しいものの，より高分子量の水溶性腐植物質には不飽和結合や水酸基が多く含まれており，O_3 酸化によるアルデヒド基（-CHO）の生成が重要となってくる。このアルデヒド基と次亜ヨウ素酸（IO^-）とは特異的に反応し，カルボン酸とヨウ化物（I^-）イオンが生じる。

$$R\text{-}CHO + IO^- + OH^- \rightarrow R\text{-}COO^- + I^- + H_2O \tag{17}$$

以上の式(14)〜(17)を中心に HS 添加条件の NaI/NaCl/HS 系および NaCl/HS 系における O_3 酸化にともなう腐植態アルデヒド基濃度 $C_{CHO\text{-}HS}$ 変化を含め比較する（図 11 (b)中段）。

　NaCl/HS 系（□）の場合，O_3 酸化にともない液相中の $C_{CHO\text{-}HS}$ が著しく増加する。一方，

NaI/NaCl/HS 系（○）ではわずかに C_{CHO-HS} が検知されるものの，ほとんど変化はない。これらの結果は，式(14)〜(16)の通り，HS が O_3 の酸化反応によりアルデヒド基を生成し，このアルデヒド基に対し遊離 I_2 が過酸化して生成された IO^- イオンが反応し，式(17)の通りアルデヒド基はカルボン酸に酸化，IO^- イオンは I^- イオンに還元されたものと考えられる（Scheme III）。従って，NaI/NaCl/HS 系においては過酸化にともなう IO_3^- イオンの生成が抑制され，並発的にアルデヒド基からカルボン酸が生成することで H^+ イオンが増加し，式(12)のように I_2 の生成が進行したものと考えられる（Scheme II-2）。

　以上から，ヨードかん水に溶存する水溶性腐植物質はオゾン酸化において，ヨウ素の過酸化の防止，酸性官能基による pH の上昇抑制，アルデヒド基により IO^- イオンが還元されることで複合的に I_2 の生成量増大に寄与することがわかる。

４．まとめ

　本章では，特異的にヨウ素が濃縮されているヨードかん水からの遊離ヨウ素の生成および分離について，オゾンファインバブル活用の有効性を説明した。**図 12** に気－液相界面を介してのオゾン‐ヨウ素間の反応と物質移動の概略を示す。

　ヨードかん水も同様，海水中には目的の物質成分の他に様々な化学種が均一に溶けている。従って，均一な液相から目的成分を取り出すためには，局所的な反応場を付与して固相もしくは気相などの異なった不均一相をつくり出し，分離・回収することが工学的な考えといえる。この反応場として有効なのが気液相界面（境膜）を有する気泡であり，その界面面積が大きく，浮上速度が遅いファインバブルである。ファインバブルの発生様式にもよるが，ガス塊を微細化するのと同時に反応系内に均一分散させることができるのもファインバブルの魅力である。

　液相中の目的成分を相変換するために，気泡ガスに第 3 成分の反応性ガスを添加することが有効であり，Cl_2 や O_3 などの酸化性ガス，H_2，CO などの還元性ガスを添加した場合は「酸化還元反応（Eh 調整）」，CO_2 や H_2S などの酸性ガスや NH_3 などの塩基性ガスを添加した場合は「酸塩基反応（pH 調整）[16]」が起こる。酸化還元反応の場合，溶存の C，N，S などの非金属元素からオキソアニオンを生成することで酸塩基反応と複合することも可能となる。よって，目的成分の熱力学的データに基づいた Eh-pH 図の 2 次元座標上の存在形態を参考に反応性ガスの選択を行うことで，多様な化学種を含む海水から目的成分を選択的に取り出すことが可能になってくる。さらに気泡内の反応性ガスの分圧や気泡径を変えることで物質移動量を微調整しながら気泡近傍の液相濃度を精密に制御でき，遊離ヨウ素のような狭い存在域を外すことなく供給することも可能になってくる。

　連続相である水と分散相である気体との比重差を利用することも有効である。気泡表面の負電位を利用することで界面に析出した固相成分を吸着したり，生成した溶存気相成分を置換したりすることで，気泡の上昇とともに液相表面もしくは系外に浮撰分離することもできる。この

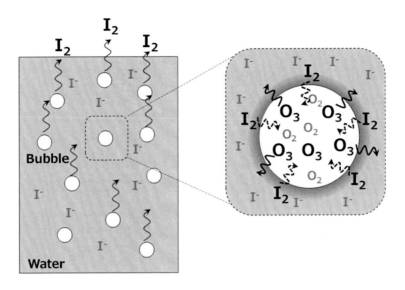

図12 O$_3$/O$_2$系ファインバブル供給による液相ヨウ素の酸化反応

際，気泡に熱や電磁波などのエネルギーを付与することも有効である。

　以上のことを体系的に整理することで，ファインバブルを活用した工程の簡素化や装置の縮小化を図ることもできる。本章で説明したように，オゾンファインバブルを適用することでヨードかん水からのヨウ素分離・製造の現行法の pH 調整，ヨウ素酸化，ブローアウト（追い出し）を同一の反応槽内で行うことも可能になってくる。

参考文献

1) 日本海水学会・ソルトサイエンス研究財団共編 (1994):『海水の科学と工業』，東海大学出版会.

2) 野崎義行 (1997): 最新の海水の元素組成表(1996 年版)とその解説，日本海水学会誌, 51(5), 302-308.

3) 竹野直人 (2005): Eh-pH アトラス〜熱力学データベースの相互比較，地質調査総合センター研究資料集, No.419, 産業技術総合研究所地質調査総合センター.

4) Paripurnanda Loganathan, Gayathri Naidu and Saravanamuthu Vigneswaran (2017): Mining valuable minerals from seawater: a critical review, Environmental Science Water Research & Technology, 3, 37–53.

5) 尾上　薫 (2011): 海の資源・エネルギー・環境―海水科学の魅力と学会の貢献―，日本海水学会誌, 65, 336-342.

6) 矢沢勇樹, 宝田　亨, 入澤亜沙子, 山口達明 (2005): 千葉県ヨードかん水から抽出したフルボ酸の平均化学構造の推定，千葉工業大学研究報告 理工編, 52, 29-36.

7) 亀井玄人 (2001): 茂原ガス田の地下水に含まれるヨウ素の起源と挙動，資源地質, 51, 145〜151.

8) 海宝龍夫 (2017): 認定化学遺産第 043 号－天然ガスかん水を原料とするヨウ素の工業生産, 化学と工業, 70, 596-598.

9) Ron Fuge and Christopher C. Johnson (2015): Iodine and human health, the role of environmental geochemistry and diet, a review, Applied Geochemistry, 63, 282-302.

10) 寺坂宏一, 氷室昭三, 安藤景太, 秦 隆志 共著 (2016): ファインバブル入門, pp.17-40, 日刊工業新聞.

11) S. Baumg̈artel, R.F. Delmdahl, K.-H. Gerickea, and A. Tribukait (1998): Reaction dynamics of Cl + $O_3 \rightarrow$ ClO + O_2, The European Physical Journal D., 4, 199–205.

12) 諸 岡 成 治, 池水喜義, 加藤康夫 (1978): 水溶液中のオゾンの自己分解, 化学工学論文集, 4, 377-380.

13) Isao Sanemasa, Toyohisa Kobayashi, Cheng Yun Piao, and Toshio Deguchi (1984): Equilibrium solubilities of iodine vapor in water, Bull. Chem. Soc. Jpn., 57, 1352-1357.

14) Harold Hart, David J. Hart, Leslie E. Craine 共著, 秋葉欣哉, 奥 彬 共役 (2014): "ハート基礎有機化学", pp. 114, 195-250, 培風館.

15) 篠塚利之, 伊藤 玲, 佐々木理, 矢沢勇樹, 山口達明 (2002): 風化炭から抽出したフミン酸の酸化分解によるフルボ酸 および低分子有機酸の製造, 日本化学会誌, 3, 345-350.

16) 相澤由花, 矢沢勇樹, 橋本和明, 戸田善朝, 江口俊彦 (2009): 微細気泡鋳型を多段階分級供給した球状水酸アパタイトの合成, セラミックス, 44, 630-634.

第19章　ファインバブルと超音波の併用

小林　大祐

（東京電機大学）

1．はじめに

　超音波は身近なものとして超音波洗浄機や、エコー検査などの医療で用いられている。一般的には洗浄や非侵襲・非破壊検査に用いられるというイメージが強いと思われるが、洗浄などはキャビテーション気泡によるものだと考えられている。この気泡が膨張収縮を繰り返すことにより圧壊し、ホットスポットと呼ばれる局所的な高温・高圧の反応場が生み出される。

　一方、水は表面張力が高いため、通常の曝気操作では 100 μm 以下の気泡を発生させることは困難であるが、気液 2 相流を流体力学的にせん断させたりすることにより直径が 50 μm 以下の微細気泡を発生させることが可能となり、 1990 年代にはファインバブル発生装置が開発されている。さらに、直径が 1 μm 以下のウルトラファインバブルと呼ばれる気泡に関しても発生法、測定法、応用事例などに関する研究が進められている。

　超音波によるキャビテーション気泡とファインバブルは大きさが類似しており、共通点も多く併用させることによる相乗効果などが期待される。本稿では、超音波を用いたファインバブル、ウルトラファインバブルの発生法、超音波とファインバブルを併用させたプロセスに関する紹介を行う。

2．超音波とは

　図 1 に示すように、一般に人の可聴域である 16 Hz – 16 kHz を超えた、20 kHz よりも高い周波数の音波を超音波と呼ぶ。しかし、工学的な見地からは、"超音波技術とは人が聞くことを目的としない音波の応用に関する技術"と定義されることが近年では多くなっている。

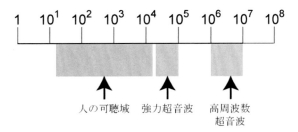

図 1　超音波の周波数と用途

　超音波として実用されている周波数は数 kHz から数 GHz という広い範囲にわたり、目的に応じて適当な周波数が選択、使用されるが、強力超音波で多く用いられる範囲は数 MHz 以下のものが多い。

　溶液中に超音波を照射すると、波の進行方向に周期的な密度勾配が生じ、局所的な負の圧力の発生によりキャビテーションが発生する。負の圧力域で発生した気泡は、圧力の変動にともない成長し、ある程度の大きさに成長すると急激に圧壊し、**図 2** に示すような数千度、数百気圧の高

温・高圧反応場が形成される[1]。反応場はホットスポットと呼ばれ、超音波による化学作用の原因となっている。また、水溶液に超音波を照射した際には、気泡内、および界面において水分子の分解により H ラジカルや OH ラジカルが生成し、開始剤を使用しない重合反応などを可能にする。その他、各種有機合成反応、難分解性有機物分解反応において反応時間の短縮、収率の向上が報告されているが、衝撃波による物質移動の促進など超音波の物理的効果に起因する現象も少なくないにも関わらず、あまり着目されていない。

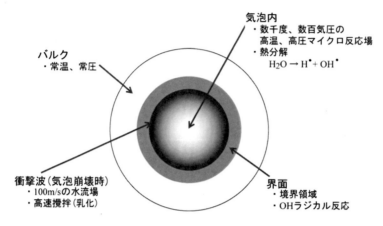

図2　超音波反応場

3．超音波を用いたファインバブル発生

　本節では超音波キャビテーションを活用したファインバブル発生法、および発生させたファインバブルを用いた中空粒子合成に関する研究例を取り上げる。

　田嶋らにより、超音波照射により純水中に取り込まれた空気ウルトラファインバブルの作製に関する研究が報告されている[2]。純水にホーン型振動子を用いて 20 kHz の超音波照射を行い、純水中に空気からなるファインバブルを発生させることが出来、照射時間や出力が生成気泡径におよぼす影響が調べられている。照射時間が 1 分間と短いと、気泡径分布に 2 つのピークが存在するが、10 分間以上照射すると 100 nm 程度の気泡となった。このことから、20 kHz の超音波照射により気液界面での激しい剪断を生じ、水中に取り込まれた気泡がさらに超音波により破砕されてファインバブルが生成していることが示唆されている。また、エマルション調製において、kHz 帯域の比較的低い周波数の超音波による乳化を行い、その後、MHz 以上の比較的高い周波数帯域の超音波を照射することで、最初に発生したエマルションの分散液滴のさらなる微細化が可能なタンデム乳化法についても報告されている[3]。超音波を用いたファインバブル発生にタンデム照射法を適用させたウルトラファインバブル発生と、このバブルをテンプレートに用いた中空微粒子合成についても報告されている[4]。タンデム超音波照射により、エマルション調製時と同様に、20 kHz の超音波の単独照射に比べて、高周波数の超音波を照射後の気泡径は照射段階が多くなるにつれて小さくなることが明らかとなり、100 nm 程度の大きさで、ゼータ電位も −30 mV から −40 mV 程度と十分安定性を有するウルトラファインバブルが発生した。さらに、発生させたウルトラファインバブルをテンプレートとして、バブル界面での酸化重合に

よるポリピロール中空粒子の合成に成功した。また、PEO-PPO ブロックコポリマーの一つである Pluronic F108 を溶解させた水溶液中に、ホーン型振動子を用いて 20 kHz の超音波照射を行い、ファインバブルを発生させ、このバブルをテンプレートとした金中空微粒子の合成に関しても報告されている[5]。

中空粒子は、ドラッグデリバリーシステムや超音波診断の造影剤などへの応用がなされている有用な材料であり、一般的には液体や固体をテンプレートとして用いて作製されているが、従来の方法では多量の熱や有機溶媒を利用してテンプレート物質を除去する必要があるのに対して、ウルトラファインバブルをテンプレートとして用いると、環境負荷を低減させたプロセスの開発が期待される。

一方、国際標準化機構(ISO)で定義された 1 μm 以下のウルトラファインバブルについて、農林水産業や洗浄などの分野において急速に進んでいるが、ウルトラファインバブル発生について、技術の開発や低コスト化、装置の小型化などが求められており、超音波を用いた水中から生成するウルトラファインバブルの数密度に周波数、照射時間などの照射条件がおよぼす影響についても報告されている[6-8]。超音波出力が大きいほど、周波数が低いほどウルトラファインバブルの密度は高くなった。特に、488 kHz、1 MHz などの高周波数の超音波ではウルトラファインバブルの数密度は非常に低くなった。また、ウルトラファインバブル水に超音波を照射すると、数密度が減少することも観察されたため、水に超音波を照射するとウルトラファインバブルが生成するだけでなく、消滅もしていることが示唆された。超音波場でのウルトラファインバブルよりも気泡径の大きなファインバブルの動的挙動については、5 節にて詳説する。

4．超音波場におよぼすファインバブルの影響

本節では超音波キャビテーションとも類似しているファインバブル存在下での超音波場に関する研究例を取り上げる。

2 節でも触れたように、液体に超音波を照射すると、波の進行方向に周期的な密度勾配が生じ、局所的な負の圧力の発生によりキャビテーションが発生し、負の圧力域で発生した気泡は、圧力の変動にともない成長し、ある程度の大きさに成長すると急激に圧壊し、高温・高圧反応場が形成される。水に超音波を照射すると、キャビテーションの圧壊により水が熱分解を起こし、OH ラジカルを生成する。超音波による OH ラジカル生成量は、KI 法により見積もられることが知られており、Koda *et al.*により周波数が OH ラジカルに起因する化学的効果におよぼす影響について、ソノケミカル効率という指標が提案されている[9]。また、液中への溶存気体も超音波による OH ラジカル生成量に影響をおよぼし、アルゴンなどの不活性ガス雰囲気下では OH ラジカルに起因するソノケミカル反応の効率が高くなることが知られている。

このようにキャビテーション気泡が超音波による化学的効果を利用した反応に大きく寄与していることがわかっており、水中での安定性が高く、滞留時間が長いファインバブル存在下での超音波反応は効率化されることが期待される。Masuda *et al.*により、加圧溶解式で発生させたファインバブル存在下の KI 水溶液に超音波照射を行ったところ、45 kHz では吸光度測定で得られた I_3^- イオンの生成量が数倍程度増大するのに対して、28 kHz、100 kHz では半分程度に減少する

ことが報告されている。また、OH ラジカルの検出法であるクマリン蛍光プローブ分光を用いても 45 kHz において OH ラジカルの生成の増大を表す 7-ヒドロキシクマリンの蛍光強度の増大が確認できたことが報告されている [10]。また、超音波を用いた有機物分解にファインバブル導入がおよぼす影響についても報告されている [11]。有機物として Acid Orange 7、および Rhodamine B のファインバブル存在下での超音波分解を行った結果、OH ラジカル生成量の増大が確認された 45 kHz においてそれぞれの有機物の分解速度が向上されることが明らかとなった。

　また、廃水処理の向上のために促進酸化手法(Advanced Oxidation Processes：AOPs)の研究が進められており、オゾン処理も有用な手法の一つとして提案されているが、オゾン処理のさらなる活用のために効率的な OH ラジカル発生法が求められている。超音波キャビテーションによる OH ラジカルに着目し、オゾンを内包したファインバブル、ウルトラファインバブルと超音波の併用による OH ラジカルの効率的な発生法について報告されている [12]。OH ラジカル発生量を定量化は、テレフタル酸と OH ラジカルが水酸化反応することで生成する 2-ヒドロキシテレフタル酸の生成量の蛍光光度計による分析により行った。その結果、オゾンを内包させたウルトラファインバブルと超音波の併用により OH ラジカルの生成量が増加され、OH ラジカルの効率的な生成法の可能性が見出された。

　同様に、超音波による化学反応の促進のための効率的な超音波反応器の開発も検討されてきており、液混合、超音波の重ね合わせ、液高さの最適化などが検討されてきたが、外部から添加したウルトラファインバブルをキャビテーション気泡の核とすることでキャビテーション発生量の増大が期待され、研究が行われている [13]。加圧溶解法で発生させたウルトラファインバブルを含む KI 水溶液に 488 kHz の超音波を照射させた結果、超音波の単独照射に比べてウルトラファインバブルを添加することで I_3^- イオンの生成量が約 30 ％増大した。しかし、超音波を長時間照射すると、ウルトラファインバブルが 488 kHz の超音波照射により消失し、ウルトラファインバブル添加の有無が I_3^- イオンの生成量におよぼす影響は見られなくなった。そのため、連続的にウルトラファインバブルを発生させることが超音波反応の効率化には不可欠な要因であることが明らかとなり、22 kHz の超音波を用いたウルトラファインバブル発生法を用いて、2 種類の周波数の超音波反応器をチューブで繋ぎ循環させることによるウルトラファインバブルを利用した超音波反応器を開発し、超音波単独よりも I_3^- イオンの生成量を約 40 ％増大させることができ、操作条件の最適化によりさらなる向上が期待される。

　また、ウルトラファインバブルと超音波の併用は有機物分解などの廃水処理への利用だけでなく、材料合成に関する研究も行われている。金ナノ粒子は、そのサイズや形状に応じて、触媒活性、局在表面プラズモン共鳴に由来する光学活性、磁気的特性などを有するため、幅広い分野での応用が期待されており、純度が高く、サイズ・形状の制御が粒子合成の際に望まれている。超音波キャビテーションによる水の熱分解から生じる水素ラジカルを還元に利用させる超音波還元法は、還元剤や界面活性剤を利用せずに高純度な合成が可能になり [14]、常温での合成が可能なため安全性が高いといった利点がある。さらに、ウルトラファインバブルを超音波キャビテーションの核として利用でき、ウルトラファインバブルの表面が高い電荷を帯びているという特徴を生かすことで、水中における金の分散性向上などが期待され、研究されている [15,16]。その

結果、ウルトラファインバブルによるキャビテーション生成の促進作用と、金粒子の分散作用により、金ナノ粒子の直径が小さくなり、分散性が向上した。さらに、ウルトラファインバブルにより粒子に異方性を与えることや、粒子径の制御の可能性が見出された。

５．超音波場でのファインバブルの動的挙動

　本節では超音波場でのファインバブルの動的挙動に関する研究例を取り上げる。ファインバブルは気液接触面積が大きく、液中での滞在時間が長いなどの特徴があるため、ガス吸収、気液反応、および浮上分離などにおいて有用であると期待される。一方、いったん液中に放たれた気泡の挙動は、浮力と液流動に支配されるため、外的操作による動的制御は困難であり、特にファインバブルは液中に放たれると長時間安定に滞留するため、後処理プロセスのトラブルにつながることがある。そこで、液中に分散したファインバブルの動的挙動の制御手法の確立が求められている。センチバブルやミリバブルといった標準的な気泡の脱泡手法として、浮上分離、真空脱気、遠心分離などがあるものの、ファインバブルの脱泡手法の研究はあまり報告されていない。一方、液体中の微小物体を非接触で操作する技術として超音波マイクロマニピュレーション技術が着目されている[17]。非接触で物体に力を作用させることができ、微弱であるが、超音波を集束したり、定在波を生成させたりすることで微小領域への力の集中が可能となり、細胞のような微小で壊れやすいものを凝集・濃縮・分離などさせる必要のあるバイオテクノロジー分野などへの応用が期待されている。そのため、超音波マイクロマニピュレーション技術を液中に分散したファインバブルの凝集・再分散挙動のための非接触操作として適用することで、ファインバブルの化学工業への応用が可能になることが期待される。

　著者らは、加圧溶解法で作成させた 20 μm 程度のファインバブルを透明アクリル製の円筒容器に投入して、円筒底部から 2.4 MHz の超音波を照射した結果、**図3** に示すように急速に白濁したファインバブル層が急速に上昇し脱泡出来ることを明らかにした[18]。

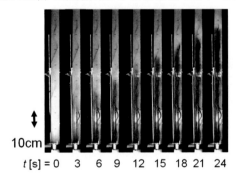

10cm

t[s] = 0　3　6　9　12　15　18　21　24

図3　超音波照射によるファインバブル白濁層の上昇

　また、超音波場でのファインバブルの動的挙動を微視的に観察するために、透明アクリル製の矩形スリットにファインバブルを仕込み、超音波を間接的に照射し、高速度ビデオカメラによる観察を行った。**図4** に 2.4 MHz の超音波照射下におけるファインバブル群の動的挙動の代表的なスナップショットを示す。一般的に、ファインバブル同士は電気的反発力により凝集・合一が

起こりにくいと考えられている。超音波照射前ではファインバブルは均一に分散している様子が観察される。ところが超音波照射を開始すると、ファインバブル同士が急速に接近し、葡萄状に凝集し、帯状凝集体に発達する様子が観察された。そのため、浮上速度が増大して急速に液中から離脱した。しかし、ファインバブル同士の合一はほとんど観察されなかった。一方、超音波照射を停止するとファインバブル凝集体が壊砕して液中に再分散した。

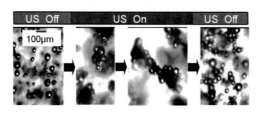

図4 超音波照射下におけるファインバブル群の微視的動的挙動

次に、界面活性剤添加が超音波場でのファインバブルの動的挙動におよぼす影響について**図5**に示す。ここでは、イオン性の異なる3種類の界面活性剤を用いた。SDSはアニオン性、CTABはカチオン性、Tween 20 は非イオン性であるが、いずれにおいても添加なしの条件下に比べて一つの凝集体を形成するファインバブルの数が少なくなり、凝集体が小さくなった。ファインバブル表面に界面活性剤が吸着することにより、気泡同士の反発力が大きくなり、凝集が起こりにくくなったためと考えられる。また、ファインバブル群の浮上速度が界面活性剤添加なしに比べて遅くなったが、これは界面活性剤添加により、凝集体の大きさが小さくなったために、浮上速度が十分大きくならずに急速な脱泡が観察されなかったと考えられる。一方、SDS、CTABでは、イオン交換水中における凝集体と比べると小さいが凝集挙動が観察されるのに対し、Tween20では凝集体を形成せずに単一のファインバブルとして分散している様子が多く観察された。界面活性剤の表面吸着による気泡同士の反発力に界面活性剤の分子量がおよぼす影響が大きいと考えられ、立体的阻害によりファインバブルの凝集挙動が阻害されたと推測される[19]。

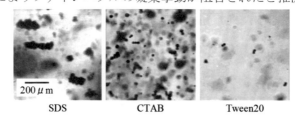

SDS　　　　CTAB　　　　Tween20

図5 界面活性剤が超音波照射下でのファインバブルの凝集挙動におよぼす影響

一方、ファインバブルの表面電位について、電気泳動装置により測定した結果が報告されており、ファインバブルのゼータ電位は−30～−40mVで負に帯電している。**図6**にファインバブルのゼータ電位に液相のpHがおよぼす影響を示す[20]。中性から塩基性条件下では負に帯電し、特に強い塩基性条件下では−100mV程度になる。一方、強い酸性条件下では0mV、もしくは正に帯電し、ファインバブルのpHが3～5程度の間に等電点を持つことが示唆されている。

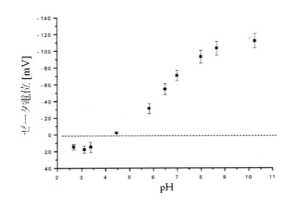

図6 ファインバブルのゼータ電位に液相の pH がおよぼす影響

　そこで、**図7** に液相の pH が 3.5 における超音波場でのファインバブルの動的挙動の観察結果を示す。pH が 7.0 では、近づきあった気泡同士が合一することはなく、凝集体を形成していたのに対し、pH が 3.5 では、近づきあった気泡の一部が合一する現象が観察された。pH が 7.0 ではファインバブル同士の電気的反発力が大きいために凝集した気泡が合一することはなかったのに対し、pH が 3.5 では電気的反発力が小さくなり凝集した気泡の一部が合一したと考えられる。

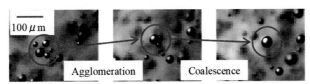

図7　pH3.5 の液相中でのファインバブルの凝集・合一挙動

　液中に分散する気泡に超音波を照射すると、浮力だけでなく、Bjerknes 力が働き、波の腹、もしくは節から斥力を受ける。気泡径が共振径に比べて大きい場合には、気泡は腹から斥力を受けることにより節に追いやられる方向に、気泡径が共振径に比べて小さい場合には、気泡は節から斥力を受けて腹に追いやられる方向に Bjerknes 力を受ける。2.4 MHz においては、共振径は 2.74 μm となり、20 μm 程度の気泡径のファインバブルは、共振径と比較して大きいため、腹から斥力を受けて節に気泡が集められていると考えられる。**図8** に 2.4 MHz の超音波場におけるファインバブル群の動的挙動のイメージを示す。超音波照射前は液中に均一に分散しているファインバブルが、超音波照射中に波の腹から節の方向に移動し、5〜6 個程度で一つの凝集体を形成し、浮上速度が大きくなり急速に液中から離脱する。一方、楕円状のファインバブル凝集体が多く観察され、水平方向に凝集体が成長している。ここで、2.4 MHz の超音波の水中での波長は 620 μm であり、ファインバブルが斥力を受けると考えられる腹と腹の間隔は 310 μm である。よって、数個のファインバブルが凝集体を形成する際、超音波の進行方向に成長すると腹からの斥力を受けやすくなるために、水平方向に広がった楕円状の凝集体が多く形成したと考えられる。

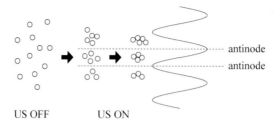

US OFF　　　　　US ON

図8　2.4 MHz の超音波場での気泡の凝集挙動のイメージ

　超音波の周波数を変えた際にも、共振径が変化し気泡同士が腹、もしくは節と凝集する位置が異なるが、凝集体を形成して浮上速度が速くなり液中から急速に離脱すると考えられる。一方、波長が変化するために、気泡が斥力を受ける腹と腹、もしくは節と節の長さが変化し、一つの凝集体を形成するファインバブルの数や形状に影響をおよぼし、上昇速度も異なると推測される。

6．おわりに

　ファインバブルは超音波場の活性化のための有用な添加物であるだけでなく、中空微粒子の簡便な合成法などへの応用が期待される。一方で、超音波場でのファインバブルの動的挙動にも特徴がある。超音波は幅広い周波数領域の振動子があり、化学工業分野では一般的には数十 kHz から数 MHz の周波数領域が利用される。超音波の物理的効果としては、エマルション調製のための乳化効果だけでなく、液滴の凝集・合一による解乳化効果がある。一方、超音波の化学的効果としては、化学結合の切断による分解だけでなく、新しい化学結合の生成にも利用され、重合プロセスでは、反応の進行だけでなく、生成した高分子鎖の切断という、相反する現象が起こる。これらの現象は周波数だけでなく、出力にも依存していると考えられるが、ファインバブルとの併用においては、周波数と気泡径の関係などがプロセスの制御のための有用な因子になると考えられ、これらの解明が進むことにより、超音波とファインバブルを併用させたプロセスが化学工業分野において創成されることが期待される。

参考文献

1) Didenko, Y. T., W. B. McNamara, and K. S. Suslick; "Hot spot conditions during cavitation in water," *J. Am. Chem. Soc.*, **121**, 5817-5818 (1999)

2) 田嶋彩香, 小川義幸, 中林康治, 跡部真人; "超音波により作製したナノバブルをテンプレートに用いた PPy 中空粒子合成," 第 24 回ソノケミストリー討論会講演論文集, P10 (2015)

3) Nakabayashi, K., M. Kojima, S. Inagi, Y. Hirai, and M. Atobe; "Size-controlled synthesis of polymer nanoparticles with tandem acoustic emulsification followed by soap-free emulsion polymerization," *ACS Macro Lett.*, **2**, 482-484 (2013)

4) 田嶋彩香, 小川義幸, 中林康治, 跡部真人; "超音波を用いたファインバブル作製および中空粒子合成への応用," 第 25 回ソノケミストリー討論会講演論文集, P21 (2016)

5) 金井智亮, 酒井俊郎; "超音波で発生したマイクロバブルを利用した金中空微粒子の作製,"

第 26 回ソノケミストリー討論会講演論文集, P07 (2017)

6) 中村匡貴, 寺坂宏一, 藤岡沙都子; "超音波照射法による水中からのウルトラファインバブル生成," 第 26 回ソノケミストリー討論会講演論文集, P12 (2017)

7) 朝倉義幸, 松島穂高, 安田啓司; "ウルトラファインバブルの生成・消滅に及ぼす超音波条件の影響," 第 26 回ソノケミストリー討論会講演論文集, P17 (2017)

8) Yasuda, K., H. Matsushima, and Y. Asakura; "Generation and reduction of bulk nanobubbles by ultrasonic irradiation," *Chem. Eng. Sci.*, **195**, 455-461 (2019)

9) Koda, S., T. Kimura, T. Kondo, and H. Mitome; "A standard method to calibrate sonochemical efficiency of an individual reaction system," *Ultrason. Sonochem.*, **10**, 149-156 (2003)

10) Masuda, N., A. Maruyama, T. Eguchi, T. Hirakawa, and Y. Murakami; "Influence of microbubbles on free radical generation by ultrasound in aqueous solution: Dependence of ultrasound frequency," *J. Phys. Chem. B*, **119**, 12887-12893 (2015)

11) 村上能規, 丸山彩, 小林祐馬, 増田七絵; "マイクロバブル導入による超音波キャビテーションからのラジカル生成増強効果機構についての研究," 第 25 回ソノケミストリー討論会講演論文集, A02 (2016)

12) 三笠祐嗣, 天久海希, 片岡秀太, 中平航大, 多田佳織, 西内悠祐, 奥村勇人, 赤松重則, 秦隆志; "オゾンファインバブルと超音波の併用によるラジカルの効率的生成に関する研究," 第 29 回ソノケミストリー討論会講演論文集, 1B10 (2020)

13) 松島穂高, 朝倉義幸, 安田啓司; "ウルトラファインバブルを利用した超音波反応器の開発," 第 26 回ソノケミストリー討論会講演論文集, A05 (2017)

14) Sakai, T., H. Enomoto, K. Torigoe, H. Sakai, and M. Abe; "Surfactant- and reducer- free synthesis of gold nanoparticles," *Colloids Surf. A Physicochem. Eng. Asp.*, **347**, 18-26 (2009)

15) 佐藤智史, 安田啓司, 朝倉義幸; "超音波とウルトラファインバブルを用いた金ナノ粒子の合成," 第 26 回ソノケミストリー討論会講演論文集, P05 (2017)

16) Yasuda, K., T. Sato, and Y. Asakura; "Size-controlled synthesis of gold nanoparticles by ultrafine bubbles and pulsed ultrasound," *Chem. Eng. Sci.*, **217**, 115527 (2020)

17) 小塚晃透; "超音波マイクロマニピュレーション," *日本音響学会誌*, **61**, 154-159 (2005)

18) Kobayashi, D., Y. Hayashida, K. Sano, and K. Terasaka; "Agglomeration and rapid ascent of microbubbles by ultrasonic irradiation," *Ultrason. Sonochem.*, **18**, 1193-1196 (2011)

19) Kobayashi, D., Y. Hayashida, K. Sano, and K. Terasaka; "Effect of surfactant addition on removal of microbubbles using ultrasound," *Ultrasonics*, **54**, 1425-1429 (2014)

20) Takahashi, M.; "ζ potential of microbubbles in aqueous solutions: Electrical properties of the gas−water interface," *J. Phys. Chem. B*, **109**, 21858-21864 (2005)

21) 小林大祐, 林田喜行, 寺坂宏一; "超音波照射によるマイクロバブルの凝集・合一挙動," *化学工学論文集*, **37**, 291-295 (2011)

第20章　ウルトラファインバブルの超音波プロセスへの応用

安田　啓司

（名古屋大学）

1．はじめに

　水に超音波を照射すると、気泡核からファインバブル（直径が 100 μm 以下の微細気泡）が発生する。ファインバブルはその後、音圧変動のもと膨張・収縮を繰り返しながら整流拡散によって成長し、共鳴サイズ程度になると崩壊する。崩壊により気泡の大きさが数 10 μm から数 μm に小さくなるが、この崩壊に要する時間が数マイクロ秒であるので気泡の収縮がほぼ断熱過程で生じ、気泡内部の温度と圧力が数千度以上、数千気圧に達する。さらに、気泡が激しくつぶれた際、周りに衝撃波が放射され気泡近傍では数 100 m/s の高速流動場が形成される。この一連の現象は超音波キャビテーション[1]と呼ばれ、高温・高圧・高速流動場をホットスポットという。超音波キャビテーションは、洗浄機[2]やホモジナイザー[3]などに応用されている。

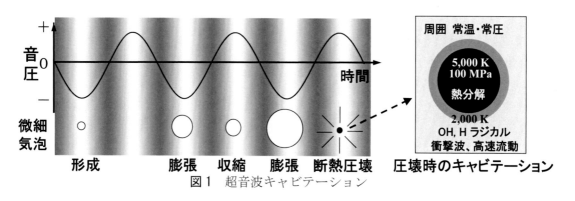

図1　超音波キャビテーション

　ウルトラファインバブル（UFB）とは、大きさがナノメートルオーダーの超微細気泡のことであり、浮力が無視できるほど小さいので水中で数か月以上安定に存在できる。さらに、表面が帯電している、生理活性を有するなど様々な特徴があるため、色々な分野で応用されている。UFB水を生成する装置は、いまでも開発が著しく進展しているが、文献「ファインバブル入門」[4]によると純水を対象とした UFB 発生器は、スタテックミキサー式、旋回流式、加圧溶解式に分類されている。

　スタテックミキサー式と旋回流式では、水と空気の 2 相流体がそれぞれ、スタテックミキサーと円筒状旋回流発生器にポンプで導入される。水中の気泡はせん断力によって破壊され、水中にマイクロバブルと UFB が発生する。この水を再度ポンプで吸引し適切な回数循環させ、最終的に得られた白濁した水を静置するとマイクロバブルは浮上して水中から離脱し、残った水が UFB 水となる。加圧溶解式では、拡大部、縮小部を持つパイプに気液 2 相流をポンプで流入させる。気体の一部は拡大部で静圧が高くなるため液体に溶解し、その後、縮小部で静圧が低くなるために溶解度が低下した分の溶存ガスがマイクロバブルと UFB となって水槽中に析出する。この水を再度ポンプで吸引し数十回数循環させる。その後、スタテックミキサー式と同様に、静

置してマイクロバブルを除去すると、UFB 水となる。このように、スタテックミキサー式、旋回流式、加圧溶解式では、純水から直径が約 100 nm の UFB 水を作成できる。しかし、これらの方法は、試料体積が大きく操作時間が長いといった問題がある。また、水中の UFB 個数を少なくする簡便な方法は無い。超音波はファインバブルの関連性が高く、医療ではマイクロバブルが超音波診断の造影剤 5) として使用されており、近年、UFB 水が超音波診断 6,7)のみならず超音波治療 8,9)にも利用されている。そこで、純水や高濃度 UFB 水に超音波を照射することによって、水中の UFB 濃度が変化する可能性があると考え、実験を行った。

　金ナノ粒子は大きさがナノメートルオーダーの金の微粒子のことであり、触媒、電気、磁気、光学的な特性 10)を持ち、それらの特性は粒子の大きさや形状に依存し、光―エネルギー変換装置、バイオセンサー、電気回路や触媒に使われている。例えば、金ナノ粒子の触媒活性は粒子径が小さくなるほど高くなる 11)。また、金ナノ粒子を含む水溶液は、粒子の大きさによって様々な色を呈する。このように金ナノ粒子の大きさや形状の制御は産業応用に重要である。溶液中で金ナノ粒子を合成する場合、通常、金イオン水溶液、還元剤、キャッピング剤が必要となる。これらを使用して、金イオンを還元剤で還元し、金ナノ粒子を合成するが、金ナノ粒子が凝集しやすいためにキャッピング剤を金ナノ粒子の表面に吸着させることにより、金ナノ粒子の大きさを制御している。同時にキャッピング剤は、溶液中で金ナノ粒子が凝集して沈殿することを防いでいる。キャッピング剤には、界面活性剤や高分子が使用されている。しかし、金ナノ粒子の表面にキャッピング剤が存在することにより、金ナノ粒子の表面の純度が低下し性能が低下する可能性がある。加えて、還元剤やキャッピング剤は有害な副生成物を生成することもありうる。その一方、還元剤やキャッピング剤を使用せずに金ナノ粒子を合成することは、洗浄や廃棄物処理などの操作や物質の使用が削減され、経済的かつ環境的な利点を有する。

　金属イオンを含む溶液に超音波を照射すると、超音波キャビテーションよる高温・高圧反応場で還元剤が生成することによって、金属ナノ粒子が合成される 12-14)。近年、テトラクロロ金酸水溶液への超音波照射によって、還元剤やキャッピング剤を使用せずに高純度な金ナノ粒子が合成された 15,16)。このキャッピング剤を使用せずに、超音波で合成した金ナノ粒子を用いて水中の重金属を定量する感度の高い電気化学センサー17)や殺虫剤を高感度で検出できる比色分析 18)が開発されている。しかしながら、キャッピング剤を使用しないと水溶液中で金ナノ粒子が凝集しやすい。そこで、超音波照射による金ナノ粒子合成において、キャッピング剤のかわりに UFB を使用することを試みた。

　超音波霧化とは、液体内から液面に向かって強力な超音波を照射した際に噴水のような液柱が生じ、液柱の表面から気体中に微細な液滴が発生する現象のことである。超音波霧化の特徴は装置がコンパクトで室温・大気圧で操作ができることであり、加湿器、芳香剤・薬剤の噴霧器などで日常的に使われている。2001 年にエタノール水溶液を超音波霧化すると霧中にエタノールが濃縮されることが報告 19)され、日本酒の濃縮に応用されている。エタノールの濃縮は水溶液中において疎水的相互作用によりエタノール分子が集合体を形成し、その集合体が液滴に入りやすいことに起因 20)すると考えられている。UFB 表面は疎水性であり表面積が大きいので、UFB の添加により超音波霧化の濃縮性能が向上することが期待される。

ここでは、著者の研究室で行っている超音波を使用した UFB の応用研究について、解説する。2 節では、超音波照射による水中の UFB の生成と消滅[21]について述べる。3 節では、UFB と超音波を用いた金ナノ粒子の粒子径制御[22]について概説する。4 節では、UFB 添加による超音波霧化濃縮の性能向上[23]について紹介する。

2．超音波照射による水中の UFB の生成と消滅
2．1　実験装置と方法
　試料には、UFB を含まない超純水と高濃度 UFB 水を用いた。超純水は、超純水製造機（Elix-UV20 + Mill-Q Advantage, Millipore）により製造した。高濃度 UFB 水は空気と超純水から加圧溶解法（ultrafineGaLF, IDEC）により作製した。初期の溶存酸素濃度を 8.0〜9.0 mg/L とした。**図 2** に超音波照射装置の概略を示す。超音波を試料に直接照射した。超音波は信号発生器から発生した電気信号をアンプによって増幅し、マッチング回路を経て振動子で超音波に変換した。底部に振動子を設置した円筒型の超音波照射容器の内径を 56 mm とし、試料体積を 100 mL、温度は 298±1 K に制御した。超音波パワーはカロリメトリー法（熱量測定法）で測定した。UFB の大きさと個数濃度は、ナノ粒子ブラウン運動追跡法（NanoSight, Malvern）によって測定した。

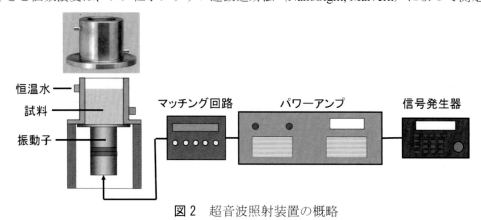

恒温水
試料
振動子
マッチング回路
パワーアンプ
信号発生器

図2　超音波照射装置の概略

2．2　UFB の生成と消滅
　超純水を試料として、周波数 22 kHz の超音波を照射した結果を**図 3** に示す。横軸は気泡径、縦軸は個数濃度である。超音波照射前は UFB が観測されないが、超音波を照射すると直径 50〜220 nm の UFB が観測される。このことは、超音波照射によって UFB が生成できることを表している。UFB の個数は超音波照射時間とともに増加する。直径が 30〜1000 nm の UFB の個数濃度を合計して、UFB 個数濃度を求めた。
　図 4 に UFB 個数濃度の経時変化に及ぼす超音波周波数の影響を示す。各周波数における超音波パワーは 15 W で一定とした。すべての周波数において、UFB 濃度は時間とともに増加する。さらに、周波数が低いほど多くの UFB が発生することがわかる。超音波照射により生成した UFB は、超音波周波数、照射時間にかかわらず、モード径が約 90 nm となった。このことは、前述の UFB 生成器であるスタテックミキサー式、旋回流式、加圧溶解式と同じ程度の大きさである 100 nm 程度の UFB が作成できていることを示している。

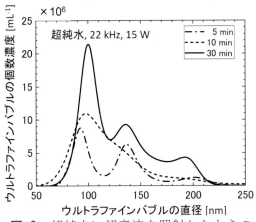

図 3 超純水に超音波を照射したときの
UFB 直径の個数濃度分布

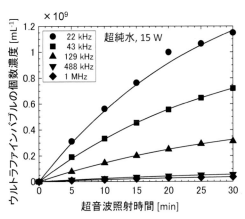

図 4 超純水に超音波を照射したときの
UFB 個数濃度の経時変化に及ぼす
超音波周波数の影響

　次に、加圧溶解法であらかじめ作成した高濃度 UFB 水（$3×10^9$ 個/mL）に超音波を照射した。
図 5 に UFB 直径に対する個数濃度の分布を示す。超音波周波数は 488 kHz である。超音波照射
前は約 120 nm に高いピークが見られるが、超音波照射時間とともにピークの高さが小さくなる。
このことから、高濃度 UFB に超音波を照射すると UFB 濃度が減少することが明らかとなった。
図 6 に高濃度 UFB 水を用いたときの UFB 個数濃度の経時変化に及ぼす超音波周波数の影響を示
す。各周波数における超音波パワーは 15 W である。すべての周波数において UFB 濃度は時間
とともに減少する。さらに、周波数が高いほど、UFB 濃度の減少度合いが大きい。

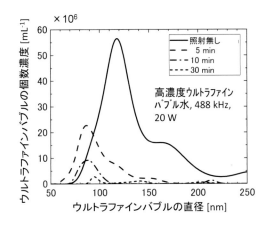

図 5 高濃度 UFB 水に超音波を照射した
ときの UFB 直径の個数濃度分布

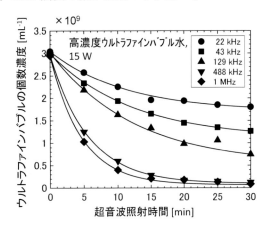

図 6 高濃度 UFB 水に超音波を照射した
ときの UFB 個数濃度の経時変化に
及ぼす超音波周波数の影響

２．３　モデル形成

　図 7 に超音波照射による UFB の生成・消滅のモデルを示す。気泡核とは本測定では測定でき
ない 30 nm 以下の UFB や、装置壁面の凸凹内にある気泡[24,25]である。気泡核から大きさが 1000
nm 以上のキャビテーション気泡まで、成長する際に UFB を経由する。キャビテーション気泡が

崩壊すると、様々な大きさの気泡核、UFB、マイクロバブルに分裂する。このように UFB は、気泡核からの成長とキャビテーションバブルの崩壊によって生成する。UFB 濃度の減少は UFB からキャビテーション気泡への成長に起因する。それに加えて、UFB の一部は超音波場において気泡同士を凝集させる力であるビョクネス力[1]により、凝集して浮力により上昇し、水面で破裂することによっても UFB 濃度が減少する。超音波周波数が低いほど、大きなキャビテーションバブルが激しく崩壊するため、その後に生成する UFB 個数が多くなると考えられる。また、周波数が高いほど、ビョクネス力が大きいので、凝集する UFB 個数が多くなり、UFB の減少度合いが高くなると考えられる。

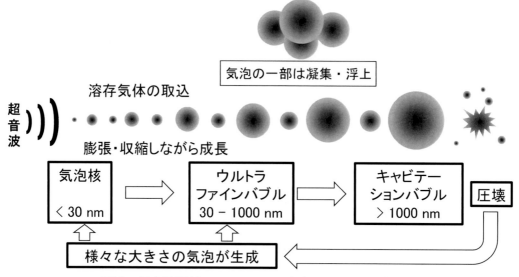

図7　超音波照射による UFB の生成・消滅のモデル

3．UFB と超音波を用いた金ナノ粒子の粒子径制御

3．1　実験装置と方法

　試料には、HAuCl₄水溶液を用い初期濃度を 0.1 mM とした。溶媒には前述の加圧溶解法によって空気と超純水から作成した UFB 水を用いた。UFB の大きさと個数濃度は、ナノ粒子ブラウン運動追跡法によって測定した。ガラス容器に 50 mL の試料を入れ、495 kHz の超音波を間接照射した。温度を 283 K、超音波パワーを 10 W とした。試料に 10 分間超音波照射して金ナノ粒子を合成した。金ナノ粒子の形状と大きさは走査型電子顕微鏡で測定した。

3．2　UFB 濃度の影響

　図8に UFB 有と無で合成した金ナノ粒子の電子顕微鏡写真を示す。超音波照射前の UFB の個数濃度は 5×10^9 個/mL である。UFB 有のときは無のときに比べて粒子が微細である。形状は UFB 有のときはほどんどが球状であるが、無のときは球状に加えて平板状の粒子も見られる。図9に球形ナノ粒子の粒子径分布を示す。UFB 無に比べて有の方が粒子が小さく分布が狭い。粒子の平均直径は UFB 有では 22 nm、無では 119 nm、標準偏差はそれぞれ 6 nm、80 nm である。

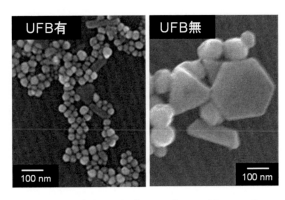

図8 UFB有無で合成した金ナノ粒子の電
子顕微鏡写真

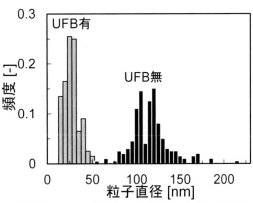

図9 UFB 有無で合成した金ナノ粒子
の粒子径分布

次に UFB の個数濃度を変化させて、金ナノ粒子を合成した。図10 に球形の金ナノ粒子の平均
直径に及ぼす UFB の個数濃度の影響を示す。UFB 濃度が高くなるほど、粒子直径が小さくなる
ことがわかる。図11 に粒子の形状に及ぼす UFB の個数濃度の影響を示す。UFB が無の場合は、
球、平板、棒の割合がそれぞれ 0.86、0.12、0.02 である。UFB 濃度が高くなるほど、球が増加し、
平板が減少する。UFB の個数濃度が 5.0×10^9 個/mL の場合は、球、平板、棒の割合がそれぞれ
0.96、0.12、0.03 となる。

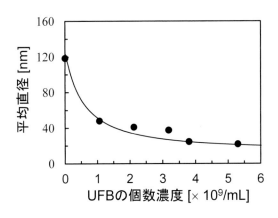

図10 球形の金ナノ粒子の平均直径に及
ぼす UFB の個数濃度の影響

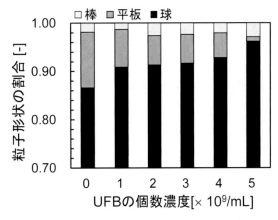

図11 粒子の形状に及ぼす UFB の個数
濃度の影響

超音波照射による金ナノ粒子の形成反応は次のように表される [13,15,16]。まず、水が超音波キャ
ビテーションにより熱分解し、水素ラジカルと水酸化物ラジカルが生成する。

$$H_2O \rightarrow H\cdot + OH\cdot \tag{1}$$

溶液中の金(III)イオンは(1)式で生成した還元剤である水素ラジカルにより還元し、式(2)−(4)
により、0 価の金の原子 Au(0)が生成する。

$$2\,[Au(III)Cl_4]^- + H\cdot \rightarrow 2\,[Au(II)Cl_3]^- + Cl\cdot + HCl \tag{2}$$

$$2\,[Au(II)Cl_3]^- \rightarrow [Au(III)Cl_4]^- + [Au(I)Cl_2]^- \tag{3}$$

$$[Au(I)Cl_2]^- + H\cdot \rightarrow Au(0) + HCl + Cl^- \tag{4}$$

さらに、式(5)のように 0 価の金の原子から金ナノ粒子の核が形成する。

$$n\,Au(0) \rightarrow Au_n \tag{5}$$

以上の式(2)−(5)の反応を粒子の核形成プロセスという。

続いて、金（Ⅰ）イオンが金ナノ粒子の表面で還元[15]することにより、金ナノ粒子が成長して大きくなる。

$$(2\,Au(I),\,Au_n) \rightarrow (Au(II),\,Au_{n+1}) \tag{6}$$

式(6)の反応を粒子の成長プロセスという。

金ナノ粒子の大きさと形は、粒子の核形成プロセスと成長プロセスの競合によって決まる。核形成プロセスは、還元剤によって溶液中の金イオンが還元することに起因する。成長プロセスは、核や粒子と金イオンの反応によって、核や粒子表面でイオンが還元することによる。それゆえ、核形成プロセスが支配的であるとき、核の数が増加するので小さな粒子が主に形成される。一方、成長プロセスが支配的であるとき、核の数が少ないので 1 つの核あたりに還元する金イオンの数が多くなるので、粒子が大きくなる。また、金イオンの還元が粒子表面の全体ではなく、一部で起こっているときは、平板上の粒子が形成される[15]。実験結果から、UFB 濃度が増加するほど粒子の大きさと平板状の粒子の割合が減少しているので、UFB は超音波キャビテーションの核となって溶液中の金イオンの還元を加速し金ナノ粒子の核形成を促進しているか、あるいは、粒子の成長を制御していると考えられる。

３．３　水中の分散安定性

UFB 有無の場合で作成した金ナノ粒子コロイド溶液の写真を図 12 に示す。合成前の UFB の個数濃度は 5×10^9 個/mL である。合成直後の金ナノ粒子は UFB の有無にかかわらず水中に分散している。しかし、UFB 無で合成した金ナノ粒子は 2 日後には、ほとんどが沈殿した。一方、UFB 有で合成した金ナノ粒子は 2 カ月以上沈殿せずに安定であった。これらの結果から、UFB は水溶液中の金ナノ粒子の安定性向上にも有効であることが明らかとなった。

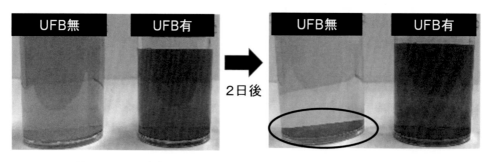

図 12　UFB 有無で超音波合成した金ナノ粒子コロイドの写真

UFB による金ナノ粒子安定化のメカニズムを図 13 に示す。金ナノ粒子（AuNP）の表面は $[Au(Ⅰ)Cl_2]^-$ が電気二重層によって金ナノ粒子表面に吸着[26]しているので、金ナノ粒子の表面電荷はマイナスであり、溶液の pH は 3.5 程度であるので UFB はプラスに帯電していると考えられ

る。従って、金ナノ粒子は静電的・疎水的に UFB 表面に吸着していると思われる。UFB は水中での上昇速度がブラウン運動の速度よりも低いので、水中での寿命が非常に長い。UFB 同士の静電反発力は金ナノ粒子の凝集や合一を妨げている。これらのメカニズムの結果として、UFB 有のときに金ナノ粒子は水中で安定になると考えられる。

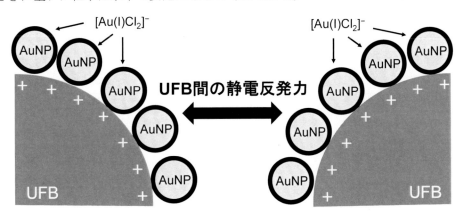

図 13 UFB による水中の金ナノ粒子（AuNP）の分散安定化のメカニズム

4．UFB 添加による超音波霧化濃縮の性能向上

4．1　実験装置と方法

　実験装置の概略を**図 14** に示す。底部に振動子を設置した円筒形容器を使用した。超音波周波数 2.4 MHz、振動子印加電力を 15 W として 200 mL のエタノール水溶液を超音波霧化した。発生した霧は、ボンベからの乾燥窒素ガスに同伴させてガラス管に通し、液体窒素で冷却して回収した。回収した溶液は TCD 検出器付きのガスクロマトグラフでエタノール濃度を測定した。溶媒には前述の加圧溶解法によって空気と超純水から作成した UFB 水を用いた。UFB の個数濃度は 2×10^9 個/mL で、平均径は 100 nm であった。

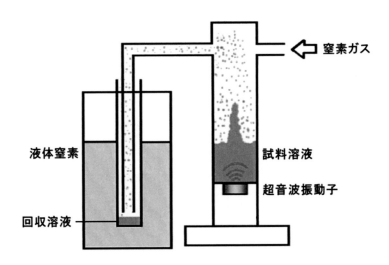

図 14　超音波霧化濃縮装置の概略

４．２　試料中のエタノール濃度の影響

　図 15 に濃縮率に及ぼす試料中のエタノール濃度の影響を示す。この図において、縦軸は次式で定義した濃縮率である。

（濃縮率）＝（回収溶液中のエタノール濃度）／（試料中のエタノール初期濃度）　　　(7)

濃縮率は試料中のエタノール濃度が低いほど高くなる。超音波霧化によるエタノール濃縮は、疎水的相互作用により溶液表面に過剰に吸着するエタノールが液滴に取り込まれやすいことによって生じる。試料中のエタノール濃度が低いほど、溶液中のエタノール全分子数に対する溶液表面のエタノール分子数の割合が高くなるため、濃縮率が高くなると考えられる。UFB があるときは濃縮率がさらに高くなる。UFB の促進効果はエタノール濃度が低いほど大きい。

　UFB があるときの濃縮促進のメカニズムのモデルを図 16 に示す。エタノールは疎水的に UFB の気液界面に吸着しており、超音波が照射されるとビョクネス力 [1] によって UFB 同士が凝集するか、あるいは、キャビテーションバブルに成長する。UFB の凝集体やキャビテーションバブルは、音響放射力によって液面に移動する。このようにして、液面近傍のエタノール濃度が増加する。液面近傍のエタノールは液滴に入りやすいので、UFB の存在によって回収液中のエタノール濃度がさらに高くなると考えられる。

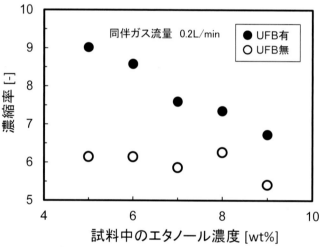

図 15　UFB 有無のときの超音波霧化による濃縮率に及ぼす試料中のエタノール濃度の影響

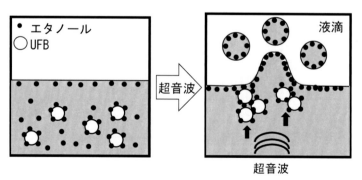

図 16　UFB による超音波霧化濃縮促進のメカニズム

４．３　同伴ガス流量の影響

　図 17 に濃縮率に対する同伴ガス流量の影響を示す。濃縮率は同伴ガス流量の低下とともに増加する。超音波霧化で発生する液滴の大きさには分布があり、同伴ガス流量が低いときは小さな液滴のみを同伴する。小さな液滴は、液滴体積に対する表面積の割合が大きいためエタノール濃度が高い[20,27]。そのため、同伴ガス流量が低いほど濃縮率が高くなる。同伴ガス流量が同じときは、UFB 有の方が濃縮率が高い。特に、ガス流量が低いほど UFB の濃縮促進効果が大きいので、UFB は小さな液滴中のアルコール濃縮促進に効果的であると考えられる。

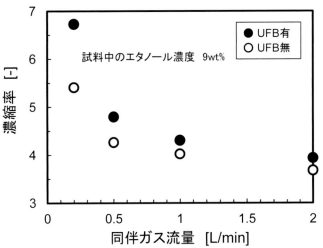

図 17　UFB 有無のときの超音波霧化による濃縮率に及ぼす試料中のエタノール濃度の影響

５．おわりに

　本稿では、超音波照射による水中の UFB の生成と消滅、UFB と超音波を用いた金ナノ粒子の粒子径制御、UFB 添加による超音波霧化濃縮の性能向上について概説した。

　低周波数の超音波による UFB 発生器は、少ない試料にも対応でき操作が簡単で製造時間が短い。さらに、超音波周波数とパワーによって、UFB 濃度を調整できるといった利点がある。また、高周波数の超音波による UFB の消滅は、水中の微小な粒子が UFB かナノ粒子やナノ液滴かの確認にも使用できる。超音波を間接照射にすることによって不純物が入りにくく、水以外の様々な液体にも適用できる。UFB と超音波を用いた金ナノ粒子の合成は、還元剤とキャッピング剤を使用せずに金ナノ粒子の粒子径の制御、およびコロイドの安定性の向上が可能であるので、純度が高く環境負荷が低いといった利点がある。今後、超音波と UFB を用いた他の金属ナノ粒子や複合金属ナノ粒子の合成への展開も大いに期待される。超音波霧化濃縮は、温度や圧力の変化を伴わずに、メンテナンスフリーなので液体中のビタミンやアミノ酸などの生理活性物質の濃縮にも利用でき、その際に UFB を併用したいと考えている。

　このように、UFB と超音波には多くの相互作用があり、併用によってもさまざまな機能が発現する。今後は用途開発などの応用研究とメカニズム解明などの基礎研究が両輪となって、一段と進展することが期待される。

参考文献

1) Leighton, T.G.: "The Acoustic Bubble," Academic Press. (1994).

2) Luján-Facundo, M. J., J. A. Mendoza-Roca, B. Cuartas-Uribe, S. Álvarez-Blanco: "Cleaning Efficiency Enhancement by Ultrasounds for Membranes Used in Dairy Industries," *Ultrasonics Sonochemistry*, Vol. 33, pp. 18–25 (2016).

3) Miastkowska, M. A., M. Banach, J. Pulit-Prociak, E. S. Sikora, A. Głogowska, M. Zielina: "Statistical Analysis of Optimal Ultrasound Emulsification Parameters in Thistle-oil Nanoemulsions," *Journal of Surfactant and Detergents*, Vol. 20, No. 1, pp. 233–246 (2017).

4) 寺坂宏一, 氷室昭三, 安藤景太, 秦隆志: ファインバブル入門, 日刊工業新聞社 (2016).

5) Cosgrove, D.: "Ultrasound Contrast Agents: an Overview," *European Journal of Radiology*, Vol. 60, No. 3, pp. 324–330 (2006).

6) Cai, W. B., H. L. Yang, J. Zhang, J. K. Yin, Y. L. Yang, L. J. Yuan, L. Zhang, Y. Y. Duan: "The Optimized Fabrication of Nanobubbles as Ultrasound Contrast Agents for Tumor Imaging," *Scientific Reports*, Vol. 5, 13725 (2015).

7) Wang, J. -P., X. -L. Zhou, J. -P. Yan, R. -Q. Zheng, W. Wang: "Nanobubbles as Ultrasound Contrast Agent for Facilitating Small Cell Lung Cancer Imaging," *Oncotarget* Vol. 8, No. 44, pp. 78153–78162 (2017).

8) Suzuki, R., Y. Oda, D. Omata, N. Nishiie, R. Koshima, Y. Shiono, Y. Sawaguchi, J. Unga, T. Naoi,, Y. Negishi, S. Kawakami, M. Hashida, K. Maruyama: "Tumor Growth Suppression by the Combination of Nanobubbles and Ultrasound," *Cancer Science*, Vol. 107, No. 3, pp. 217–223 (2016).

9) VanOsdol, J., K. Ektate, S. Ramasamy, D. Maples, W. Collins, J. Malayer, A. Ranjan: "Sequential HIFU Heating and Nanobubble Encapsulation Provide Efficient Drug Penetration from Stealth and Temperature Sensitive Liposomes in Colon Cancer," *Journal of Controlled Release*, Vol. 247, pp. 55–63 (2017).

10) Daniel, M. -C., D. Astruc: "Gold Nanoparticles: Assembly, Supramolecular Chemistry, Quantum-Size-Related Properties, and Applications Toward Biology, Catalysis, and Nanotechnology," *Chemical Reviews*, Vol. 104, No. 1, pp. 293–346 (2004).

11) VanBokhoven, J. A.: "Catalysis by Gold: Why Size Matters," *Chimia* Vol. 63, No. 5, pp.257–260 (2008).

12) Koltypin, Y., X., Cao, R. Prozorov, J. Balogh, D. Kaptasc, A. Gedanken: "Sonochemical Synthesis of Iron Nitride Nanoparticles," *Journal Materials Chemistry*, Vol. 7, No. 12, pp.2453-2456 (1997).

13) Caruso, R.A., M. Ashokkumar, F. Grieser: "Sonochemical Formation of Gold Sols," *Langumuir*, Vol. 18, No. 21, pp. 7831–7836 (2002).

14) Okitsu, K., K. Sharyo, R. Nishimura: "One-Pot Synthesis of Gold Nanorods by Ultrasonic Irradiation: the Effect of pH on the Shape of the Gold Nanorods and Nanoparticles," *Langmuir*, Vol. 25, No. 14, pp. 7786–7790 (2009).

15) Sakai, T., H. Enomoto, K. Torigoe, H. Sakai, M. Abe: "Surfactant- and Reducer-Free Synthesis of

Gold Nanoparticles in Aqueous Solutions," *Colloids and Surfaces A*, Vol. 347, No. 1–3, pp. 18–26 (2009).

16) Sakai, T., H. Enomoto, H. Sakai, M. Abe: "Hydrogen-Assisted Fabrication of Spherical Gold Nanoparticles Through Sonochemical Reduction of Tetrachloride Gold(III) Ions in Water," *Ultrasonics Sonochemistry*, Vol. 21, No. 3, pp. 946–950 (2014).

17) Sari, T. K., F. Takahashi, J. Jin, R. Zein, E. Munaf: "Electrochemical Determination of Chromium(VI) in River Water with Gold Nanoparticles-Graphene Nanocomposites Modified Electrodes," *Analytical Sciences*, Vol. 34 No. 2, pp. 155–160 (2018).

18) Takahashi, F., N. Yamamoto, M. Todoriki, J. Jin: "Sonochemical Preparation of Gold Nanoparticles for Sensitive Colorimetric Determination of Nereistoxin Insecticides in Environmental Samples," *Talanta*, Vol. 188, pp. 651–657 (2018).

19) Sato, M., K. Matsuura, T. Fujii: "Ethanol Separation from Ethanol-Water Solution by Ultrasonic Atomization and Its Proposed Mechanism Based on Parametric Decay Instability of Capillary Wave," *Journal of Chemical Physics*, Vol. 114, No. 5, pp. 2382-2386 (2001).

20) Yasuda, K., K. Mochida, Y. Asakura, S. Koda: "Separation Characteristics of Alcohol from Aqueous Solution by Ultrasonic Atomization," *Ultrasonics Sonochemistry*, Vol. 21, No. 6, pp. 2026-2031 (2014).

21) Yasuda, K., H. Matsushima, Y. Asakura: "Generation and Reduction of Bulk Nanobubbles by Ultrasonic Irradiation," *Chemical Engineering Science*, Vol 195, pp.455-461 (2019).

22) Yasuda, K., T. Sato, Y. Asakura: "Size-Controlled Synthesis of Gold Nanoparticles by Ultrafine Bubbles and Pulsed Ultrasound," *Chemical Engineering Science*, Vol 217, 115527 (2020).

23) Yasuda, K., Y. Nohara, Y. Asakura: "Effect of Ultrafine Bubbles on Ethanol Enrichment Using Ultrasonic Atomization," *Japanese Journal of Applied Physics*, Vol. 59, SKKD09 (2020).

24) Neppiras, E.A.: "Acoustic Cavitation Series: Part One Acoustic Cavitation: an Introduction," Ultrasonics Vol. 22, No. 1, pp. 25–28 (1984).

25) Grieser, F., P.- K. Choi, N. Enomoto, H. Harada, K. Okitsu, K. Yasui: "Sonochemistry and the Acoustic Bubbles," Elsevier (2015).

26) Weiser, H.B.: "Inorganic Colloid Chemistry," Wiley, New York (1933).

27) Kobara, H., M. Tamiya, A. Wakisaka, T. Fukazu, K. Matsuura: "Relationship Between the Size of Mist Droplets and Ethanol Condensation Efficiency at Ultrasonic Atomization on Ethanol–Water Mixtures," *AIChE Journal*, Vol. 56, No. 3, pp. 810-814 (2010).

最近の化学工学 70
進化するファインバブル技術と応用展開

2022年 3月 2日　　初 版 発 行
2022年 6月 3日　　第 二 版 発 行

化学工学会　関東支部　編

ファインバブル学会連合　著

発行所　　化学工学会関東支部
　　　　　〒112-0006　東京都文京区小日向4-6-19
　　　　　共立会館5階
　　　　　TEL 03(3943)3527
　　　　　FAX 03(3943)3530

発　売　　株式会社　三恵社
　　　　　〒462-0056　愛知県名古屋市北区中丸町2-24-1
　　　　　TEL 052(915)5211
　　　　　FAX 052(915)5019
　　　　　URL http://www.sankeisha.com

ISBN978-4-86693-592-8